高职高专"十三五"建筑及工程管理类专业系列规划教材

建筑工程安全技术管理

主　编　王欣海　曹林同　郝会娟

U0282140

西安交通大学出版社
XI'AN JIAOTONG UNIVERSITY PRESS

内 容 提 要

　　本书依据我国安全生产领域现行的法律法规，在立足于建筑施工企业安全生产的基础上，较广泛地介绍了安全生产技术与管理的知识。全书共分10个情境，主要介绍安全管理、土方工程、脚手架工程、高处作业、垂直运输与施工机械、施工用电、文明施工、职业危害预防和管理、应急管理与事故调查、常见生产安全事故防治等涉及建筑工程安全技术与管理的知识。为方便教学和复习，每个情境前都有学习重点与难点，以明确该情境的学习目的和要求。

　　本书可作为高职高专建筑工程技术、工程管理及相关专业的教学用书，也可以作为从事安全技术管理工作相关人员的参考用书。

前 言

改革开放以来,我国建筑业蓬勃发展,已成为国民经济的支柱产业。随着城市化进程的加快、建筑领域的科技进步、市场竞争的日趋激烈,建筑行业急需大批建筑技术人才。人才紧缺已成为制约建筑业全面协调可持续发展的严重障碍。

建筑工程安全技术管理是安全工程专业的一门重要专业课。通过本课程的学习,使学生了解我国建设工程施工管理与安全生产管理方面的法律、法规,掌握建筑工程管理与安全管理的基本知识,牢固树立"安全第一,预防为主,综合治理"的意识并大力培养在施工项目管理中以安全管理为核心的自觉性。同时,根据现行安全生产相关法律法规增加了职业危害预防和管理、应急管理与事故调查、常见生产安全事故防治等相关内容,使学生能够及时用于施工现场检查和实施安全生产的各项技术措施。

本书依据安全生产领域现行的国家法律法规,注意了深度和广度的适当平衡,在立足于建筑施工企业安全生产的基础上,较广泛地介绍了安全生产技术与管理的知识,以满足当今对建筑业发展的需求。

本书共分 10 个情境,主要介绍安全管理、土方工程、脚手架工程、高处作业、垂直运输与施工机械、施工用电、文明施工、职业危害预防和管理、应急管理、常见生产安全事故防治等涉及建筑工程安全技术与管理的知识。为方便教学和复习,每单元前都有学习要点,以明确该单元的学习目的和要求。

本书由甘肃建筑职业技术学院王欣海、曹林同,河南建筑职业技术学院郝会娟担任主编。全书共分 10 个情境,其中河南建筑职业技术学院郝会娟编写情境 1,甘肃建筑职业技术学院曹林同编写情境 2、情境 3,甘肃建筑职业技术学院杨艳凤编写情境 4,甘肃建筑职业技术学院王欣海编写情境 5、情境 7、情境 8、情境 9、情境 10,甘肃建筑职业技术学院牛荷媛编写情境 6,并由王欣海负责全书统稿工作。

本书在编写过程中参阅了大量资料,谨向参考文献著者深表谢意。

由于编者水平有限,书中疏漏、错误难免,恳请使用本教材的师生和读者不吝指正。

编者

2017.6

目录

情境 1
安全管理概述

学习要点

- 熟悉安全管理的基本原理
- 掌握安全管理的基本要素
- 熟悉施工现场安全管理的内容

1.1 管理学概述

安全管理学理论和方法既是安全科学技术体系中的重要内容,也是企业安全生产最基本的安全手段。安全管理学的内涵既涉及管理学的一般问题,又涉及安全科学与工程的特殊问题,是管理学的理论和方法在安全领域的具体应用。

1.1.1 管理与管理原理

1. 管理学

管理(manage)是在特定环境下,通过计划、组织、领导和控制等行为活动,对组织所拥有的资源进行有效整合,以达到组织目标的过程。

管理学(management,management theory)是一门研究人类社会管理活动中各种现象及其规律的学科,是在自然科学和社会科学两大领域的交叉点上建立起来的一门综合性交叉学科。

管理经验、管理思想的历史与人类的历史一样古老。有关管理的理论和知识体系,是在人类长期实践、长期积累的基础上形成的。管理学的诞生以弗雷德里克·温斯洛·泰勒(Frederick Winslow Taylor)的名著《科学管理原理》(1911 年)以及法约尔(H. Fayol)的名著《工业管理和一般管理》(1916 年)为标志。泰勒认为,管理就是确切地知道要别人去做什么,并使他用最好的方法去干。而法约尔则认为,管理是由计划、组织、指挥、协调及控制等职能为要素组成的活动过程。

2. 管理原理

管理的基本原理包括以下方面:

(1)系统管理原理。将组织视为复杂的系统,把管理理解为对该系统的设计、构建并使之正常、高效运转的过程。

系统管理原理具体表现在以下方面:

①整体性原理:系统要素之间相互关系及要素与系统之间的关系以整体为主进行协调,局

部服从整体,使整体效果为最优。②动态性原理:指系统作为一个运动着的有机体,其稳定状态是相对的,运动状态是绝对的。③开放性原理:完全封闭的系统是不存在的,系统与外界不断交流物质、能量和信息。④环境适应性原理:与系统发生联系的周围事物的全体是系统的环境。系统对环境的适应不只是被动性的,也有能动性。⑤综合性原理:就是把系统的各个部分、各个方面和各种因素联系起来,考察其中的共同性和规律性。

(2)人本管理原理。把人看作管理的主要对象及组织最重要的资源,人既是管理活动的主体,又是管理活动的客体。管理的一切活动都必须以调动人的积极性、创造性和做好人的工作为前提;管理的一切活动都是为了人,以满足人的需要为目的。

(3)权变管理原理。管理是一项需要运用经验和技巧的实践活动,管理系统在运行过程中受到内部条件和外部环境的影响。管理者必须以动态的观点把握管理系统运动变化的规律性,及时调节管理活动的各个环节和各种关系,以保证管理活动不偏离预定的目标。

(4)效益管理原理。在任何管理活动中,都要讲求实效,力图用最小的投入和消耗,创造出最大的经济效益和社会效益,这就是管理的效益最优化原理。效益管理原理要求管理活动要围绕提高经济效益和社会效益这个目标,科学地、节省地使用管理的各项资源,以创造最大的经济价值和社会价值。

以上四个基本管理原理,是任何管理活动和管理过程不可或缺的指导思想、管理哲学以及不可违背的基本规律。在管理活动和管理过程中,这些原理既相互独立,又相互联系、相互渗透,相互之间构成一个有机的整体。

1.1.2 管理系统及其基本要素

管理系统(management system)是由管理者与管理对象组成的并由管理者负责控制的、具有明确目的性和组织性的整体。任何管理活动和管理过程都是通过管理系统实现的。

管理系统由管理者、管理环境、管理手段、管理对象、管理目标等基本要素构成,见图1-1。

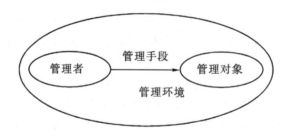

图1-1 管理系统及其基本要素

1. 管理者

管理者(managers)是管理系统中的主体,在管理系统中处于主导地位。管理者由具有一定管理能力、从事现实活动的人或人群组成。管理者是管理系统中具有决策、指挥权利的个人或组织通过决策、分配资源、指导、协调其他人的活动达到与别人一起或者通过别人实现管理的目标。

权力和责任是凝结在管理者身上的矛盾的统一体。比较而言,责任比权力更本质,权力只是尽到责任的手段,责任才是管理者真正的象征。管理者的与众不同,正因为他是一位责任者。

管理技能是管理者展示权力和履行责任应具备的基本能力,在管理系统中起决定性作用。管理技能包括:技本技能(technical skills)、人际技能(human skills)、概念技能(conceptual skills)。决定管理技能的本质因素是管理者的素质。美国研究机构对企业管理成功人士的调查发现,人们普遍看好的管理者素质包括:健全的思维(common sense)、专业知识(knowing one's field)、自信(self-reliance)、理解判断能力(general intelligence)、执行能力(ability to get things done)。

2. 管理手段

管理手段是管理者对管理对象实施管理职能时所采用的方法。

(1)管理职能。职能(competency)是指人、事物、机构所应有的作用。管理职能主要包括计划、组织、领导、控制职能等。

(2)管理方法。管理方法是实施管理职能的手段与行为方式。管理方法通常可分为:行政管理方法、法律管理方法、经济管理方法、咨询管理方法、思想工作方法等。

3. 管理对象

管理对象是管理系统中的客体,管理对象包括:人、财、物、时间、信息等。

4. 管理环境

任何管理都要在一定的环境中进行,受到一定的条件限制。这些环境和条件就是管理环境。管理环境的特点制约和影响管理活动的幅度、内容及其实施方式、方法。

管理环境分为外部环境和内部环境,外部环境是组织之外的客观存在的各种影响因素的总和。它不以组织的意志为转移,是组织的管理必须面对的重要影响因素。它包括政治环境、文化环境、经济环境、科技环境及自然环境等。内部环境是指组织内部的各种影响因素的总和。它是随组织产生而产生的,在一定条件下,内部环境是可以控制和调节的。它包括人力资源环境、物力资源环境、财力资源环境及组织内部文化环境等。

1.2 安全及其相关概念

与安全相关的概念有危险和危险源、风险、事故等,正确理解这些概念以及它们之间的关联关系,是开展安全工作的关键。

1.2.1 安全

在生产系统中,安全(safety)是指能将人员伤亡或财产损失的概率和严重度控制在可接受水平之下的状态。

安全概念具有三层含义:

1. 安全是相对的

世界上任何生产系统都包含有不安全的因素,都具有一定的危险性,没有任何生产系统是绝对安全的。"安全"的系统并不意味着已经彻底杜绝了事故和事故的损失,而是事故发生的可能性相对较低,事故损失的严重性相对较小。现实中的安全系统不可能是"事故为零"的极端状态,人们应该不断克服系统中的各种危险因素,追求相对"更高的安全程度"这一安全目标。

2.安全是主观和客观的统一

安全反映了人们对系统客观危险性的主观认识和容忍程度。作为客观存在,系统危险因素引发的事故何时、何地、以何种程度发生,将造成何种恶果,人们不可能完全准确地预料,但是完全可以通过研究事故发生的条件和统计规律来认识系统的危险性;作为对客观存在的主观认识,安全表达了人们内心对危险的容忍程度。事故发生频率和损害程度提高或(和)人们内心对事故的容忍程度降低都会产生不安全的感觉。

3.安全需要以定量分析为基础

安全的定量分析涉及三个重要指标,即:系统事故发生的概率、事故损失的严重度、可接受的危险水平。为了确认系统安全程度,人们必须首先确定系统事故发生的概率及其损失的严重度,再与可接受危险水平相比较;为了实现系统安全,人们需要针对损失发生的概率及其严重度,有重点地采取控制措施以降低事故发生的概率和损失的严重度。

1.2.2 危险和危险源

危险(dangers)是安全的对立状态。危险源是危险的根源,是系统中存在可能导致人员伤亡和财产损失的、潜在的不安全因素。

危险概念具有三层含义:

1.危险与安全服从于对立统一规律

安全与危险的关系可以参照图1-2来说明。其中,左右两端的圆分别表示系统处于绝对危险和绝对安全状态。任何实际系统总是处于两者之间,包含一定的危险性和一定的安全性,可以用介于左右两圆中的一条垂线表示,垂线的上半段表示其安全性,下半段表示其危险性。当实际系统处于"可接受的安全水平"线(图中虚线)的右侧时,人们认为这样的系统是安全的。

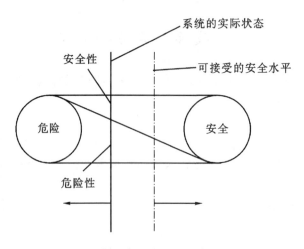

图1-2 安全与危险

假定系统的安全性为 S,危险性为 R,则有: $S=1-R$。

显然,R 越小,S 越大;反之亦然。若在一定程度上消减了危险性,就等于创造了安全性。

当危险性小到可以被接受的水平时,系统就被认为是安全的。

2.危险因素的增长和安全需求的提高同生共存

一方面,生产活动在创造物质财富的同时带来大量不安全、不卫生的危险因素,并使其向深度和广度不断拓展。技术的进步不仅给人们带来了物质生活的享受,同时也增加了火灾、爆炸、毒物泄漏、空难、原子辐射、大气污染等事故发生的可能性和损失严重度;在图1-2上表现为系统的实际状态有向左移动的趋势。另一方面,人们在满足了基本生活需求之后,不断追求更安全、更健康、更舒适的生存空间和生产环境,在图1-2上表现为可接受的安全水平有向右移动的趋势。

危险因素的绝对增长和人们对各类灾害在心理、身体上承受能力的绝对降低的矛盾是人类进步的基本特征和必然趋势,使人类对安全目标的向往和努力具有永恒的生命力。在这对矛盾中,后者是人类进步的表现;前者是安全工作者要认真研究的主要矛盾方面。安全工作的艰巨性在于既要不断深入地控制已有的危险因素,又要预见并控制可能出现的各种新的危险因素,以满足人们日益增长的安全需求。

3.预防事故就是要控制危险源

危险源是发生事故的根源。作为一种潜在的、隐蔽性的不安全因素,危险源如何存在、发展、导致事故发生是人们长期探索和研究的问题。

能量意外释放理论从事故发生的物理性出发,认为事故是由于系统中危险源的发展变化和相互作用,使不正常的或不希望的危险物质和能量释放并转移于人体、设施,造成了事故。根据危险源在事故发生过程中的作用不同,可以将其分为两类:第一类危险源是系统中可能发生意外释放的各种能量或危险物质;第二类危险源是导致约束、限制能量措施失效或破坏的各种不安全因素。

两类危险源与安全定量指标具有密切的因果关系。第一类危险源意外释放出的能量是导致人员伤害或财物损坏的能量主体,决定事故损失的严重度;第二类危险源决定了事故发生的概率。

两类危险源的分类使事故预防和控制的对象更加清晰。第一类危险源的存在是事故发生的前提,第二类危险源是第一类危险源导致事故的必要条件。两类危险源共同决定危险源的危险性。在具体的安全工程中,第一类危险源客观上已经存在并且在设计、建造时已经采取了必要的控制措施,其数量和状态通常难以改变,因此事故预防工作的重点是第二类危险源,事故控制的重点是第一类危险源。

1.2.3 风险

1.风险的概念

风险(risk)也是安全的对立状态。风险强调系统的不安定性、不确定性。与危险相比,风险的内涵更加宽泛。

针对人们对风险的认识程度和控制能力,风险具有不同的含义。

(1)风险是描述系统危险性的客观量。当系统的可知性和可控性较强时,人们认为风险是意外事件发生的可能性,且后果是可以预见的状态。根据国际标准化组织的定义,风险是衡量危险性的指标,风险是某一有害事故发生的可能性与事故后果的组合。生产系统中的危险,是安全工程的主要研究对象,而生产系统是具有较强可知性和可控性的人为系统。因此对于安全工程领域和工业生产系统,风险与危险性是相同的概念,风险是系统危险性的客观量。

(2)风险是损失的不确定性。当系统的可知性和可控性较弱时,人们认为风险是意外事件发生的可能性,且后果是难以预知的状态。美国学者威特雷认为,风险是关于不愿意发生的事件发生的不确定的客观体现。具体地说,风险是客观存在的现象,风险的本质与核心具有不确定性,风险事件是人们主观所不愿发生的。社会、经济系统是可知性和可控性较弱的自在系统,其风险更多地被理解为损失的不确定性。

以上两种风险概念的共同点在于:都将风险看成是可能发生,且可能造成损失后果的状态。这时的风险,造成的结果只有损失机会,而无获利可能,被称为纯粹风险。

(3)风险是危险和机遇伴生的状态。与纯粹风险相对应的是投机风险。投机风险是指既可能产生收益也可能造成损失的不确定性。经济系统的某些风险,其结果的不确定性可能波及的范围大到损失和获利之间,以致危险和机遇并存,如投资、炒股、购买期货等。

安全工程所涉及的风险,理论上只能是纯粹风险,因为系统的危险性只存在造成事故损失结果的可能性,但是在实践中却可能存在投机风险性质。比如:为预防和控制事故所付出的安全投入,是用实在的资金支出换取事故发生概率的降低,从而节省了可能发生事故时的支出。

2. 风险的定量描述

根据对风险的第一种理解,风险 R 的大小可以用意外事件发生的概率 P 和事件后果的严重程度 C 两个客观量的逻辑乘积来评价,即 $R = P \times C$。

由于意外事件发生的概率 P 和事件后果的严重程度 C 属于不同的物理量,因此不能以两者乘积的直接结果来评估系统的风险。人们通常采用风险矩阵图来表达系统中风险的大小和分布。

风险矩阵图以严重度 C 为横轴,概率 P 为纵轴构建直角坐标系。由于风险严重度 C 和概率 P 都具有不确定性,因此在风险矩阵图上,通常以区块表示风险的大致位置,如图1-3所示。

显然,距离原点较远的区块风险值较大。根据风险是安全的对立状态的定义,在风险矩阵图上可按照距原点的距离划分出风险可接受区、ALARP(as low as reasonable practical,安全风险处在最低合理可行状态)区以及风险不可容忍区,并以此确定风险的对策措施。

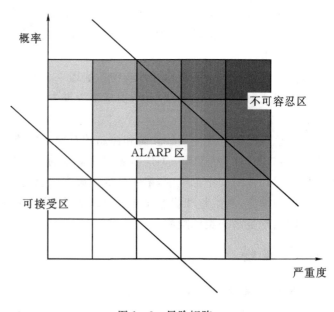

图1-3 风险矩阵

1.2.4 事故

事故(accident)是人们生产、生活活动过程中突然发生的、违反人们意志的、迫使活动暂时或永久停止且可能造成人员伤害、财亡损失(又可称为损伤)或环境污染的意外事件。

事故是系统中危险因素的外在表现。事故的主要特性如下：

1.因果性

一切事故的发生都是有其原因的，这些原因就是潜伏的危险因素。来自人的不安全行为和管理缺陷，也有物和环境的不安全状态使得危险因素在一定的时间和空间内相互作用导致系统的隐患、偏差、故障、失效，以致发生事故。

2.随机性

事故的随机性是说事故的发生是偶然的。同样的前因事件随时间的进程导致的后果不一定完全相同。但是在偶然的事故中孕育着必然性，必然性通过偶然事件表现出来。

3.潜伏性

事故的潜伏性是说事故在尚未发生或还没有造成后果之时，各种事故征兆是被掩盖的。系统似乎处于"正常"和"平静"状态。

1.3 安全管理概述

1.3.1 安全管理与安全管理学

1.安全管理

安全管理(safety management)是管理科学的一个重要分支，它是为实现系统的安全目标，运用管理学的原理、方法、手段和相关原则，分析和研究各种不安全因素，对涉及的人力、物力、财力、信息给安全资源进行绝策、计划、组织、指挥、协调和控制的一系列活动，通过运用一系列技术的、组织的和管理的措施，解决和消除各种不安全因素，防止事故的发生。

任何存在不安全因素的系统(如企业、学校、社区、商场、医院等)，都需要进行安全管理。

企业安全管理是在安全工作中，通过管理职能的实现，得以消除或控制人体不安全行为、物的不安全状态和环境的不安全因素，以防止事故的发生，从而保障人们的生活或生产顺利进行，人的生命安全和健康，保护国家、集体的财产不受损失。

2.安全管理学

安全管理学(science of safety management)是研究安全管理活动规律的科学。作为安全科学技术学科体系中重要的二级学科，安全管理学包括安全信息管理、安全设备管理、安全文化管理、劳动保护管理、风险管理、事故管理等分支学科。其内涵既涉及管理学的一般问题，又涉及安全科学与工程的特殊现象，是管理学的理论和方法在安全领域的具体应用。

安全管理学以社会、人、机系统中的人、物、信息、环境等要素之间的安全关系为研究对象，通过合理有效配置诸要素及其之间的关系，在保证安全目标实现的前提下，对达到安全所需的人、物、信息、环境、时间等要素进行科学有效的协调和配置。

3. 安全管理学的诞生与发展

20 世纪 30 年代由美国安全工程师海因里希提出 1∶29∶300 事故法则和以多米诺事故因果连锁论为代表的系列事故致因理论,奠定了安全管理学的基础。1962 年提出的安全系统工程是运用系统论的观点和方法,结合工程学原理及有关专业知识来研究生产安全管理和工程的新学科。到 20 世纪 90 年代中后期具有现代理念的安全管理学理论逐渐形成。

安全管理学自诞生以来,在管理过程、管理理论、管理方法方面都有了新的发展。

在管理过程方面,由早期的事故后管理,进展到 20 世纪 60 年代强化超前和预防型管理(以安全系统工程为标志)。随着安全管理科学的发展,人们逐步认识到安全管理是人类预防事故三大对策之一,科学的管理要协调安全系统中的人—机—环诸因素,管理不仅是技术的一种补充,更是对生产人员、生产技术和生产过程的控制与协调。

在管理理论方面,从以事故致因理论为基础的管理,发展到现代的科学管理。20 世纪 30 年代,美国著名的安全工程师海因里希提出了 1∶29∶300 安全管理法则,事故致因理论的研究为近代工业安全作出了非凡贡献。到了 20 世纪后期,现代的安全管理理论才有了全面的发展。如安全系统工程、安全人机工程、安全行为科学、安全法学、安全经济学、风险分析与安全评价等。

在管理方法方面,从传统的行政手段、经济手段以及常规的监督检查,发展到现代的法治手段、科学手段和文化手段;从基本的标准化、规范化管理,发展到以人为本、科学管理的技巧与方法。进入 21 世纪,安全管理系统工程、安全评价、风险管理、预期型管理、目标管理、无隐患管理、行为抽样技术、重大危险源评估与监控等现代安全管理方法,都有了新的充实和发展,安全文化的手段也逐渐成为重要的安全管理方法。

1.3.2 安全管理的基本原则

管理学的原理和原则在安全管理中也是适用的,但由于安全管理还有特殊性,因此安全管理还有其他独特的原则。

1. 风险管理是安全管理核心的原则

关于安全管理的核心,有三种不同的认识,即事故管理、危险管理及风险管理。

在现实系统中,危险因素、危险源是客观的和确定的(尽管由于其隐蔽性而难以准确认识),而事故是不确定的。为了防止事故发生,控制事故恶果,就必须开展一系列风险管理工作。包括:在不断努力克服系统中的危险因素的基础上,辨识系统中的各类潜在危险源;确定事故发生的可能性及后果的严重程度;采取措施降低风险事件发生的概率、控制风险事件后果的严重程度,从而预防事故发生、控制事故恶果。

风险管理是定量化辨识危险因素和危险源、预防和控制事故的,在安全管理中起到了关系全局、承前启后的关键作用,是安全管理的核心。"事故管理"和"危险管理"的观点都是片面的,"事故管理"容易陷入事故不可知论,造成被动应付事故的局面;而"危险管理"缺乏对危险的定量化认识,因而难以使安全管理进入科学化水平。

2. 系统安全管理原则

一个安全管理应遵循整体性原理。企业是由车间、班组、工艺单元等众多基本单元构成的,这些单元相互作用、相互关联,构成一个有机的整体。企业安全管理必须以这些基本单元的安全管理为基础和前提,实现局部安全和整体安全的统一,才能使企业安全管理达到协调一致的安全水平,实现企业的整体安全。

安全管理应遵循动态性原理。企业生产环境和工艺条件的变化,必然引起危险源的改变;而企业安全水平的提高,又使得安全目标也随之提高。以往安全不代表现在安全,目前安全不代表将来安全。安全管理是随着生产技术水平和企业管理水平的发展,特别是安全科学技术及管理科学的发展而不断发展的。根据安全条件和安全需求的变化,安全管理必须不断调整工作重心,实现安全水平的持续提升。

安全管理应遵循开放性原理。企业在不断总结自身安全管理经验、教训的同时,必须不断地、积极地吸收、消化外部的安全管理经验,学习、领会别人的最新理论和实践研究成果,结合企业自身特点加以创造性的应用,才能使企业自己的安全管理保持较高的水平。

安全管理应遵循环境适应性原理。安全管理受到外部、内部环境的影响、保障、制约、干扰。能动性的安全管理不但要能够适应这些环境,而且能够利用有利的环境条件,规避和限制不利的环境条件为安全管理服务;另外,根据安全目标的要求努力改善这些环境,使安全管理的氛围更加和谐,安全管理的条件更加优越。

安全管理应遵循综合性原理。一方面,就安全管理自身而言,危险源在演化为事故的过程中,受到众多因素的影响,安全管理不仅要认识危险源的发展和变化的规律,还要综合判断众多影响因素在其中的作用,才能有效地预防和控制事故发生;另一方面,就安全管理与其他管理的关系而言,安全管理要融入企业的生产管理、经营管理、质量管理、设备管理等各项工作之中,综合分析各管理领域特点及其对安全的需要,才能实现企业的全面发展。

3. 人本安全管理原则

人是安全管理的主要对象,对人的管理是安全管理的出发点。大量的统计数据表明,80%以上的事故原因是人的不安全行为,而20%左右的物的不安全状态背后往往也凝结着人的因素。海因里希则认为,管理因素是一切不安全行为、不安全状态的根本原因。可见,安全管理在任何时候都应该将提高人的安全意识,培养人的安全素质,改进人的管理作为中心和重点。

人是安全保护的主要对象,保护人身安全是安全管理的目标。在预防事故的各项措施中,以预防人身伤害为主要措施,在控制事故和应急救援过程中,以不惜代价拯救生命为目标是安全管理中应遵循的基本原则。

4. 权变安全管理原则

安全管理系统中的各个要素,管理者、管理环境、管理手段、管理对象、管理目标等因时、因势,处于动态发展和变化之中,是安全管理在主观上必须不断改进的内在动力。安全管理者必须以动态的观点把握安全管理系统运动变化的规律性,及时调节安全管理活动的各个环节和各种关系,以保证安全管理活动达到预定的安全目标。

5. 效益安全管理原则

安全管理的效益体现为社会效益和经济效益两方面。安全管理首先要追求社会效益,通过各项管理措施保障劳动者的安全、健康;通过减少危害和降低事故率保障社会的平安、稳定。安全管理并不排斥对经济效益的追求,恰恰相反,安全管理是实现经济效益的保障和前提。安全管理通过防损、减损(减少人员伤亡、职业病、事故经济损失、环境危害等)而直接产生经济利益。

由于事故造成的损失最终体现在生产成本方面,因此安全管理还具有增值效益,安全管理在维持生产正常运行的过程(经济增值过程)的同时,也保障了生产力的诸因素,调节了生产关系,通过安全管理造就和谐、舒适的作业环境,保护和激发了劳动者的创造力,增加了企业的经济效益。

1.4 建筑施工现场安全管理知识

1.4.1 施工现场安全管理的基本要求

施工现场安全管理的基本要求主要是:

(1)按照规定组建工程项目安全生产领导小组,由总承包企业、专业承包企业和劳务分包企业项目经理、技术负责人和专职安全生产管理人员组成,实行建设工程项目专职安全生产管理人员由施工企业委派制度,施工作业班组可以设置兼职安全巡查员,并建立健全施工现场安全生产管理体系和安全生产情况报告制度。

(2)建立健全符合安全生产法律法规、标准规范要求,满足施工现场安全生产需要的各种规章制度和操作规程。

(3)配备符合安全要求的施工设施、设备及相关的安全检测器具,依法为从业人员提供合格的劳动防护用品,办理相关保险。

(4)严禁使用国家明令淘汰的安全技术、工艺、设备、设施和材料。

(5)对管理人员和作业人员应进行安全生产教育培训,并经考核合格后方可上岗作业。特种作业人员应取得建设行政主管部门颁发的建筑施工特种作业操作资格证书,且每年不得少于24小时的安全教育培训或者继续教育。

(6)选择合法的分包(供应)单位,签订安全生产协议,明确安全生产职责,明确对分包(供应)单位及人员的选择和清退标准、合同条款约定和履约过程控制的管理要求。

(7)建立健全应急管理体系,完善应急救援管理。施工现场应急救援管理应当包括:制定应急救援预案,建立应急救援组织,配备应急救援人员,配置必要的应急救援器材设备,定期组织演练,以及评价、完善应急救援响应工作程序及记录等。

1.4.2 施工现场安全管理的主要内容

施工现场安全管理的主要内容是:

(1)制定项目安全管理目标,建立安全生产责任体系,实施安全生产责任考核。

(2)确保安全防护、文明施工措施费专款专用,按规定发放劳动保护用品,更换已损坏或已到使用期限的劳动保护用品。

(3)制定安全技术措施、应急预案,选用符合要求的施工设施与设备。

(4)落实施工过程中的安全生产措施,加强隐患整改。

(5)实现施工现场的场容场貌、作业环境和生活设施安全文明达标。

(6)组织事故应急救援抢险演练。

(7)对施工安全生产管理活动进行必要的记录,保存应有的资料和原始记录。

1.4.3 施工现场安全管理的主要方式

施工现场的安全管理是运用科学的管理思想、管理组织、管理方法和管理手段,对施工现场的各种生产要素进行计划、组织、控制、协调、激励等,保证施工现场按预定的目标实现优质、高效、低耗、安全、文明的生产。安全管理的主要方式是以安全检查为主线,辅以相关的会议、通报、教育、考核、评比、奖惩等,以实现不断改进和提高的目的。

安全检查是以查思想、查管理、查隐患、查整改、查责任落实、查事故处理为主要内容,按照规定的安全检查项目、形式、类型、标准、方法和频次,进行检查、复查以及安全生产管理评估等。针对检查中发现的问题,要坚决进行整改,并对相关责任人员进行教育,使其从思想上引起足够的重视,在行为上加以改进。

对管理人员及分包单位实行安全考核和奖惩管理,是开展施工现场安全管理工作的必要方式和手段,包括确定考核和奖惩的对象、制定考核内容及奖罚标准、定期组织实施考核以及落实奖罚等。

复习思考题

1. 简述管理、管理系统的概念。
2. 解释管理的基本原理。
3. 为什么说风险管理是安全管理的核心?
4. 安全管理必须遵守哪些基本原则?
5. 简述施工现场安全检查的主要内容。

情境 2
土方工程

学习要点

- 掌握编制土方安全施工方案的方法
- 掌握土方及基坑施工安全检查方法
- 了解各类土方工程的安全支护形式和要求
- 了解基坑降水的安全技术

2.1 土的工程分类

土的种类繁多,其性质会直接影响土方工程的施工方法、劳动力消耗、工程费用和保证安全的措施等。一般按土的坚硬程度和开挖方法及使用工具的不同,可分为松软土、普通土、坚土、砂砾坚土、软石、次坚石、坚石、特坚石八类,见表 2-1。

表 2-1 土的工程分类

土的分类	代号	特性	天然重度 (kN/m³)	抗压强度 (MPa)	坚固系数 f	开挖方法及工具
一类土 (松软土)	I	略有黏性的砂土、粉土、腐殖土及松软的种植土,泥炭(淤泥)	6~15		0.5~0.6	用锹、少许用脚蹬或用板锄挖掘
二类土 (普通土)	II	潮湿的黏性土和黄土,软的盐土和碱土,含有建筑材料碎屑、碎石、卵石的堆积土和种植土	11~16		0.6~0.8	用锹、条锄挖掘时需要脚蹬,少许用镐
三类土 (坚土)	III	中等密实的黏性土或黄土,含有碎石、卵石或建筑材料碎屑的潮湿的黏性土或黄土	18~19		0.8~1.0	主要用镐、条锄挖掘,少许用锹
四类土 (砂砾坚土)	IV	坚硬密实的黏性土或黄土,含有碎石、砾石的中等密实黏性土或黄土;硬化的重盐土;软泥灰岩	19		1~1.5	全部用镐或条锄挖掘,少许用撬棍挖掘

土的分类	代号	特性	天然重度 （kN/m³）	抗压强度 （MPa）	坚固系数 f	开挖方法及工具
五类土 （软石）	V～Ⅵ	硬的石炭纪黏土；胶结不紧的砾石；软石、节理多的灰岩及页壳石灰岩；坚实的白垩纪；中等坚实的页岩、泥灰岩	12～27	20～40	1.5～4.0	用镐、撬棍或大锤挖掘，部分使用爆破方法
六类土 （次坚石）	Ⅷ～Ⅸ	坚硬的泥质页岩；坚实的泥灰岩；角砾状花岗岩；泥灰质石灰岩；黏土质砂岩；云母页岩及砾质页岩；风化的花岗岩、片麻岩及正常岩；滑石质的蛇纹岩；密实的石灰岩；硅质胶结的砾岩；砂岩	22～29	40～80	4～10	用爆破方法开挖，部分用风镐
七类土 （坚石）	X～Ⅻ	白云岩；大理石；坚实的石灰岩、石灰质及石英质的砂岩；坚硬的砂质页岩；蛇纹岩；粗粒正长岩；有风化痕迹的安山岩及玄武岩；片麻岩；粗面岩；中粗花岗岩；坚实的片麻岩；粗面岩；辉绿岩；玢岩；中粗正长岩	25～31	80～160	10～18	用爆破方法开挖
八类土 （特坚石）	XIV～XVI	坚实的细花岗岩；花岗片麻岩；闪长岩；坚实的玢岩；角闪岩、辉长岩、石英岩、安山岩、玄武岩、最坚实的辉绿岩、石灰岩及闪长岩；橄榄石质玄武岩；特别坚实的辉长岩、石英岩及玢岩	27～33	160～250	≥18	用爆破方法开挖

2.2 土方施工

2.2.1 施工准备工作

土方工程包括土的开挖、运输和填筑等施工过程，有时还要进行排水、降水、土壁支撑等准备工作。建筑工程中最常见的土方工程有：场地平整、基坑（槽）开挖、地坪填土、路基填筑及基坑回填土等。土方工程施工往往具有工程量大、劳动繁重和施工条件复杂等特点；土方工程施工又受气候、水文、地质、地下障碍等因素的影响较大，不可确定的因素也较多，有时施工条件

极为复杂。土方工程的准备工作包括:

(1)土方开挖前,应查明施工场地明、暗设置物(电线、地下电缆、管道、坑道等)的地点及走向,并采用明显记号标示。严禁在离电缆1m距离以内作业。应根据施工方案的要求,将施工区域内的地下、地上障碍物清除和处理完毕。

(2)建筑物或构筑物的位置或场地的定位控制线(桩)、标准水平桩及开槽的灰线尺寸,必须经过检验合格,并办完预检手续。

(3)夜间施工时,应有足够的照明设施;在危险地段应设置明显标志,并要合理安排开挖顺序,防止错挖或超挖。

(4)开挖有地下水位的基坑槽、管沟时,应根据当地工程地质资料,采取措施降低地下水位。一般要降至开挖面以下0.5m,然后才能开挖。

(5)施工机械进入现场所经过的道路、桥梁和卸车设施等,应事先经过检查,必要时要进行加固或加宽等准备工作。

(6)选择土方机械,应根据施工区域的地形和工期综合考虑,以发挥施工机械的效率。

(7)在机械施工无法作业的部位和修整边坡坡度、清理槽底作业等操作时,均应配备人工进行。

2.2.2 土方开挖

1.斜坡土挖方

土坡坡度要根据工程地质和土坡高度,结合当地同类土体的稳定坡度值确定。

土方开挖宜从上到下分层分段依次进行,并随时做成一定的坡度以利泄水,且不应在影响边坡稳定的范围内积水。

在斜坡上方弃土时,应保证挖方边坡的稳定。弃土堆应连续设置,其顶面应向外倾斜,以防山坡水流入挖方场地。但坡度陡于1/5或在软土地区,禁止在挖方上侧弃土。在挖方下侧弃土时,要将弃土堆表面整平,并向外倾斜,弃土表面要低于挖方场地的设计标高,或在弃土堆与挖方场地间设置排水沟,防止地表水流入挖方场地。

2.滑坡地段挖方

在滑坡地段挖方时应符合下列规定:

(1)施工前先了解工程地质勘察资料、地形、地貌及滑坡迹象等情况。

(2)不宜雨期施工,同时不应破坏挖方上坡的自然植被,并要事先做好地面和地下排水设施。

(3)遵循先整治后开挖的施工顺序,在开挖时,须遵循由上到下的开挖顺序,严禁先切除坡脚。

(4)爆破施工时,严防因振动而产生滑坡。

(5)抗滑挡土墙要尽量在旱季施工,基槽开挖应分段进行,并加设支撑,开挖一段就要做好这段的挡土墙。

(6)开挖过程中如发现滑坡迹象(如裂缝、滑动等)时,应暂停施工,必要时,所有人员和机械要撤至安全地点。

3.湿土地区挖方

湿土地区开挖时要符合下列规定:

（1）施工前需要做好地面排水和降低地下水位的工作,若为人工降水,要降至坑底 $0.5\sim1.0m$ 时,方可开挖,当采用明排水时可不受此限。

（2）相邻基坑和管沟开挖时,要先深后浅,并要及时做好基础。

（3）挖出的土不应堆放在坡顶上,应立即转运至规定的距离以外。

4.膨胀土地区挖方

在膨胀土地区挖方时,要符合下列规定:

（1）开挖前要做好排水工作,防止地表水、施工用水和生活废水浸入施工现场或冲刷边坡。

（2）开挖后的基土不允许在烈日下曝晒或水浸泡。

（3）开挖、作垫层、基础施工和回填土等要连续进行。

（4）采用砂地基时,应先将砂土浇水至饱和后再铺填压实,不能使用在基坑（槽）或管沟内浇水使砂沉落的方法施工。

（5）钢（木）支撑的拆除,要按回填顺序依次进行。多层支撑应自下而上逐层拆除,随拆随填。

2.2.3　基坑（槽）的开挖

土方施工必须遵循十六字原则:开槽支撑,先撑后挖,分层开挖,严禁超挖。施工中禁止地面水流入基坑（沟）内,以免边坡塌方。

挖方边坡要随挖随撑,并支撑牢固,且在施工过程中应经常检查,如有松动、变形等现象,要及时加固或更换。

1.挖土的一般规定

挖土时应遵守下列规定:

（1）人工开挖时,两个人操作间距应保持 $2\sim3m$,并应自上而下逐层挖掘,严禁采用掏洞的挖掘操作方法。

（2）挖土时要随时注意土壁的变异情况,如发现有裂纹或部分塌落现象,要及时进行支撑或加大放坡坡度,并注意支撑的稳固和边坡的变化。

（3）上下基坑（沟）应先挖好阶梯或设木梯,不应踩踏土壁及其支撑上下。

（4）用挖土机施工时,挖土机的作业范围内,不得进行其他作业;且应至少保留 $0.3m$ 厚不挖,最后由人工挖至设计标高。

（5）在坑边堆放弃土、材料和移动施工机械时,应与坑边保持一定距离;当土质良好时应距基坑边 $1m$ 以外且堆放高度不能超过 $1.5m$。

（6）采用机械挖方时,应严格执行施工机械操作的安全技术与管理要求。

（7）严禁在废炮眼上钻孔和骑马式操作,钻孔时,钻杆与钻孔中心线应保持一致。在装完炸药的炮眼 $5m$ 以内,严禁钻孔。

（8）配合机械作业的清底、平地、修坡等人员,应在机械回转半径以外工作。当必须在回转半径以内工作时,应停止机械回转并制动好后,方可作业。

（9）在行驶或作业中,除驾驶室外,挖掘装载机任何地方均严禁乘坐或站立人员。

（10）推土机行驶前,严禁有人站在履带或刀片的支架上,机械四周应无障碍物,确认安全后,方可开动。

(11)作业中,严禁任何人上下机械,传递物件,以及在铲斗内、拖把或机架上坐立。

(12)非作业行驶时,铲斗必须用锁紧链条挂牢在运输行驶位置上,机上任何部位均不得载人或装载易燃、易爆物品。

(13)装载机转向架未锁闭时,严禁站在前后车架之间进行检修保养。

(14)夯实机作业时,应一人扶夯,另一人传递电缆线,且必须戴绝缘手套和穿绝缘鞋。递线人员应跟随在夯机后或两侧调顺电缆线,电缆线不得扭结或缠绕,且不得张拉过紧,应保持有 3~4m 的余量。

(15)电动冲击夯应装有漏电保护装置,操作人员必须戴绝缘手套,穿绝缘鞋。作业时,电缆线不应拉得过紧,应经常检查线头安装,不得松动及引起漏电。严禁冒雨作业。

2.基坑(槽)

基坑(槽)土壁垂直挖方的规定如下:

(1)当基坑(槽)无地下水或地下水位低于基坑(槽)底面且土质均匀时,土壁不加支撑的垂直挖深不宜超过表 2-2 的规定。

表 2-2　基坑(槽)土壁垂直挖深规定

土的类别	深度(m)
密实、中密的砂土和碎石类土(充填物为砂土)	1.00
硬塑、可塑的粉土及粉质黏土	1.25
硬塑、可塑的黏土和碎石类土(填充物为黏性土)	1.50
坚硬的黏土	2.00

(2)当天然冻结的速度和深度能够确保挖土的安全操作时,对 4m 以内深度的基坑(槽)开挖时可以采用天然冻结法垂直开挖而不加设支撑。但对于干燥的砂土严禁采用冻结法施工。

(3)黏性土不加支撑的基坑(槽)最大垂直挖深可根据坑壁的土重、内摩擦角、坑顶部的荷载及安全系数等进行计算确定。

3.坑壁支撑

(1)采用钢板桩、钢筋混凝土预制桩作坑壁支撑时,要符合下列规定:

①应尽量减少打桩时对邻近建筑物和构筑物的影响。

②当土质较差时,宜采用啮合式板桩。

③采用钢筋混凝土灌注桩时,要在桩身混凝土达到设计强度后,方可开挖。

④在桩身附近挖土时,不能伤及桩身。

(2)采用钢板桩、钢筋混凝土桩作坑壁支撑并设有锚杆时,要符合下列规定:

①锚杆宜选用带肋钢筋,使用前应清除油污和浮锈,以增强其握裹力,防止发生意外。

②锚固段应设置在稳定性较好的土层或岩层中,长度应大于或等于计算规定。

③钻孔时不应损坏已有管沟、电缆等地下埋设物。

④施工前需测定锚杆的抗拉力,验证可靠后,方可施工。

⑤锚杆部分要用水泥砂浆灌注密实,并需经常检查锚头紧固和锚杆周围土质情况。

2.2.4　浅基础的土壁支撑

对于基坑深度在 5m 以内的边坡,支撑形式多种多样,这里列举 8 种常见方法,见表 2-3。

表2-3 浅基础支撑形式

支撑名称	适用范围	支撑简图	支撑方法
间断式水平支撑	干土或天然湿度的黏土类土,深度在2m以内		两侧挡土板水平放置,用撑木顶牢,挖一层土支护一层
断续式水平支撑	挖掘湿度小的黏性土及挖土深度小于3m		挡土板水平放置,中间留出间隔,然后两侧同时对称设置上竖木方,再用工具式横撑上下顶牢
连续式水平支撑	挖掘较潮湿的或散粒的土及挖土深度小于5m时		挡土板水平放置,相互靠紧不留间隔,然后两侧同时对称并置上竖木方,上下各顶一根撑木端头加木楔顶牢
连续式垂直支撑	挖掘松散的或湿度很高的土(挖土深度不限)		挡土板垂直放置,然后每侧上下各水平设置木方一根,用撑木顶紧,再用木楔顶牢

支撑名称	适用范围	支撑简图	支撑方法
锚拉支撑	开挖较大基坑或使用较大型的机械挖土,而不能安装横撑时		挡土板水平顶在柱桩的内侧,柱桩一端打入土中,另一端用拉杆与远处锚桩拉紧,挡土板内侧回填土
斜柱支撑	开挖较大基坑或使用较大型的机械挖土,而不能采用锚拉支撑时		挡土板水平钉在柱桩的内侧,柱桩外侧由斜撑支牢,斜撑的底端只顶在撑桩上,然后在挡土板内侧回填土
短桩横隔支撑	开挖宽度大的基坑,当部分地段下部放坡不足时		打入小短木桩,一半露出地面,一半打入地下,地上部分背面钉上横板,在背面填土
临时挡土墙支撑	开挖宽度大的基坑,当部分地段下部放坡不足时		坡角用砖、石叠砌或用草袋装土叠砌,使其保持稳定

表中图注:1—水平挡土板;2—垂直挡土板;3—竖木方;4—横木方;5—撑木;6—工具式横撑;7—木楔;8—柱桩;9—锚桩;10—拉杆;11—斜撑;12—撑桩;13—回填土;14—装土草袋

2.2.5 深基坑的土壁支撑

深度超过5m以上的基坑支撑,常用的有如下几种类型,见表2-4。

表2-4 深基础支撑形式

支撑名称	适用范围	支撑简图	支撑方法
钢构架支护	在软弱土层中开挖较大、较深基坑,而不能用一般支护方法时		在开挖的基坑周围打板桩,在柱位置上打入暂设的钢柱,在基坑中挖土,每下挖3~4m,装上一层幅度很宽的构架式横撑,挖土在钢构架网格中进行
地下连续墙支护	开挖较大较深,周围有建筑物、公路的基坑,作为复合结构的一部分,或用于高层建筑的逆作法施工,作为结构的地下外墙		在开挖的基槽周围,先建造地下连续墙,待混凝土达到强度后,在连续墙中间用机械或人工挖土,直至要求深度。对跨度、深度不大时,连续墙刚度能满足要求,可不设内部支撑。用于高层建筑地下室逆作法施工,每下挖一层,把下一层梁板、柱浇筑完成,以此作为连续墙的水平框架支撑,如此循环作业,直到地下室的底层全部挖完土,浇筑完成
地下连续墙锚杆支护	开挖较大较深(>10m)的大型基坑,周围有高层建筑物,不允许支护有较大变形,采用机械挖土,不允许内部设支撑时		在开挖基坑的周围,先建造地下连续墙,在墙中间用机械开挖土方,至锚杆部位。用锚杆钻机在要求位置锚孔,放入锚杆,进行灌浆,待达到设计强度,装上锚杆,然后继续下挖至设计深度。如设有2~3层锚杆,每挖一层装一层锚杆,采用快凝砂浆灌浆

支撑名称	适用范围	支撑简图	支撑方法
挡土护坡桩支撑	开挖较大较深（＞6m）基坑，临近有建筑，不允许支撑有较大变形时		在开挖基坑的周围，用钻机钻孔，现场灌注钢筋混凝土桩，待达到强度，在中间用机械或人工挖土，下挖1m左右，装上横撑。在桩背面已挖沟槽内拉上锚杆，并将它固定在已预先灌注的锚桩上拉紧，然后继续挖土至设计深度，在桩中间土方挖成向外拱形。使其起土拱作用，如临近有建筑物，不能设计锚拉杆，则采取加密桩距或加大桩径处理
挡土护坡桩与锚杆结合支撑	大型较深基坑开挖，临近有高层建筑物，不允许支撑有较大变形时		在开挖基坑的周围钻孔，浇筑钢筋混凝土灌注桩，达到强度，在柱中间沿桩垂直挖土。挖到一定深度，安上横撑，每隔一定距离向桩背面斜下方用锚杆钻机打孔，在孔内放钢筋锚杆，用水泥压力灌浆。达到强度后，拉紧固定，在桩中间进行挖土直到设计深度。如设两层锚杆，可挖一层土，装设一次锚杆
板桩中央横顶支撑	开挖较大、较深基坑，板桩刚度不够，又不允许设置过多支撑时		在基坑周围先打板桩或灌注钢筋混凝土护坡桩，然后在内侧放坡，挖中央部分土方到坑底。先施工中央部分框架结构作支承，向板桩支水平横顶梁，再挖去放坡的土方，每挖一层，支一层横顶梁，直至坑底，最后建造靠近板桩部分的结构
板中央斜顶支撑	开挖较大、较深基坑，板桩刚度不够，坑内又不允许设置过多支撑时		在基坑周围先打板桩或灌注护坡桩，在内侧放坡，开挖中央部分土方至坑底，并先灌注好中央部分基础。再从这个基础向板桩上方支斜顶梁。然后再把放坡的土层支一道斜顶撑，支至设计深度，最后建靠近板顶部分地下结构

支撑名称	适用范围	支撑简图	支撑方法
分层板桩支撑	开挖较大、较深基坑,当主体与群房基础标高不等而又无重型板桩时		在开挖裙房基础,周围先打钢筋混凝土板桩或钢板支护,然后在内侧普遍挖土至裙房基础底标高。再在中央主体结构基础四周打二级钢筋混凝土板桩或钢板桩,挖主体结构基础土方,施工主体结构至地面。最后施工裙房基础,或边继续向上施工主体结构,边分段施工裙房基础

表中图注:1—钢板桩;2—钢横撑;3—钢撑;4—钢筋混凝土地下连续墙;6—土层锚杆;7—直径400～600mm现场钻孔灌注钢筋混凝土桩,间距1～15m;8—斜撑;9—连系板;10—先施工框架结构或设备基础;11—后挖土方;12—后施工结构;13—锚筋;14——一级混凝土板桩;15—二级混凝土板桩;16—拉杆;17—锚杆

2.2.6 挡土墙

1.挡土墙的作用

挡土墙主要用来维护土体边坡的稳定,防止坡体的滑动或边坡的坍塌,因而在建筑工程中得到广泛的使用。但由于处理不当,因挡土墙崩塌而发生的伤亡事故也不少,因此学习挡土墙的安全使用是十分必要的。

2.挡土墙的基本构造和形式

挡土墙有重力式挡土墙、钢筋混凝土挡土墙、锚杆挡土墙、锚定板挡土墙和其他轻型挡土墙等,对于高度在5m以内的,一般多采用重力式挡土墙,即主要靠自身的重力来抵抗倾覆,这类挡土墙构造简单、施工方便,也便于就地取材。

挡土墙常用的基本形式有垂直式和倾斜式两种(见图2-1),一般墙面坡度采用1:0.05～1:0.25。其基础埋置深度,应根据地基的容许承载力、冻结深度、岩石风化程度、雨水冲刷等因素来确定。挡土墙基础埋深一般为1.0～1.2m;对于岩石地基,挡土墙埋深则视风化程度而定,一般为0.25～1.0m。基础宽与墙高之比为1/2～2/3,沿水平方向每隔10～25m要设置一道宽20～30mm的伸缩缝或沉降缝,缝内填塞沥青等柔性防水材料。在墙体的纵横方向,每隔2～3m,向外倾斜5%,留置孔眼尺寸不小于100mm的泄水孔,并在挡土墙后做滤水层或必要的排水盲沟,地面铺设防水层;当墙后有山坡时,还应在坡下设置排水沟,以便减少土压力。

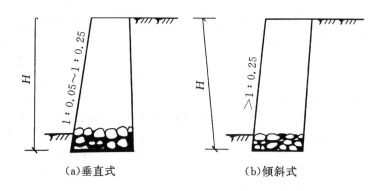

(a)垂直式　　　　　　　　(b)倾斜式

图 2-1　重力式挡土墙

2.2.7　施工现场排水

1.大面积场地及地面坡度不大时

(1)在场地平整时,按向低洼地带或可泄水地带平整成缓坡,以便排出地表水。

(2)场地四周设排水沟,分段设渗水井,以防止场地集水。

2.大面积场地及地面坡度较大时

在场地四周设置主排水沟,并在场地范围内设置纵横向排水支沟,也可在下游设集水井,用水泵排出。

3.大面积场地地面遇有山坡地段时

应在山坡底脚处挖截水沟,使地表水流入截水沟内排出场地外。

4.基坑（槽）排水

开挖底面低于地下水位的基坑(槽)时,地下水会不断渗入坑内。当雨期施工时,地表水也会流入基坑内。如果坑内积水,不及时排走,不仅会使施工条件恶化,还会使土被水泡软后,造成边坡塌方和坑底承载能力下降。因此,为保证安全生产,在基坑(槽)开挖前和开挖时,必须做好排水工作,保持土体干燥才能保障安全。

基坑(槽)的排水工作,应持续到基础工程施工完毕,并进行回填后才能停止。基坑的排水方法,可分为明排水和人工降低地下水位两种方法。

(1)明排水法。

①雨期施工时,应在基坑四周或水的上游,开挖截水沟或修筑土堤,以防地表水流入坑槽内。

②基坑(槽)开挖过程中,在坑底设置集水井,并沿坑底的周围或中央开挖排水沟,使水流入集水井中,然后用水泵抽走,抽出的水应予以引开,严防倒流。

③四周排水沟及集水井应设置在基础范围以外,地下水走向的上游,并根据地下水量大小、基坑平面形状及水泵能力,集水井每隔 20~40m 设置一个。集水井的直径或宽度一般为 0.6~0.8m,其深度随着挖土的加深而加深,随时保持低于挖土面 0.7~1.0m。井壁可用竹、木等进行简单加固。当基坑(槽)挖至设计标高后,井底应低于坑底 1.2m,并铺设碎石滤水层,

以避免在抽水时间较长时,将泥土抽出及防止井底的土被扰动。

明排水法由于设备简单和排水方便,所以采用较为普遍,但它只宜用于粗粒土层,因水流虽大,但土粒不致被抽出的水流带走,也可用于渗水量小的黏性土。当土为细砂和粉砂时,抽出的地下水流会带走细粒而发生流砂现象,造成边坡坍塌、坑底隆起、无法排水和难以施工,此时应改用人工降低地下水位的方法。

(2)人工降低地下水位。

人工降低地下水位,就是在基坑开挖前,预先在基坑(槽)四周埋设一定数量的滤水管(井),利用抽水设备从中抽水,使地下水位降落到坑底以下;同时在基坑开挖过程中仍然继续不断地抽水。使所挖的土始终保持干燥状态,从根本上防止细砂和粉砂土产生流砂现象,改善挖土工作的条件;同时土内的水分排出后,边坡坡度可变动,以便减小挖土量。

人工降水的方法有:轻型井点、喷射井点、管井井点、深井泵以及电渗井点等。具体采用何种方法,可根据土的渗透系数、降低水位的深度、工程特点及设备条件等确定,其中以轻型井点采用较广。

2.2.8 人工挖孔桩的安全措施

(1)孔内必须设置应急爬梯,供人员上下。使用的电葫芦、吊笼等应安全可靠并配有自动卡紧保险装置,不得使用麻绳和尼龙绳吊挂或脚踏井壁凸缘上下。使用前必须检验其安全起吊能力。

(2)每日开工前必须检测井下的有毒有害气体,并应有足够的安全防护措施。桩孔开挖深度超过10m时,应有专门向井下送风的设备。

(3)孔口四周必须设置护栏。

(4)挖出的土石方应及时运离孔口,不得堆放在孔口四周1m范围内,机动车辆的通行不得对井壁的安全造成影响。

(5)施工现场的一切电源、电路的安装和拆除必须由持证电工操作;电器必须严格接地、接零和使用漏电保护器。各桩孔用电必须一闸一孔,严禁一闸多用。桩孔上电缆必须架空2.0m以上,严禁拖地和埋压土中,孔内电缆、电线必须有防磨损、防潮、防断等保护措施。照明应采用安全矿灯或12V以下的安全灯。

2.2.9 土方施工安全事故应急救援

1.编制防止坍塌的施工方案

工程土方施工,必须单独编制专项施工方案,制定安全技术措施,防止土方坍塌,尤其是制定防止影响毗邻建筑物的安全技术措施。

(1)按土质放坡或护坡。施工中,应按土质的类别和基坑的类型,制定切实可行的安全技术和组织措施,并由专业施工队伍进行防护施工。

(2)降水处理。对于基底标高低于地下水位的土方施工,首先要降低地下水位,对毗邻建筑物必须采取有效的安全防护措施,并进行认真观测。

(3)基坑边堆土要满足安全距离的要求,严禁在坑边违规堆放建筑材料,并防止动荷载对土体的振动造成原土层内部颗粒结构发生变化。

(4)土方挖掘过程中,要安排专人进行及时的监控,发现情况及时采取应急措施。

(5)杜绝"三违"现象("三违"指违章作业、违章指挥、违反劳动纪律)。

2.建立安全事故应急救援体系

(1)当施工现场的监控人员发现土方或建筑物有裂纹或发出异常情况时,应立即报告给应急救援领导小组组长,并立即下令停止作业,组织施工人员快速撤离到安全地点。

(2)当土方或建筑物发生坍塌后,造成人员被埋、被压的情况,应急救援领导小组全员上岗,除应立即逐级报告给主管部门之外,应保护好现场,在确认不会再次发生同类事故的前提下,立即组织人员抢救受伤人员。

(3)当少部分土方坍塌时,现场救护人员应用铁锹进行挖掘,并注意不要伤及被埋人员;当建筑物整体倒塌,造成特大事故时,由地方政府应急救援领导小组统一领导和指挥,各有关部门协调作战,保证抢险工作有条不紊地进行,要采用起重机、挖掘机进行抢救,现场应有指挥并监护,防止机械伤及被埋或被压人员。

(4)被抢救出来的伤员,要由现场医疗室医生或急救中心救护人员进行抢救,用担架把伤员抬到救护车上,对伤势严重的人员要立即进行吸氧和输液,到医院后组织医务人员全力救治伤员。

(5)当核实所有人员获救后,将受伤人员的位置进行拍照或录像,禁止无关人员进入事故现场,等待事故调查组进行调查处理。

(6)对在土方坍塌和建筑物坍塌中死亡的人员,由企业及地方政府善后处理组负责对死亡人员的家属进行安抚、伤残人员安置和财产理赔等善后处理工作。

2.2.10 基坑支护安全控制要点

基坑支护的安全控制要点是防止土方坍塌,而引起土方坍塌的主要原因,首先是基坑开挖放坡不够,没按土的类别和坡度的容许值,按规定的高度比进行放坡,造成坍塌;其次是基坑边坡顶部超载或由于振动,破坏了土体的内聚力,引起土体结构破坏,造成滑坡;另外由于施工方法不正确,开挖程序不对,超标高挖土,支撑设置或拆除不正确,或者排水措施不力以及解冻时造成的坍塌等。

针对上述因素,要求基坑支护安全控制必须在施工前进行详细的工程地质勘察,明确地下情况,制定施工方案,并按照土质情况和深度设置安全边坡或支护加固,对于较深的沟坑,必须编制专项施工方案。实施中,对于边坡和支护应随时检查,及时发现和处理事故隐患。按照规定,坑(槽)周边不得任意堆放材料和施工机械,确保边坡的稳定;如施工机械确需坑(槽)边作业时,应对机械作业范围内的地面采取加固措施。施工方案、临边防护、坑壁支护、排水措施、坑边荷载、上下通道、土方开挖、基坑支护变形监测、作业环境等均是安全控制的重点。

1.施工方案

基坑开挖之前,要按照土质情况、基坑深度以及周边环境确定支护方案,其内容应包括:放坡要求、支护结构设计、机械选择、开挖时间、开挖顺序、分层开挖深度、坡道位置、车辆进出道路、降水措施及监测要求等。制定施工方案必须针对施工工艺和作业条件,对施工过程中可能造成坍塌的因素和作业人员的安全以及防止周边建筑、道路等产生不均匀沉降,制定具体可行措施,并在施工中付诸实施。

开挖深度超过5m的基坑或开挖深度虽未超过5m,但地质情况和周边环境较复杂的基坑,必须由具有资质的设计单位进行专项支护设计。支护设计方案或施工组织设计必须按企业内部管理规定进行审批。危险性较大的施工专项方案由施工单位组织专家进行论证。

2.临边防护

深度超过2m的基础,坑边必须设置防护栏杆,并且用密目安全网封闭,栏杆立杆应与便道预埋件电焊连接。栏杆宜采用Φ48钢管,表面喷涂黄色安全标识。坑口应用砖砌成沿口,防止砂石和地表水进入坑内。对于取土口、栈桥边、行人支撑边等部位必须设置安全防护设施并符合相关要求。

3.坑壁支护

不同深度的基坑和作业条件,所采取的支护方式也不同。

(1)原状土放坡。一般基坑深度小于3m时,可采用一次性放坡。当深度达到4~5m时,也可采用分级放坡。明挖放坡必须保证边坡的稳定,根据土的类别进行稳定计算确定安全系数。原状土放坡适用于较浅的基坑,对于深基坑可采用打桩、土钉墙或地下连续墙方法来确保边坡的稳定。

(2)排桩(护坡桩)。当周边无条件放坡时,可设计成挡土墙结构。可以采用预制桩或灌注桩,预制桩有钢筋混凝土桩和钢桩,当采用间隔排桩时,将桩与桩之间的土体固化形成桩墙挡土结构。

土体的固化方法可采用高压旋喷或深层搅拌法进行。固化后的土体不但整体性好,同时可以阻止地下水渗入基坑,形成隔渗结构。桩墙结构实际上利用桩的入土深度形成悬臂结构,当基础较深时,可采用坑外拉锚或坑内支撑来保持护桩的稳定。

(3)坑外拉锚与坑内支撑。

①坑外拉锚。用锚具将锚杆固定在桩的悬臂部分,将锚杆的另一端伸向基坑边坡土层内锚固,以增加桩的稳定。土锚杆由锚头、自由段和锚固段三部分组成,锚杆必须有足够长度,锚固段不能设置在土层的滑动面之内。锚杆应经设计并通过现场试验确定抗拔力。锚杆可以设计成一层或多层,采用坑外拉锚较采用坑内支撑法能有较好的机械开挖环境。

②坑内支撑。为提高桩的稳定性,也可采用在坑内加设支撑的方法。坑内支撑可采用单层平面或多层支撑,支撑材料可采用型钢或钢筋混凝土,设计支撑的结构形式和节点做法,必须注意支撑安装及拆除顺序。尤其对多层支撑要加强管理,混凝土支撑必须在上道支撑强度达80%以上时才可挖下层;对钢支撑严禁在负荷状态下焊接。

(4)地下连续墙。地下连续墙就是在深层地下浇筑一道钢筋混凝土墙,既可起挡土护壁的作用,又可起隔渗作用,也可以成为工程主体结构的一部分,还可以代替地下室墙的外模板。

地下连续墙也可简称地连墙,地连墙施工是利用成槽机械,按照建筑平面挖出一条长槽,用膨润土泥浆护壁,在槽内放入钢筋笼,然后浇筑混凝土。施工时,可以分成若干单元(5~8m一段),最后将各段进行接头连接,形成一道地下连续墙。

(5)逆作法施工。逆作法的施工工艺和一般正常施工相反,一般基础施工先挖至设计深度,然后自下向上施工到正负零标高,然后再继续施工上部主体。逆作法是先施工地下一层(离地面最近的一层),在打完第一层楼板时,进行养护,在养护期间可以向上部施工主体,当第一层楼板达到强度时,可继续施工地下二层(同时向上方施工),此时的地下主体结构梁板体系,就作为挡土结构的支撑体系,地下室外的墙体又是基坑的护壁。这时梁板的施工只需插入土中，作为柱子钢筋，梁板施工完毕再挖土方施工柱子。第一层楼板以下部分由于楼板的封闭，只能采用人工挖土，可利用电梯间作为垂直运输通道。逆作法不但节省工料，上下同时施工缩短工期，还由于利用工程梁板结构做内支撑，可以避免由于装拆临时支撑造成的土体变形。

4. 排水措施

基坑施工常遇地下水，尤其是深度施工，处理不好不但影响基坑施工，还会给周边建筑造成沉降不均的危险。对地下水的控制方法一般有：排水、降水、隔渗。

（1）排水。开挖深度较浅时，可采用明排。沿槽底挖出两道水沟，每隔30～40m设置一集水井，用抽水设备将水抽走。有时深基坑施工，为排除雨季暴雨突然而来的明水，也采用明排。

（2）降水。开挖深度大于3m时，可采用井点降水。在基坑外设置降水管，管壁有孔并有过滤网，可以防止在抽水过程中将土粒带走，保持土体结构不被破坏。井点降水每级可降低水位4.5m，再深时，可采用多级降水，水量大时，也可采用深井降水。当降水可能造成周围建筑物不均匀沉降时，应在降水的同时采取回灌措施。回灌井是一个较长的穿孔井管，和井点的过滤管一样，井外填以适当级配的滤料，井口用黏性土封口，防止空气进入。回灌与降水同时进行，并随时观测地下水位的变化，以保持原有的地下水位不变。

（3）隔渗。隔渗是用高压旋喷、深层搅拌形成的水泥土墙和底板而形成的止水帷幕，阻止地下水渗入基坑内。隔渗的抽水井可设在坑内，也可设在坑外。

坑内抽水不会造成周边建筑物、道路等沉降问题，可以在坑外高水位坑内低水位干燥条件下作业，但最后封井技术上应注意防漏。止水帷幕采用落底式，向下延伸到不透水层以内对坑内封闭。

坑外抽水含水层较厚，帷幕悬吊在透水层中。由于采用了坑外抽水，从而减轻了挡土桩的侧压力。但坑外抽水对周边建筑物有不利的沉降影响。

坑内、坑外必须采取有效的排水措施。根据支护方案及支护设计或施工组织设计要求，应对坑内进行轻型井点降水或其他方法降水。每层挖土面应采用明沟排水。基坑见底后，宜采用明沟或盲沟明排水。坑外应采用明沟排水，防止坑外水进入坑内，同时防止坑外水过多渗入地下增加侧压力。基坑采用坑外降水时，必须制定相应的措施，保护临边建筑、道路、管线等（如对临边建筑、道路、管线进行沉降观测，设置地下水位观测井等）。

当周边有条件时，可采用坑外降水，以减少墙体后面的水压力。

5. 坑边荷载

坑边堆置土方和材料，包括沿挖土方边缘移动运输工具和机械，不应离基槽边过近，堆置土方距离坑槽上部边缘不小于1.0m，弃土堆置高度不超过1.5m。

大中型施工机具距离坑槽边距离，应根据设备重量、基坑支护情况、土质情况经计算确定。规范规定："基坑周边严禁超载堆放。"土方开挖如有超载和不可避免的边坡堆载，包括挖土机平台位置等，应在施工方案中进行设计计算确认。

6. 上下通道

基坑施工作业人员上下必须设置专用通道，不准攀爬模板、脚手架，以确保安全。

人员专用通道应在施工组织设计中确定，其攀登设施可视条件采用梯子或专门搭设，应符合高处作业规范中攀登作业的要求。

7. 土方开挖

所有施工机械应按规定进场,并经过有关部门组织验收确认合格,并有记录。

机械挖土与人工挖土进行配合操作时,人员不得进入挖土机作业半径内;必须进入时,待挖土机作业停止后,人员方可进行坑底清理、边坡找平等作业。

挖土作业位置的土质及支护条件,必须满足机械作业的荷载要求,机械应保持水平位置和足够的工作面。

挖土机司机属特种作业人员,应经专门培训考试合格持有操作证。

挖土机不能超标高挖土,以免造成土体结构破坏。坑底最后留一步土方由人工完成。

8. 基坑支护变形监测

基坑开挖之前应做出系统的监测方案,包括:监测方法、精度要求、监测点布置、观测周期、工序管理、记录制度、信息反馈等。

基坑开挖过程中应特别注意监测的项目有:

(1)支护体系变形情况。

(2)基坑外地面沉降或隆起变形。

(3)邻近建筑物动态。

(4)监测支护结构的开裂、位移。重点监测桩位、护壁墙面、主要支撑杆、连接点以及渗漏情况。

9. 基坑支护变形监测作业环境

(1)建筑施工现场作业条件,往往是地下作业条件被忽视,坑槽内作业不应降低规范要求。

(2)人员作业必须有安全立足点,脚手架搭设必须符合规范规定,临边防护符合要求。

(3)交叉作业、多层作业上下设置隔离层。垂直运输作业及设备也必须按照相应的规范进行检查。

(4)深基坑施工的照明问题,电箱的设置、周围环境以及各种电气设备的架设使用均应符合电气规范规定。

复习思考题

1. 挡土墙主要有哪些形式?

2. 基坑开挖过程中排水的方法主要包括哪些?

3. 浅基础基坑支撑形式一般有哪些?简要描述适用范围。

4. 基坑支护安全控制要点一般有哪些?

情境 3

脚手架工程

学习要点

- 了解常用脚手架的类别和安全基本要求
- 掌握扣件式钢管脚手架、门式钢管脚手架、附着式升降脚手架及吊篮脚手架的适用范围、设计要求、构造要求、搭设和拆除的安全技术以及安全管理等内容
- 能够运用本单元的知识,正确、合理地搭设、检查和拆除脚手架,掌握脚手架的安全管理

3.1 脚手架工程施工安全要求

脚手架是为建筑施工而搭设的上料、堆料与施工作业用的临时结构架。它作为建筑施工用的临时设施,贯穿于施工的全过程,其设计和搭设的质量,不仅直接影响操作人员的人身安全,而且还影响建筑施工的进度、效率和质量。脚手架的搭设、使用和拆除不符合安全技术和管理的要求,可能引起高处坠落、坍塌、物体打击、触电和雷击等安全事故的发生,所以,脚手架工程一直是建筑施工现场安全技术和管理的工作重点。

3.1.1 脚手架的分类

脚手架的分类方法有很多,一般包括以下类别:

根据搭设位置不同,分外脚手架和内(里)脚手架。根据搭设的用途不同,可分为操作(作业)脚手架、防护脚手架和承重(或支撑)脚手架等。根据搭设的立杆排数不同,分为单排脚手架、双排脚手架和满堂脚手架。根据脚手架的闭合形式不同,分为全封闭式脚手架、半封闭式脚手架、局部封闭式脚手架和敞开式脚手架。根据脚手架的支固形式不同,分为落地式脚手架、悬挑式脚手架、悬挂式脚手架、悬吊式脚手架、附着升降式脚手架等。根据脚手架搭设后的可移动性不同,分为固定式脚手架和移动式脚手架。根据搭设材质不同,分成竹脚手架、木脚手架和钢管脚手架等。钢管脚手架又分成扣件式脚手架和碗扣式脚手架。

3.1.2 脚手架的安全基本要求

1.设计安全基本要求

(1)脚手架应满足在各类荷载作用下整体稳定性的要求。

(2)脚手架应满足在所承受各类荷载作用下强度的要求。

(3)脚手架在正常使用时应有足够的刚度。

(4)在满足上述要求的同时,还应满足经济性和搭设、使用方便等要求。

2.脚手架搭设和使用安全基本要求

(1)组成脚手架的原件、配件质量必须符合相关要求,并经检查验收合格后方准使用。

(2)脚手架的搭设必须依据经有关部门和人员审核的专项施工方案,并附必要的验算结果。

(3)高度超过24m的各类脚手架(包括落地式钢管脚手架、附着升降式脚手架、悬挑式脚手架、门式脚手架、挂式脚手架、吊篮脚手架、卸料平台等)除应编制专项施工方案,并附验算结果外,还应由施工单位组织专家论证。

(4)脚手架的搭设人员(专业架子工)需经有关部门组织的考试,合格后方可持证上岗,并定期体检。

(5)搭设脚手架人员必须按要求佩戴安全帽,系好安全带,穿防滑鞋。

(6)脚手架搭设与设计、设计与实际的荷载必须相一致,并符合有关标准和规程的要求,需要改变搭设方案时,必须履行规定的变更审核手续。

(7)脚手架的搭设必须满足相关的构造要求。

(8)所有的操作平台应铺设符合相关要求的脚手板,在平台的边缘应有扶手、防护网、挡脚板或其他防坠落的保护措施。

(9)脚手架上堆料量不得超过规定荷载和高度,同一块脚手板上的操作人员不得超过2人。

(10)提供合适、安全的方法,使操作人员和物料等能顺利到达操作平台。

(11)所有置于工作平台上的物料应安全堆放,严禁超载。

(12)对搭设后的脚手架要进行定期或不定期的检查。首次检查应当在搭设完成之后,由施工单位安全机构专职安全管理人员、项目部安全负责人、搭设单位(或人员)、相关分包单位等参加,每次检查的详情应有记录并予以存档。

(13)对于已搭设的脚手架结构,未经允许不得改动或拆除。

(14)遇有六级以上大风或大雾、雨雪等恶劣天气时应暂停脚手架的搭设和作业。

(15)脚手架的安全检查与维护,应按规定进行,安全网应按有关规定搭设或拆除。

3.脚手架拆除的安全基本要求

(1)拆除脚手架前必须制定拆除方案,并履行规定的审批手续。

(2)拆除脚手架时,应在拆除区设置警戒线,严禁无关人员进入。

(3)拆除脚手架应坚持"先搭的后拆,后搭的先拆"的拆除原则,自上而下进行拆除,并且拆除某一部分应不得使另一部分或其他结构产生倾倒或失稳,严禁上下同时作业。

(4)拆除脚手架时,严禁采用将脚手架整体推倒的方法。

(5)凡脚手架拆下的构件都要用绳索捆绑牢固向下传递,严禁从高处向下抛掷。

(6)在架空电力线路附近拆除时,应停电进行,若不能停电,应采取防止触电和防止有损线路的安全措施。

(7)遇有六级以上大风或大雾、雨雪等恶劣天气时应暂停脚手架的拆除作业。

4.脚手架的防电、避雷要求

《施工现场临时用电安全技术规范》(JGJ 46—2005)对脚手架的防电、避雷措施作了明确规定,具体要求如下:

(1)脚手架的防电措施。脚手架周边与外电架空线路边线之间的最小安全操作距离应符合《施工现场临时用电安全技术规范》的相关规定,具体参见情境6施工用电部分。

(2)脚手架的避雷措施。

①施工现场内的钢脚手架,当在相邻建筑物、构筑物等设施的防雷装置接闪器的保护范围以外时,应按规定安装防雷装置。

②如果最高机械设备上避雷针(接闪器)的保护范围能覆盖其他设施,且又最后退出现场,则其他设施可不设防雷装置。

③机械设备或设施的防雷引下线可利用该设备或设施的金属结构体,但应保证电气连接。

④机械设备上的避雷针(接闪器)长度应为1～2m。

⑤施工现场内所有防雷装置的冲击接地电阻不得大于30Ω。

3.2 门式钢管脚手架

门式钢管脚手架是以门架、交叉支撑、连接棒、挂扣式脚手板或水平架、锁臂等组成基本结构,再设置水平加固杆、剪刀撑、扫地杆、封口杆、托座与底座,并采用连墙件与建筑物主体结构相连的一种标准化钢管脚手架。由于它具有装拆简单、移动方便、承载性好、使用安全可靠、经济效益好等优点,所以发展速度很快。它不但能用作建筑施工的内外脚手架,还能用作楼板、梁模板支架和移动式脚手架等,具用较多的功能,所以又称多功能脚手架。但是,这种脚手架如果材质或搭设质量满足不了《建筑施工门式钢管脚手架安全技术规范》(JGJ 128—2010)的规定,极易发生安全事故,并且影响施工工效。

3.2.1 基本组成及搭设高度

1.基本组成

门式钢管脚手架是由门架、交叉支撑、连接棒、挂扣式脚手板或水平架、锁臂等组成。

(1)门架。门架是门式钢管脚手架的主要构件,由立杆、横杆及加强杆焊接组成,如图3-1所示。

(2)其他构配件。门式钢管脚手架的其他构配件包括连接棒、锁臂、交叉支撑、水平架、挂扣式脚手板、底座与托座等,如图3-2所示。

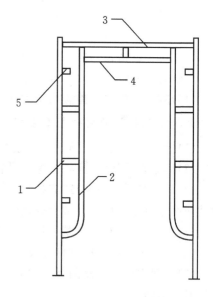

1—立杆;2—立杆加强杆;
3—横杆;4—横杆加强杆;
5—锁臂

图3-1 门架

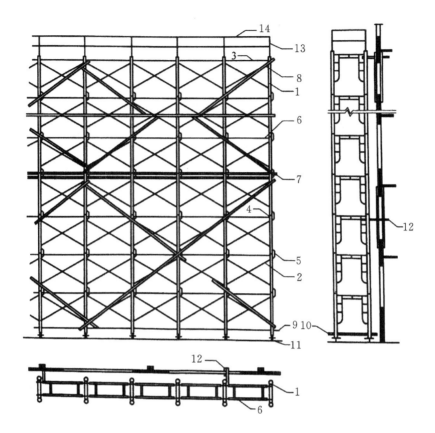

1—门架;2—交叉支撑;3—脚手板;4—连接棒;5—锁臂;6—水平架;7—水平加固杆;
8—剪刀撑;9—扫地杆;10—封口杆;11—底座;12—连墙件;13—栏杆;14—扶手

图 3-2 门式钢管脚手架的组成

2.搭设高度

落地门式钢管脚手架的搭设高度不宜超过表 3-1 的规定。

表 3-1 落地门式钢管脚手架搭设高度

施工荷载标准值(kN/m²)	搭设高度(m)
3.0~5.0	≤45
≤3.0	≤60

注:施工荷载系指一个跨距内各施工层均布施工荷载的总和。

3.2.2 构配件的材质性能

(1)门架及其配件的规格、性能及质量应符合现行行业标准《门式钢管脚手架》(JG 13—1999)的规定,并应有出厂合格证明书及产品标志。

(2)周转使用的门架及配件应按《建筑施工门式钢管脚手架安全技术规范》(JGJ 128—2010)的规定进行质量类别判定、维修及使用。

(3)水平加固杆、封口杆、扫地杆、剪刀撑及脚手架转角处连接杆等宜采用 φ48.3mm×

3.6mm 焊接钢管,其材质在保证可焊性的条件下应符合现行国家标准《碳素结构钢》(GB/T 700—2006)中 Q235A 钢的规定。

(4)钢管应平直,平直度允许偏差为管长的 1/500;两端面应平整,不得有斜口、毛口,严禁使用有硬伤(硬弯、砸扁等)及严重锈蚀的钢管。

(5)连接外径 48mm 钢管的扣件的性能、质量应符合现行国家标准《钢管脚手架扣件》(GB 15831—2006)的规定,连接外径 42mm 与 48mm 钢管的扣件应有明显标记并按照现行国家标准《钢管脚手架扣件》(GB 15831—2006)中的有关规定执行。

(6)连墙件采用钢管、角钢等型钢时,其材质应符合现行国家标准《碳素结构钢》(GB/T 700—2006)中 Q235A 钢的质量要求。

3.2.3 设计计算

1.施工设计

(1)脚手架工程的施工设计应列入单位工程施工组织设计。

(2)施工设计的内容应包括:

①脚手架的平、立、剖面图。

②脚手架的基础做法。

③连墙件的布置及构造。

④脚手架的转角处、通道洞口处构造。

⑤脚手架的施工荷载限值。

⑥脚手架的计算,一般包括脚手架稳定或搭设高度计算以及连墙件的计算。

⑦分段搭设或分段卸荷方案的设计计算。

⑧脚手架搭设、使用、拆除等安全措施。

(3)脚手架的构造设计应满足相关构造要求。

2.稳定性

门式钢管脚手架的稳定性应按照《建筑施工门式钢管脚手架安全技术规范》(JGJ 128—2000)的规定进行验算。

3.搭设高度

(1)敞开式脚手架,当其搭设高度未超过表 3-1 规定及相关构造要求时,可不进行稳定性或搭设高度的计算。

(2)落地脚手架,当其搭设高度超过表 3-1 规定时,宜采用分段卸荷或分段搭设等方法;分段搭设时,每段脚手架高度宜控制在 30m 以下。

4.连墙件

门式钢管脚手架的连墙件应进行强度、稳定性、风荷载作用及与主体结构(或脚手架)的连接强度验算。

3.2.4 构造要求

1.门架

(1)门架跨距应符合现行行业标准《门式钢管脚手架》(JG 13—1999)的规定,并与交叉支撑规格配合。

(2)门架立杆离墙面净距不宜大于 150mm；大于 150mm 时，应采取内挑架板或其他安全防护措施。

2. 配件

(1)门架的内外两侧均应设置交叉支撑并应与门架立杆上的锁臂锁牢。

(2)上、下榀门架的组装必须设置连接棒及锁臂，连接棒直径应小于立杆内径 1～2mm。

(3)有脚手架的操作层上应连续满铺与门架配套的挂扣式脚手板，并扣紧挡板，防止脚手板脱落和松动。

(4)水平架设置应符合下列规定：

①在脚手架的顶层门架上部、连墙件设置层、防护棚设置处必须设置。

②当脚手架搭设高度 $H \leqslant 45m$ 时，水平架应沿脚手架高度至少两步一设；当脚手架搭设高度 $H > 45m$ 时，水平架应每步一设；不论脚手架多高，均应在脚手架的转角处、端部及间断处一个跨距范围内每步一设。

③水平架在其设置层面内应连续设置。

④若因施工需要，临时局部拆除脚手架内侧交叉支撑时，应在拆除交叉支撑的门架上方及下方设置水平架。

⑤水平架可由挂扣式脚手板或门架两侧设置的水平加固杆代替。

(5)底步门架的立杆下端应设置固定底座或可调底座。

3. 加固件

(1)剪刀撑设置应符合下列规定：

①脚手架高度超过 20m 时，应在脚手架外侧连续设置。

②剪刀撑斜杆与地面的倾角宜为 45°～60°，剪刀撑宽度宜为 4～8m。

③剪刀撑应采用扣件与门架立杆扣紧。

④剪刀撑斜杆若采用搭接接长，搭接长度不宜小于 600mm，搭接处应采用两个扣件扣紧。

(2)水平加固杆设置应符合以下规定：

①当脚手架高度超过 20m 时，应在脚手架外侧每隔 4 步设置一道，并宜在有连墙件的水平层设置。

②设置纵向水平加固杆连续，并形成水平闭合圈。

③在脚手架的底步门架下端应加封口杆，门架的内、外两侧应设通长扫地杆。

④水平加固杆应采用扣件与门架立杆扣牢。

4. 转角处门架连接

(1)在建筑物转角处的脚手架内、外两侧应每步设置水平连接杆，将转角处的两门架连成一体，详见图 3-3。

(2)水平连接杆应采用钢管，其规格应与水平加固杆相同。

(3)水平连接杆应采用扣件与门架立杆及水平加固杆扣紧。

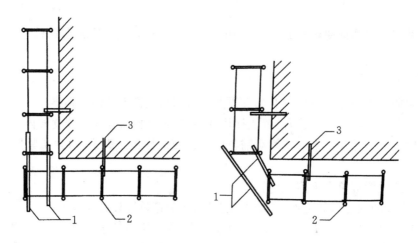

1—连接钢管;2—门架;3—连墙杆

图 3-3 转角处脚手架连接

5.连墙件

(1)脚手架必须采用连墙件与建筑物做到可靠连接。连墙件的设置除应满足规范的计算要求外,还应满足表 3-2 的要求。

表 3-2 连墙件间距

脚手架搭设高度(m)	基本风压(kN/m²)	连墙件的间距(m)	
		竖向	水平向
≤45	≤0.55	≤6.0	≤8.0
	≤0.55		
>45	—	≤4.0	≤6.0

(2)在脚手架的转角处、不闭合(一字形、槽形)脚手架的两端应增设连墙件,其竖向间距不应大于 4.0m。

(3)在脚手架外侧因设置防护棚或安全网而承受偏心荷载的部位,应增设连墙件,其水平间距不应大于 4.0m。

(4)连墙件应能承受拉力与压力,其承载力标准值不应小于 10kN;连墙件与门架、建筑物的连接也应具有相应的连接强度。

6.通道洞口

(1)通道洞口高不宜大于 2 个门架,宽不宜大于一个门架跨距。

(2)通道洞口应按以下要求采取加固措施:当洞口宽度为一个跨距时,应在脚手架洞口上方的内外侧设置水平加固杆,在洞口上部两端加设斜撑杆,如图 3-4 所示;当洞口宽为两个及两个以上跨距时,应在洞口上方设置经专门设计和制作的托架,并加强洞口两侧的门架立杆。

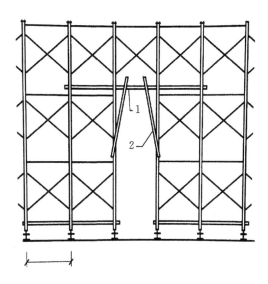

1—水平加固杆；2—斜撑杆

图3-4 通道洞口加固示意

7.斜梯

(1)作业人员上下脚手架的斜梯应采用挂扣式梯段，并宜采用之字形式，一个梯段宜跨越两步或三步。

(2)钢梯规格应与门架规格配套，并应与门架挂扣牢固。

(3)钢梯应设栏杆扶手。

8.地基与基础

(1)搭设脚手架的场地必须平整坚实，并做好排水，回填土地面必须分层回填，逐层夯实。

(2)落地式脚手架的基础根据土质及搭设高度可按表3-3的要求处理。当土质与表不符合时，应按现行国家标准《建筑地基基础设计规范》(GB 50007—2011)的有关规定经计算确定。

表3-3 地基基础要求

搭设高度 （m）	地基土质		
	中低压缩性且压缩性均匀	回填土	高压缩或压缩性不均匀
≤25	夯实原土，干重力密度要求15.5kN/m³。立杆底座置于面积不小于0.075m²的混凝土垫块或垫木上	土夹石或灰土回填夯实，立杆底座置于面积不小于0.10m²的混凝土垫块或垫木上	夯实原土，设宽度不小于200mm的通长槽钢或垫木
26～35	混凝土垫块或垫木面积不小于0.1m²，其余同上	砂夹石回填夯实，其余同上	夯实原土，铺厚不小于200mm的砂垫层，其余同上

搭设高度 (m)	地基土质		
	中低压缩性且压缩性均匀	回填土	高压缩性或压缩性不均匀
36~60	混凝土垫块或垫木面积不小于0.15m²或铺通长槽钢或垫木,其余同上	砂夹石回填夯实,混凝土垫块或垫木面积不小于0.15m²,或铺通长槽钢或木板	夯实原土,铺150mm厚道渣夯实,再铺通长槽钢或垫木,其余同上

注:表中混凝土垫块厚度不小于200mm;垫木厚度不小于50mm,宽度不小于200mm。

(3)当脚手架搭设在结构的楼面、挑台上时,立杆底座下应铺设垫板或混凝土垫板,并应对楼面或挑台等结构进行承载力验算。

3.2.5 搭设与拆除

1.施工准备工作

(1)脚手架搭设前,项目工程技术负责人应按规程和施工组织设计要求向搭设及使用人员做技术和安全作业要求的交底。

(2)对门架、配件、加固件应按要求进行检查、验收,严禁使用不合格的门架、配件。

(3)对脚手架的搭设场地应进行清理、平整,并做好排水。

2.基础

(1)地基基础施工应按规定和施工组织设计要求进行。

(2)基础上应先弹出门架立杆位置线,垫板、底座安放位置应准确。

3.搭设

(1)搭设门架及配件应符合下列规定:

①交叉支撑、水平架、脚手板、连接棒和锁臂的设置应符合构造要求。

②不配套的门架与配件不得混合使用于同一脚手架。

③门架安装应自一端向另一端延伸,并逐层改变搭设方向,不得相对进行。搭设完一步架后,应按规范要求检查并调整其水平度与垂直度。

④交叉支撑、水平架或脚手板应紧随门架的安装及时设置。

⑤连接门架与配件的锁臂、搭钩必须处于锁住状态。

⑥水平架或脚手板应在同一步内连续设置,脚手板应满铺。

⑦底层钢梯的底部应加设钢管并用扣件扣紧在门架的立杆上,钢梯的两侧均应设置扶手,每梯段可跨越两步或三步门架再行转折。

⑧栏板(杆)、挡脚板应设置在脚手架操作层外侧、门架立杆的内侧。

(2)加固杆、剪刀撑等加固件的搭设除应符合上述的要求外,尚应满足下列规定:

①加固杆、剪刀撑必须与脚手架同步搭设。

②水平加固杆应设于门架立杆内侧,剪刀撑应设于门架立杆外侧并连接牢固。

(3)连墙件的搭设应符合下列规定:

①连墙件的搭设必须随脚手架搭设同步进行,严禁滞后设置或搭设完毕后补做。

②当脚手架操作层高出相邻连墙件以上两步时,应采用确保脚手架稳定的临时拉结措施,

直到连墙件搭设完毕后方可拆除。

③连墙件宜垂直于墙面,不得向上倾斜,连墙件埋入墙身的部分必须锚固可靠。

④连墙件应连于上、下两榀门架的接头附近。

(4)加固件、连墙件等与门架采用扣件连接时应符合下列规定:

①扣件规格应与所连钢管外径相匹配。

②扣件螺栓拧紧扭力矩宜为 $50\sim60N\cdot m$,并不得小于 $40N\cdot m$。

③各杆件端头伸出扣件盖板边缘长度不应小于 100mm。

(5)脚手架应沿建筑物周围连续、同步搭设升高,在建筑物周围形成封闭结构;如不能封闭时,在脚手架两端应增设连墙件。

4.验收

(1)脚手架搭设完毕或分段搭设完毕,应按规范规定对脚手架工程的质量进行检查,经检查合格后方可交付使用。

(2)高度在 20m 及 20m 以下的门式钢管脚手架,应由单位工程负责人组织专职安全技术人员进行检查验收;高度大于 20m 的脚手架,应由上一级技术负责人随搭设进度进行分段组织工程负责人及有关的技术人员进行检查验收。

(3)验收时应具备下列文件:

①脚手架工程施工组织设计文件。

②脚手架构配件的出厂合格证或质量分类合格标志。

③脚手架工程的施工记录及质量检查记录。

④脚手架搭设过程中出现的重要问题及处理记录。

⑤脚手架工程的施工验收报告。

(4)脚手架工程验收,除查验有关文件外,还应进行现场检查,检查应着重以下各项,并记入施工验收报告。

①构配件和加固件是否齐全,质量是否合格,连接和挂扣是否紧固可靠。

②安全网的张挂及扶手的设置是否齐全。

③基础是否平整坚实、支垫是否符合规定。

④连墙件的数量、位置和设置是否符合要求。

⑤垂直度及水平度是否合格。

(5)脚手架搭设的垂直度与水平度允许偏差应符合表3-4的要求。

表3-4 脚手架搭设垂直度与水平度允许偏差

项目		允许偏差(mm)	项目		允许偏差(mm)
垂直度	每步架	$h/600$ 及 ±2.0	水平度	一跨距内水平架两端高差	$\pm l/600$ 及 ±3.0
	脚手架整体	$H/600$ 及 ±50		脚手架整体	$\pm L/600$ 及 ±50

注:h—步距;H—脚手架高度;l—跨距;L—脚手架长度。

5.拆除

(1)脚手架经单位工程负责人检查验证并确认不再需要时,方可拆除。

(2)拆除脚手架前,应清除脚手架上的材料、工具和一切物品。

(3)拆除脚手架时,应设置警戒区和警戒标志,并由专职人员负责警戒。

(4)脚手架的拆除应在统一指挥下,按后装先拆、先装后拆的顺序及下列安全作业的要求进行:

①脚手架的拆除应从一端向另一端、自上而下逐层地进行。

②同一层的构配件和加固件应按先上后下、先外后里的顺序进行,最后拆除连墙件。

③在拆除过程中,脚手架的自由悬臂高度不得超过两步,当必须超过两步时,应加设临时拉结杆件。

④连墙杆、通长水平杆和剪刀撑等,必须在脚手架拆卸到相关的门架时方可拆除。

⑤工人必须站在临时设置的脚手板上进行拆卸作业,并按规定使用安全防护用品。

⑥拆除工作中,严禁使用榔头等硬物击打、撬挖,拆下的连接棒应放入工具袋内,锁臂应先传递至地面并放室内存放。

⑦拆卸连接部件时,应先将锁座上的锁板与卡钩上的锁片旋转至开启位置,然后开始拆除,不得硬拉,严禁敲击。

⑧拆下的门架、钢管与配件,应成捆用机械吊运或由井架传送至地面,防止碰撞,严禁抛掷。

3.2.6　安全管理与维护

(1)搭拆脚手架的工作必须由专业架子工担任,并按现行国家标准《特种作业人员安全技术考核管理规则》(GB 5036—1985)考核合格后持证上岗。上岗人员应定期进行体检,凡不适于高处作业者,不得上脚手架操作。

(2)搭拆脚手架时工人必须戴安全帽,系好安全带,穿防滑鞋。

(3)操作层上施工荷载应符合设计要求,不得超载;不得在脚手架上集中堆放模板、钢筋等物件。严禁在脚手架上拉缆风绳或固定、架设混凝土泵、泵管及起重设备等。

(4)六级及六级以上大风和雨、雪及雾天应停止脚手架的搭设、拆除及施工作业。

(5)施工期间不得拆除下列杆件:

①交叉支撑、水平架。

②连墙件。

③加固杆件,如剪刀撑、水平加固杆、扫地杆、封口杆等。

④栏杆。

(6)作业需要时,临时拆除交叉支撑或连墙件应经主管部门批准,并应符合下列规定:

①交叉支撑只能在门架一侧局部拆除,临时拆除后,在拆除交叉支撑的门架上、下层面应满铺水平架或脚手板。作业完成后,应立即恢复拆除的交叉支撑;拆除时间较长时,还应加设扶手或安全网。

②只能拆除个别连墙件,在拆除前、后应采取安全措施,并应在作业完成后立即恢复;不得在竖向或水平向同时拆除两个及两个以上连墙件。

(7)在脚手架基础或邻近严禁进行挖掘作业。

(8)临街搭设的脚手架外侧应有防护措施,以防坠物伤人。

(9)脚手架与架空输电线路的安全距离、工地临时用电线路架设及脚手架接地避雷措施等应按现行行业标准《施工现场临时用电安全技术规范》(JGJ 46—2005)的有关规定执行。

(10)脚手架外侧严禁任意攀登。

(11)对脚手架应设专人负责进行经常检查和保修工作。对高层脚手架应定期做门架立杆基础沉降检查,发现问题应立即采取措施。

(12)拆下的门架及配件应清理干净,并按规范的规定分类检验和维修,按品种、规格分类整理存放,妥善保管。

3.2.7　模板支撑与满堂脚手架

1.一般规定

(1)门式钢管脚手架用作模板支撑和满堂脚手架时,结构、构造设计根据荷载、支撑高度、使用面积等作出,并列入施工方案中。

(2)门式脚手架用于模板支撑时,荷载应按现行国家标准《混凝土结构工程施工及验收规范》(GB 50204—2015)及《组合钢模板技术规范》(GB 50214—2013)中有关规定取值,并进行荷载组合。门式脚手架用于满堂脚手架时,荷载应按实际作用取值,门架承载力应按《建筑施工门式钢管脚手架安全技术规范》(JGJ 128—2010)的有关规定进行计算。

(3)模板支撑及满堂脚手架的基础做法应符合《建筑施工门式钢管脚手架安全技术规范》(JGJ 128—2010)的要求,当模板支撑架设在钢筋混凝土楼板、挑台等结构上部时,应对该结构强度进行验算。

(4)可调底座调节螺杆伸出长度不宜超过200mm。当超过200mm时,一榀门架承载力设计值应根据可调底座调节螺杆伸出长度进行修正:伸出长度为300mm时,应乘以修正系数0.90,超过300mm时,应乘以修正系数0.80。模板支撑架的高度调整宜以采用可调顶托为主。

(5)模板支撑及满堂脚手架构造的设计,宜使立杆直接传递荷载。当荷载作用于门架横杆上时,门架的承载能力应乘以折减系数:当荷载对称作用于立杆与加强杆范围内时,应取0.9;当荷载对称作用在加强杆顶部时,应取0.70;当荷载集中作用于横杆中间时,应取0.30。

2.满堂脚手架

(1)门架的跨距和间距应根据实际荷载经设计确定,间距不宜大于1.2m。

(2)交叉支撑应在每列门架两侧设置,并应采用锁销与门架立杆锁牢,施工期间不得随意拆除。

(3)水平架或脚手板应每步设置。顶步作业层应满铺脚手板,并应采用可靠连接方式与门架横梁固定,大于200mm的缝隙应挂设安全平网。

(4)水平加固杆应在满堂脚手架的周边顶层及中间每5列、5排通长连续设置,并应采用扣件与门架立杆扣牢。

(5)剪刀撑应在满堂脚手架外侧周边和内部每隔15m间距设置,剪刀撑宽度不应大于4个跨距或间距,斜杆与地面倾角宜为45°～60°。

(6)满堂脚手架距墙或其他结构物边缘距离应小于0.5m,周围应设置栏杆。

（7）满堂脚手架中间设置通道时，通道处底层门架可不设纵（横）方向水平加固杆，但通道上部应每步设置水平加固杆。通道两侧门架应当设置斜撑杆。

（8）满堂脚手架高度超过 10m 时，上下层门架间应设置锁臂，外侧应当设置抛撑或缆风绳与地面拉结牢固。

（9）满堂脚手架的搭设可采用逐列、逐排和逐层搭设的方法，并应当随搭随设剪刀撑、水平纵横加固杆、抛撑（或缆风绳）和通道板等安全防护构件。

（10）搭设、拆除满堂脚手架时，施工操作层应铺设脚手板，工人应系安全带。

3. 搭设与拆除

（1）满堂脚手架，在安装前应在楼面或地面弹出门架的纵横方向位置线进行找平。

（2）满堂脚手架组装完毕后应进行下列各项内容的验收检查：

①门架设置情况。

②交叉支撑、水平架及水平加固杆、剪刀撑及脚手板配置情况。

③门架横杆荷载状况。

④底座、顶托螺旋杆伸出长度。

⑤扣件紧固扭力矩。

⑥垫木情况。

⑦安全网设置情况。

（3）施工应符合下列规定：

①可调底座、顶托应采取防止砂浆、水泥浆等污物填塞螺纹的措施。

②不得采用使门架产生偏心荷载的混凝土浇筑顺序，采用泵送混凝土时，应随浇随捣随平整，混凝土不得堆积在泵送管路出口处。

③应避免装卸物料对模板支撑和脚手架产生偏心、振动和冲击。

④交叉支撑、水平加固杆、剪刀撑不得随意拆卸，因施工需要临时局部拆卸时，施工完毕后应立即恢复。

⑤拆除应采用先搭后拆的施工顺序。

⑥拆除模板支撑及满堂脚手架时应采用可靠安全措施，严禁高空抛掷。

3.3 扣件式钢管脚手架

扣件式钢管脚手架是由专用的钢管、扣件和脚手板等组成，并按照规定的搭设方法组合起来，为满足建筑施工的上料、堆料与施工作业等使用的临时结构架，在当前的工程建设中应用较为广泛。

3.3.1 特点及应用

1. 特点

由钢管、扣件等组成的扣件式钢管脚手架具有以下特点：

（1）承载力大。当扣件式钢管脚手架按构造或设计要求搭设后，落地式脚手架立杆的承载力一般在 15～20kN（设计值）之间，满堂脚手架立杆的承载力可达 30kN（设计值）。

（2）安装或拆除方便，搭设灵活，使用广泛。由于钢管长度易于调整，扣件连接简便，搭设和拆除简便易行，因而可适应各种平面、立面建筑物或构筑物的施工需要，还可用于搭设临时用房、模板支架和设备安装等。

（3）经济性好。与其他脚手架相比，杆件加工简单，一次投资费用较低，如果精心设计脚手架几何尺寸，注意提高钢管周转使用率，则可取得较好的经济效益。但高层建筑若使用整体落地式钢管脚手架，则费用会有较大增长，所以，高层或超高层建筑宜使用悬挑式钢管脚手架。

（4）脚手架中的扣件用量较大，且价格较高，如果管理不善，扣件极易损坏、丢失，因此应对扣件式脚手架的构配件使用、存放和维护加强科学管理。

2. 适用范围及搭设高度要求

（1）适用范围。

扣件式钢管脚手架是应用最为普遍的一种脚手架，其适宜的应用范围如下：

①工业与民用建筑施工用落地式单、双排脚手架，以及底撑式分段悬挑脚手架。

②水平混凝土结构工程施工中的模板支承架。

③上料平台、满堂脚手架。

④高耸构筑物（如井架、烟囱、水塔等）施工用脚手架。

⑤栈桥、码头、高架路、桥等工程用脚手架。

为了确保脚手架的安全可靠，《建筑施工扣件式钢管脚手架安全技术规范》（JGJ 130—2011）规定，单排脚手架不适用于下列情况：

①设计上不允许留脚手眼的部位；

②过梁上与过梁两端成60°角的三角形范围内及过梁净跨度1/2的高度范围内；

③宽度小于1m的窗间墙；

④梁或梁垫下及其两侧各500mm的范围内；

⑤砖砌体的门窗洞口两侧200mm和转角处450mm的范围内，其他砌体的门窗洞口两侧300mm和转角处600mm的范围内；

⑥墙体厚度小于或等于180mm；

⑦独立或附墙砖柱，空斗砖墙、加气块墙等轻质墙体；

⑧砌筑砂浆强度等级小于或等于M1.0的砖墙。

（2）搭设高度。

①单排脚手架。根据《建筑施工扣件式钢管脚手架安全技术规范》（JGJ 130—2011）的规定，单排脚手架的搭设的高度不得超过24m。

②双排脚手架。根据对国内脚手架的使用调查，立杆采用单根钢管的落地式双排脚手架一般均在50m以下，当需要搭设的高度超过50m时，一般都比较慎重地采用了加强措施，如采用分段卸荷、分段悬挑等措施。从经济方面考虑，搭设高度超过50m时，钢管、扣件等的周转使用率降低，脚手架的地基基础处理费用也会增加，致使脚手架的使用成本相应上升。从国外情况看，美、日、德等国家对落地脚手架的搭设高度也是限制在50m左右。

③分段悬挑脚手架。由于分段悬挑脚手架一般都支承在由建筑物挑出的悬臂梁或三脚架上，如果每段悬挑脚手架过高时，将过多增加建筑物的负担，或使挑出结构过于复杂，故分段悬挑脚手架每段高度不宜超20m。

3.基本要求

为了使扣件式脚手架在使用期间满足安全可靠和使用的要求,脚手架既应有足够承载能力,又要具有良好的刚度。其组成应满足以下要求:

(1)脚手架立杆基础必须坚实,并具有足够的承载能力,以防止产生不均匀或过大的沉降。

(2)必须设置立杆和纵、横向水平杆,三杆件交汇处用直角扣件相互连接,并应尽量紧靠,此三杆紧靠的扣接点称为扣件式脚手架的主节点。

(3)扣件螺栓拧紧扭力矩应在 40～65N·m 之间,以保证脚手架的节点具有必要的刚性和承受荷载的能力,且方便拆卸。

(4)在脚手架和建筑物之间,必须按设计要求设置足够数量、分布均匀的连墙件,此连墙件应能起到约束脚手架在横向(垂直于建筑物墙面方向)产生变形可能,以防止脚手架横向失稳或倾覆,并可靠地传递水平荷载(如风荷载等)。

(5)应设置纵向剪刀撑和横向斜撑,以使脚手架具有足够的纵向和横向整体刚度。

3.3.2 基本组成及构配件的质量要求

1.基本组成及作用

扣件式钢管脚手架的主要杆件如图 3-5 所示。

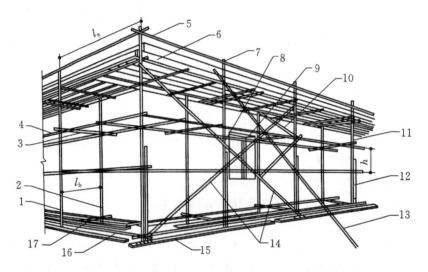

1—外立杆;2—内立杆;3—横向水平杆;4—纵向水平杆;5—栏杆;6—挡脚板;7—直角扣件;8—旋转扣件;9—连墙件;10—横向斜撑;11—主立杆;12—副立杆;13—抛撑;14—剪刀撑;15—垫板;16—纵向扫地杆;17—横向扫地杆;h—步距;l_a—纵距;l_b—横距

图 3-5 扣件式钢管脚手架各杆件位置

扣件式钢管脚手架主要杆件及配件的作用见表 3-5。

表 3 - 5　扣件式脚手架的主要组成构件及作用

序号	杆件名称		作用
1	立杆	外立杆	平行于建筑物并垂直于地面的杆件,既是组成脚手架结构的主要杆件,又是传递脚手架结构自重、施工荷载与风荷载的主要受力杆件
		内立杆	
2	横向水平杆（小横杆)		垂直于建筑物,横向连接脚手架内、外排立杆或一端连接脚手架立杆,另一端支于建筑物的水平杆,是组成脚手架结构并传递施工荷载给立杆的主要受力杆件
3	纵向水平杆（大横杆)		平行于建筑物,纵向连接各立杆的通长水平杆件,既是组成脚手架结构的主要杆件,又是传递施工荷载给立杆的主要受力杆件
4	扣件	直角扣件	用于垂直交叉杆件间连接的扣件,是依靠扣件与钢管表面间的摩擦力传递施工荷载、风荷载的受力连接件
		旋转扣件	用于平行或斜交杆件间连接的扣件,用于连接支撑斜杆与立杆或横向水平杆的连接件
		对接扣件	用于杆件对接连接的扣件,也是传递荷载的受力连接件
5	连墙件		连接脚手架与建筑物的部件,使脚手架既要承受、传递风荷载,又要防止脚手架在横向失稳或倾覆的重要受力部件
6	脚手板		供操作人员作业,并承受和传递施工荷载的板件,当设于非操作层时可起防护作用
7	横向斜撑（之字撑)		双排脚手架内、外排立杆或水平杆斜交呈之字形的斜杆,可增强脚手架的横向刚度,提高脚手架的承载能力
8	剪刀撑（十字撑)		设在脚手架外侧面,与墙面平行,且成对设置的交叉斜杆可增强脚手架的纵向刚度,提高脚手架的承载能力
9	抛撑		与脚手架外侧面斜交的杆件,可增强脚手架的稳定和抵抗水平荷载的能力
10	纵向扫地杆		连接立杆下端,平行于外墙,距底座下皮 200mm 处的纵向水平杆,可约束立杆底端纵向发生的位移
11	横向扫地杆		连接立杆下端,乘直于外墙,位于纵向扫地杆下方的横向水平杆,可约束立杆底端横向发生的位移
12	垫板		设在立杆下端,承受并传递立杆荷载的配件

2.构配件的技术要求

(1)钢管。

扣件式脚手架的钢管宜采用 $\phi 48.3 \times 3.6$ 的钢管。其技术要求如下:

①应符合现行国家标准《直缝电焊钢管》(GB/T 12793—2016)或《低压流体输送用焊接钢管》(GB/T 3091—2008)的质量要求。

②钢管表面应平直光滑,不应有裂纹、结疤、分层、错位、硬弯、毛刺、压痕和深的划痕。

③钢管所用钢材的牌号宜采用力学性能适中的 Q235A 制作,其质量性能指标应符现行国家标准《碳素结构钢》(GB/T 700—2006)中的相关规定。

④纵向水平杆和立杆的长度不宜超过 6500mm,横向水平杆的长度不宜超过 2200mm,且每根钢管的重量不应超过 25.8kg。

⑤新、旧钢管的尺寸、表面质量和外形应符合要求,钢管上严禁打孔。

⑥新钢管应具有产品质量合格证和钢管材质检验报告,表面必须进行防锈处理,其表面质量和允许偏差满足要求。

⑦旧钢管应至少每年检查一次,其钢管外径、壁厚、端面等的允许偏差和腐蚀深度应满足相关要求。

(2)扣件。

扣件是指采用螺栓紧固的扣接连接件。根据用途不同分为直角扣件、旋转扣件和对接扣件。按制作的材质不同分为可锻铸铁扣件与钢板压制扣件两种,可锻铸铁扣件已有国家产品标准和专业检测单位,质量易于保证,因此应优先采用可锻铸铁扣件。对于钢板压制而成的扣件要慎重采用,应参照国家标准《钢管脚手架扣件》(GB 15831—2006)的规定进行测试,经测试证明其质量性能符合标准要求时方可使用。

扣件式钢管脚手架所用的扣件应满足的主要技术要求如下:

①新扣件应有生产许可证、法定检测单位的测试报告和产品质量合格证。当对扣件质量有怀疑时,应按现行国家标准《钢管脚手架扣件》(GB 15831—2006)的规定抽样检测。

②扣件应采用力学性能不低于 KTH330-08 的可锻铸铁制作,铸件不得有裂纹、气孔,不宜有缩松、砂眼或其他影响使用的铸造缺陷,并应将影响外观质量的粘砂、浇冒残余、披缝、毛刺、氧化皮等清除干净。

③扣件与钢管的贴合面必须严格整形,应保证与钢管扣紧时接触良好。

④扣件活动部位应能灵活转动,旋转扣件的两旋转面间隙应小于 1mm。

⑤当扣件夹紧钢管时,开口处的最小距离应不小于 5mm。

⑥新、旧扣件表面应进行防锈处理。

⑦旧扣件使用前应进行质量检查,有裂纹、变形的严禁使用,出现滑丝的螺栓必须更换。

(3)脚手板。

脚手板是供操作人员站立或临时堆放材料及器具等的临时设施。按材质不同分为冲压钢脚手板、木脚手板、竹串片及竹笆脚手板等,还可根据工程所在地区的具体情况就地取材。

用于扣件式钢管脚手架的脚手板应符合以下要求:

①冲压钢脚手板。冲压钢脚手板应符合下列规定:

a.新脚手板应有产品质量合格证和出厂检验报告,其材质应符合国家标准《碳素结构钢》(GB/T 700—2006)中 Q235A 钢的相关规定,并应有防滑措施。

b.新、旧脚手板的板面挠曲:当板长 ≤4m 时,挠曲 ≤12mm;当板长 >4m 时,挠度 ≤16mm,且不得有裂纹、开焊与硬弯。

c.新、旧脚手板的任意角的扭曲度不得超过 5mm。

d.新、旧脚手板均应涂刷防锈漆。

②木脚手板应采用杉木或松木制作,厚度不宜小于 50mm,宽度不宜小于 200mm,其材质

应符合国家现行标准《木结构设计规范》(GB 5005—2003)中Ⅱ级材质的规定,木脚手板的两端应采用直径为 4mm 的镀锌铁丝各设两道紧箍,以防止木板劈裂。

③竹串片和竹笆脚手板宜采用材质坚硬、不易折断、无虫蛀及腐朽的毛竹或楠竹制作。

④为便于工人操作,不论哪种脚手板每块重量均不宜大于 30kg。

⑤脚手板的绑扎材料一般采用 10 号或 12 号镀锌铁丝,且不得重复使用。

(4)连墙件。

连墙件的材质应符合现行国家标准《碳素结构钢》(GB/T 700—2006)中 Q235A 钢的质量要求。

3.3.3 设计计算

1.荷载的确定

(1)荷载分类。

作用于脚手架的荷载可分为永久荷载(恒荷载)与可变荷载(活荷载)。

永久荷载(恒荷载)可分为:脚手架结构自重(包括立杆、纵向水平杆、横向水平杆、剪刀撑、横向斜撑和扣件等的自重)和构、配件自重(包括脚手板、栏杆、挡脚板、安全网等防护设施的自重)。

可变荷载(活荷载)可分为:施工荷载(包括作业层上的人员、器具和材料的自重)和风荷载。

(2)荷载效应组合。

①设计脚手架的承重构件时,应根据使用过程中可能出现的荷载取其最不利组合进行计算,荷载效应组合宜按表 3-6 采用。

表 3-6 荷载效应组合

计算项目	荷载效应组合
纵向、横向水平杆强度与变形	永久荷载＋施工均布活荷载
脚手架立杆稳定	①永久荷载＋施工均布活荷载
	②永久荷载＋0.85(施工均布活荷载＋风荷载)
连墙件承载	单排架:风荷载＋3.0kN 双排架:风荷载＋5.0kN

②在基本风压等于或小于 $0.35kN/m^2$ 的地区,对于仅有栏杆和挡脚板的敞开式脚手架,当每个连墙点覆盖的面积不大于 $30m^2$,且脚手架符合构造要求时,验算脚手架立杆的稳定性,可不考虑风荷载作用。

2.设计计算的基本规定

(1)脚手架的承载能力应按概率极限状态设计法的要求,采用分项系数设计表达式进行设计。可只进行下列设计计算:

①纵向、横向水平杆等受弯构件的强度和连接扣件抗滑承载力的计算。

②立杆稳定性的计算。

③连墙件的强度、稳定性和连接强度的计算。

④立杆地基承载力的计算。

(2)计算构件的强度、稳定性与连接强度时,应采用荷载效应基本组合的设计值。永久荷载分项系数应取1.2,可变荷载分项系数应取1.4。

(3)脚手架中的受弯构件,尚应根据正常使用极限状态的要求验算变形。验算构件变形时,应采用荷载短期效应组合的设计值。

(4)当纵向或横向水平杆的轴线对立杆轴线的偏心距不大于55mm时,立杆稳定性计算中可不考虑此偏心距的影响。

(5)当采用以下规定的构造尺寸,其相应杆件可不再进行设计计算。但连墙件、立杆地基承载力等仍应根据实际荷载进行设计计算。

3.3.4 构造要求

1.常用单、双排脚手架设计尺寸

(1)常用密目式安全立网全封闭单、双排脚手架结构的设计尺寸,可按表3-7、表3-8采用。

表3-7 常用敞开式双排脚手架的设计尺寸(m)

连墙件设置	立杆横距 l_b	步距 h	下列荷载时的立杆纵距 l_a				脚手架允许搭设高度 $[H]$
			$2+0.35$ (kN/m²)	$2+2+2×0.35$ (kN/m²)	$3+0.35$ (kN/m²)	$3+2+2×0.35$ (kN/m²)	
二步三跨	1.05	1.50	2.0	1.5	1.5	1.5	50
		1.80	1.8	1.5	1.5	1.5	32
	1.30	1.50	1.8	1.5	1.5	1.5	50
		1.80	1.8	1.2	1.5	1.2	30
	1.55	1.50	1.8	1.5	1.5	1.5	38
		1.80	1.8	1.2	1.5	1.2	22
三步三跨	1.05	1.50	2.0	1.5	1.5	1.5	43
		1.80	1.8	1.2	1.5	1.2	24
	1.30	1.50	1.8	1.5	1.5	1.2	30
		1.80	1.8	1.2	1.5	1.2	17

注:1.表中所示2+2+2×0.35(kN/m²),包括下列荷载:2+2(kN/m²)为二层装修作业层施工荷载标准值;2×0.35(kN/m²)为二层作业层脚手板自重荷载标准值。

2.作业层横向水平杆间距,应按不大于 $l_a/2$ 设置。

3.地面粗糙度为B类,基本风压 $\omega=0.4$ kN/m²。

表3-8 常用密目式安全立网全封闭式单排脚手架的设计尺寸(m)

连墙件设置	立杆横距 l_b	步距 h	下列荷载时的立杆纵距 l_a		脚手架允许搭设高度 $[H]$
			2+0.35 (kN/m²)	3+0.35 (kN/m²)	
二步三跨	1.20	1.50	2.0	1.8	24
		1.80	1.5	1.2	24
	1.40	1.50	1.8	1.5	24
		1.80	1.5	1.2	24
三步三跨	1.20	1.50	2.0	1.8	24
		1.80	1.2	1.2	24
	1.40	1.50	1.8	1.5	24
		1.80	1.2	1.2	24

注:同表3-7。

(2)单排脚手架搭设高度不应超过24m;双排脚手架搭设高度不宜超过50m,高度超过50m的双排脚手架,应采用分段搭设措施。

2.纵向水平杆、横向水平杆、脚手板

(1)纵向水平杆的构造应符合下列规定:

①纵向水平杆应设置在立杆内侧,单根杆长度不应小于3跨;

②纵向水平杆接长应采用对接扣件连接或搭接,并应符合下列规定:

a.两根相邻纵向水平杆的接头不应设置在同步或同跨内;不同步或不同跨两个相邻接头在水平方向错开的距离不应小于500mm;各接头中心至最近主节点的距离不应大于纵距的1/3(见图3-6)。

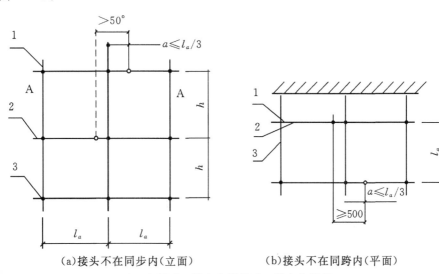

(a)接头不在同步内(立面)   (b)接头不在同跨内(平面)

1—立杆;2—纵向水平杆;3—横向水平杆

图3-6 纵向水平杆对接接头布置

b.搭接长度不应小于1m,应等间距设置3个旋转扣件固定,端部扣件盖板边缘至搭接纵向水平杆杆端的距离不应小于100mm。

③当使用冲压钢脚手板、木脚手板、竹串片脚手板时,纵向水平杆应作为横向水平杆的支座,用直角扣件固定在立杆上;当使用竹笆脚手板时,纵向水平杆应采用直角扣件固定在横向水平杆上,并应等间距设置,间距不应大于400mm(见图3-7)。

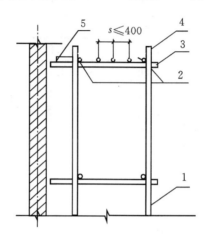

1—立杆;2—纵向水平杆;3—横向水平杆;4—竹笆脚手板;5—其他脚手板

图3-7 铺竹笆脚手板时纵向水平杆的构造

(2)横向水平杆的构造应符合下列规定:

①作业层上非主节点处的横向水平杆,宜根据支承脚手板的需要等间距设置,最大间距不应大于纵距的1/2。

②当使用冲压钢脚手板、木脚手板、竹串片脚手板时,双排脚手架的横向水平杆两端均应采用直角扣件固定在纵向水平杆上;单排脚手架的横向水平杆的一端应用直角扣件固定在纵向水平杆上,另一端应插入墙内,插入长度不应小于180mm。

③当使用竹笆脚手板时,双排脚手架的横向水平杆两端,应用直角扣件固定在立杆上;单排脚手架的横向水平杆的一端,应用直角扣件固定在立杆上,另一端应插入墙内,插入长度亦不应小于180mm。

(3)主节点处必须设置一根横向水平杆,用直角扣件扣接且严禁拆除。

(4)脚手板的设置应符合下列规定:

①作业层脚手板应铺满、铺稳、铺实。

②冲压钢脚手板、木脚手板、竹串片脚手板等,应设置在三根横向水平杆上。当脚手板长度小于2m时,可采用两根横向水平杆支承,但应将脚手板两端与其可靠固定,严防倾翻。脚手板的铺设应采用对接平铺或搭接铺设。脚手板对接平铺时,接头处必须设两根横向水平杆,脚手板外伸长应取130~150mm,两块脚手板外伸长度的和不应大于300mm(见图3-8(a));脚手板搭接铺设时,接头必须支在横向水平杆上,搭接长度不应小于200mm,其伸出横向水平杆的长度不应小于100mm(见图3-8(b))。

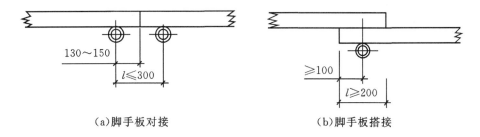

（a）脚手板对接　　　　　　　　（b）脚手板搭接

图 3-8　脚手板对接、搭接构造

③竹笆脚手板应按其主竹筋垂直于纵向水平杆方向铺设，且采用对接平铺，四个角应用直径不小于 1.2mm 的镀锌钢丝固定在纵向水平杆上。

④作业层端部脚手板探头长度应取 150mm，其板的两端均应固定于支承杆件上。

3．立杆

（1）每根立杆底部应设置底座或垫板。

（2）脚手架必须设置纵、横向扫地杆。纵向扫地杆应采用直角扣件固定在距底座上皮不大于 200mm 处的立杆上。横向扫地杆应采用直角扣件固定在紧靠纵向扫地杆下方的立杆上。

（3）脚手架立杆基础不在同一高度上时，必须将高处的纵向扫地杆向低处延长两跨与立杆固定，高低差不应大于 1m。靠边坡上方的立杆轴线到边坡的距离不应小于 500mm（见图 3-9）。

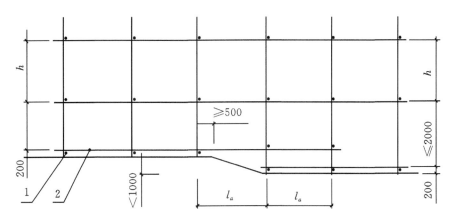

1—横向扫地杆；2—纵向扫地杆

图 3-9　纵、横向扫地杆构造

（4）单、双排脚手架底层步距均不应大于 2m。

（5）单排、双排与满堂脚手架立杆接长除顶层顶步外，其余各层各步接头必须采用对接扣件连接。

（6）脚手架立杆对接、搭接应符合下列规定：

①当立杆采用对接接长时，立杆的对接扣件应交错布置，两根相邻立杆的接头不应设置在同步内，同步内隔一根立杆的两个相隔接头在高度方向错开的距离不宜小于 500mm；各接头中心至主节点的距离不宜大于步距的 1/3。

②当立杆采用搭接接长时,搭接长度不应小于 1m,并应采用不少于 2 个旋转扣件固定。端部扣件盖板的边缘至杆端距离不应小于 100mm。

(7)脚手架立杆顶端栏杆宜高出女儿墙上端 1m,宜高出檐口上端 1.5m。

4.连墙件

(1)连墙件设置的位置、数量应按专项施工方案确定。

(2)脚手架连墙件数量的设置除应满足以下规定的计算要求外,还应符合表 3-9 的规定。

表 3-9 连墙件布置最大间距

搭设方法	高 度	竖向间距 (h)	水平间距 (l_a)	每根连墙件 覆盖面积 (m²)
双排落地	≤50m	$3h$	$3l_a$	≤40
双排悬挑	>50m	$2h$	$3l_a$	≤27
单排	≤24m	$3h$	$3l_a$	≤40

注:h——步距;l_a——纵距。

(3)连墙件的布置应符合下列规定:

①应靠近主节点设置,偏离主节点的距离不应大于 300mm;

②应从底层第一步纵向水平杆处开始设置,当该处设置有困难时,应采用其他可靠措施固定;

③应优先采用菱形布置,或采用方形、矩形布置。

(4)开口型脚手架的两端必须设置连墙件,连墙件的垂直间距不应大于建筑物的层高,并不应大于 4m。

(5)连墙件中的连墙杆应呈水平设置,当不能水平设置时,应向脚手架一端下斜连接。

(6)连墙件必须采用可承受拉力和压力的构造。对高度 24m 以上的双排脚手架,应采用刚性连墙件与建筑物连接。

(7)当脚手架下部暂不能设连墙件时,应采取防倾覆措施。当搭设抛撑时,抛撑应采用通长杆件,并用旋转扣件固定在脚手架上,与地面的倾角应在 45°～60°之间;连接点中心至主节点的距离不应大于 300mm。抛撑应在连墙件搭设后方可拆除。

(8)架高超过 40m 且有风涡流作用时,应采取抗上升翻流作用的连墙措施。

5.门洞

(1)单、双排脚手架门洞宜采用上升斜杆、平行弦杆桁架结构型式(见图 3-10),斜杆与地面的倾角 α 应在 45°～60°之间。门洞桁架的型式宜按下列要求确定:

①当步距(h)小于纵距(l_a)时,应采用 A 型;

②当步距(h)大于纵距(l_a)时,应采用 B 型,并应符合下列规定:

a.h=1.8m 时,纵距不应大于 1.5m;

b.h=2.0m 时,纵距不应大于 1.2m。

(2)单、双排脚手架门洞桁架的构造应符合下列规定:

①单排脚手架门洞处,应在平面桁架(图 3-10 中(a)、(b)、(c)、(d))的每一节间设置一根

斜腹杆;双排脚手架门洞处的空间桁架,除下弦平面外,应在其余5个平面内的图示节间设置一根斜腹杆(见图3-10中1-1、2-2、3-3剖面);

②斜腹杆宜采用旋转扣件固定在与之相交的横向水平杆的伸出端上,旋转扣件中心线至主节点的距离不宜大于150mm。当斜腹杆在1跨内跨越2个步距(图3-10(a)型)时,宜在相交的纵向水平杆处,增设一根横向水平杆,将斜腹杆固定在其伸出端上。

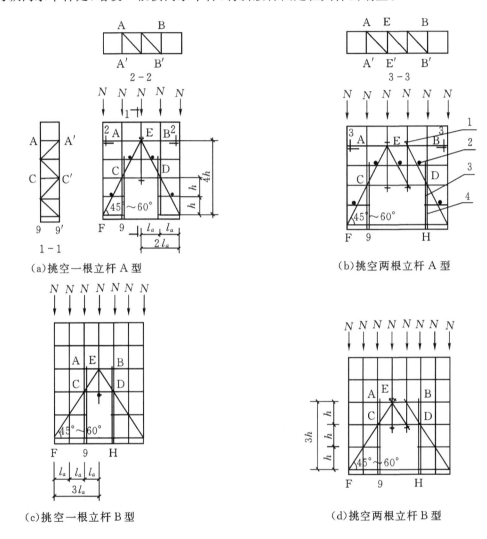

1—防滑扣件;2—增设的横向水平杆;3—副立杆;4—主立杆

图3-10 门洞处上升斜杆、平行弦杆桁架

③斜腹杆宜采用通长杆件,当必须接长使用时,宜采用对接扣件连接,也可采用搭接,搭接构造应符合图3-10的规定。

(3)单排脚手架过窗洞时应增设立杆或增设一根纵向水平杆(见图3-11)。

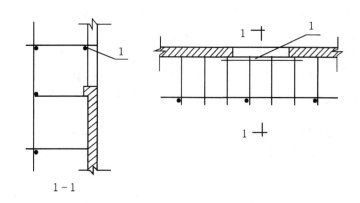

1—增设的纵向水平杆

图 3-11　单排脚手架过窗洞构造

(4)门洞桁架下的两侧立杆应为双管立杆,副立杆高度应高于门洞口 1～2 步。

(5)门洞桁架中伸出上下弦杆的杆件端头,均应增设一个防滑扣件(见图 3-11),该扣件宜紧靠主节点处的扣件。

6.剪刀撑与横向斜撑

(1)双排脚手架应设剪刀撑与横向斜撑,单排脚手架应设剪刀撑。

(2)单、双排脚手架剪刀撑的设置应符合下列规定:

①每道剪刀撑跨越立杆的根数宜按表 3-10 的规定确定。每道剪刀撑宽度不应小于 4 跨,且不应小于 6m,斜杆与地面的倾角宜在 45°～60°之间。

表 3-10　剪刀撑跨越立杆的最多根数

剪刀撑斜杆与地面的倾角 α	45°	50°	60°
剪刀撑跨越立杆的最多指数 n	7	6	5

②剪刀撑斜杆的接长应采用搭接或对接,搭接应符合立杆搭接的规定。

③剪刀撑斜杆应用旋转扣件固定在与之相交的横向水平杆的伸出端或立杆上,旋转扣件中心线至主节点的距离不宜大于 150mm。

(3)高度在 24m 及以上的双排脚手架应在外侧立面连续设置剪刀撑;高度在 24m 以下的单、双排脚手架,均必须在外侧立面两端、转角及中间间隔不超过 15m 的立面上,各设置一道剪刀撑,并应由底至顶连续设置(见图 3-12)。

(4)双排脚手架横向斜撑的设置应符合下列规定:

①横向斜撑应在同一节间,由底至顶层呈之字形连续布置,斜撑的固定应符合《建筑施工扣件式钢管脚手架安全技术规范》(JGJ 130—2011)第 6.5.2 条第 2 款的规定;

②高度在 24m 以下的封闭型双排脚手架可不设横向斜撑,高度在 24m 以上的封闭型脚手架,除拐角应设置横向斜撑外,中间应每隔 6 跨设置一道。

(5)开口型双排脚手架的两端均必须设置横向斜撑。

7.斜道

(1)人行并兼作材料运输的斜道的形式宜按下列要求确定:

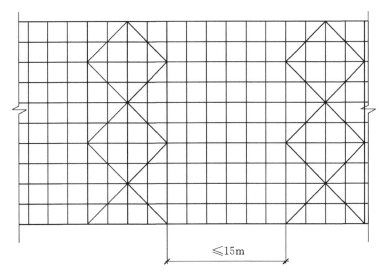

图 3-12 剪刀撑布置

①高度不大于 6m 的脚手架,宜采用一字形斜道;

②高度大于 6m 的脚手架,宜采用之字形斜道。

(2)斜道的构造应符合下列规定:

①斜道应附着外脚手架或建筑物设置。

②运料斜道宽度不宜小于 1.5m,坡度不应大于 1:6,人行斜道宽度不宜小于 1m,坡度不应大于 1:3。

③拐弯处应设置平台,其宽度不应小于斜道宽度。

④斜道两侧及平台外围均应设置栏杆及挡脚板。栏杆高度应为 1.2m,挡脚板高度不应小于 180mm。

⑤运料斜道两端、平台外围和端部均应按《建筑施工扣件式钢管脚手架安全技术规范》(JGJ 130—2011)第 6.4.1~6.4.6 条的规定设置连墙件;每两步应加设水平斜杆;应按《建筑施工扣件式钢管脚手架安全技术规范》(JGJ 130—2011)第 6.6.2~6.6.5 条的规定设置剪刀撑和横向斜撑。

(3)斜道脚手板构造应符合下列规定:

①脚手板横铺时,应在横向水平杆下增设纵向支托杆,纵向支托杆间距不应大于 500mm。

②脚手板顺铺时,接头宜采用搭接;下面的板头应压住上面的板头,板头的凸棱外宜采用三角木填顺。

③人行斜道和运料斜道的脚手板上应每隔 250~300mm 设置一根防滑木条,木条厚度应为 20~30mm。

8.满堂脚手架

(1)常用敞开式满堂脚手架结构的设计尺寸,可按表 3-11 采用。

表 3-11　常用敞开式满堂脚手架结构的设计尺寸

序号	步距 (m)	立杆间距 (m)	支架高宽比 不大于	下列施工荷载时最大 允许高度(m)	
				2(kN/m²)	3(kN/m²)
1	1.7~1.8	1.2×1.2	2	17	9
2		1.0×1.0	2	30	24
3		0.9×0.9	2	36	36
4	1.5	1.3×1.3	2	18	9
5		1.2×1.2	2	23	16
6		1.0×1.0	2	36	31
7		0.9×0.9	2	36	36
8	1.2	1.3×1.3	2	20	13
9		1.2×1.2	2	24	19
10		1.0×1.0	2	36	32
11		0.9×0.9	2	36	36
12	0.9	1.0×1.0	2	36	33
13		0.9×0.9	2	36	36

注:1.最少跨数应符合《建筑施工扣件式钢管脚手架安全技术规范》(JGJ 130—2011)附录 C 表 C1 的规定。

2.脚手板自重标准值取 0.35 kN/m²。

3.场面粗糙度为 B 类,基本风压 $\omega = 0.35$kN/m²。

4.立杆间距不小于 1.2m×1.2m,施工荷载标准值不小于 3kN/m²。立杆上应增设防滑扣件,防滑扣件应安装牢固,且顶紧立杆与水平杆连接的扣件。

(2)满堂脚手架搭设高度不宜超过 36m;满堂脚手架施工层不超过 1 层。

(3)满堂脚手架立杆的构造应符合前述立杆的规定;立杆接长接头必须采用对接扣件连接。立杆对接扣件布置应符合立杆对接和搭接的要求。水平杆的连接应符合纵向水平杆的有关规定,水平杆长度不宜小于 3 跨。

(4)满堂脚手架应在架体外侧四周及内部纵、横向每 6m 至 8m 由底至顶设置连续竖向剪刀撑。当架体搭设高度在 8m 以下时,应在架顶部设置连续水平剪刀撑;当架体搭设高度在 8m 及以上时,应在架体底部及竖向间隔不超过 8m 分别设置连续水平剪刀撑。水平剪刀撑宜在竖向剪刀撑斜相交平面设置。剪刀撑宽度应为 6m~8m。

(5)剪刀撑应用旋转扣件固定在与之相交的水平杆或立杆上,旋转扣件中心线至主节点的距离不宜大于 150mm。

(6)满堂脚手架的高宽比不宜大于 3,当高宽比大于 2 时,应在架体的外侧四周和内部水平间隔 6~9m、竖向间隔 4~6m 设置连墙件与建筑结构拉结,当无法设置连墙件时,应采取设置钢丝绳张拉固定等措施。

(7)最少跨度为 2、3 跨的满堂脚手架,宜按《建筑施工扣件式钢管脚手架安全技术规范》

(JGJ 130—2011)第6.4节的规定设置连墙件。

(8)当满堂脚手架局部承受集中荷载时,应按实际荷载计算并应局部加固。

(9)满堂脚手架应设爬梯,爬梯踏步间距不得大于300mm。

(10)满堂脚手架操作层支撑脚手板的水平杆间距不应大于1/2跨距;脚手板的铺设应符合前述脚手板的规定。

9.满堂支撑架

(1)满堂支撑架步距与立杆间距不宜超过《建筑施工扣件式钢管脚手架安全技术规范》(JGJ 130—2011)附录C表C-2～表C-5规定的上限值,立杆伸出顶层水平杆中心线至支撑点的长度 a 不应超过0.5m。满堂支撑架搭设高度不宜超过30m。

(2)满堂支撑架立杆、水平杆的构造要求应符合《建筑施工扣件式钢管脚手架安全技术规范》(JGJ 130—2011)第6.8.3条的规定。

(3)满堂支撑架应根据架体的类型设置剪刀撑,并应符合下列规定:

①普通型。

a.在架体外侧周边及内部纵、横向每5～8m,应由底至顶设置连续竖向剪刀撑,剪刀撑宽度应为5～8m(见图3-13)。

b.在竖向剪刀撑顶部交点平面应设置连续水平剪刀撑。当支撑高度超过8m,或施工总荷载大于15kN/m²,或集中线荷载大于20kN/m的支撑架,扫地杆的设置层应设置水平剪刀撑。水平剪刀撑至架体底平面距离与水平剪刀撑间距不宜超过8m(见图3-13)。

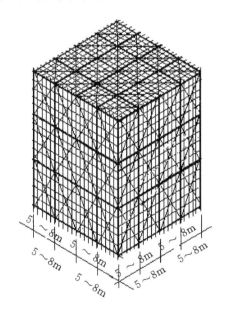

图3-13 普通型满堂支撑架剪刀撑布置图

②加强型。

a.当立杆纵、横间距为0.9m×0.9m～1.2 m×1.2m时,在架体外侧周边及内部纵、横向每4跨(且不大于5m),应由底至顶设置连续竖向剪刀撑,剪刀撑宽度应为4跨(见图3-14)。

b.当立杆纵、横间距为0.6m×0.6m～0.9m×0.9m(含0.6m×0.6m,0.9m×0.9m)时,

在架体外侧周边及内部纵、横向每5跨(且不小于3m),应由底至顶设置连续竖向剪刀撑,剪刀撑宽度应为5跨。

c. 当立杆纵、横间距为0.4m×0.4m～0.6 m×0.6m(含0.4m×0.4m)时,在架体外侧周边及内部纵、横向每3～3.2m,应由底至顶设置连续竖向剪刀撑,剪刀撑宽度应为3～3.2m。

d. 在竖向剪刀撑顶部交点平面应设置水平剪刀撑。扫地杆的设置与水平剪刀撑的设置应符合《建筑施工扣件式钢管脚手架安全技术规范》(JGJ 130—2011)6.9.3条第1款第2项的规定,水平剪刀撑至架体底平面距离与水平剪刀撑间距不宜超过6m,剪刀撑宽度应为3～5m。

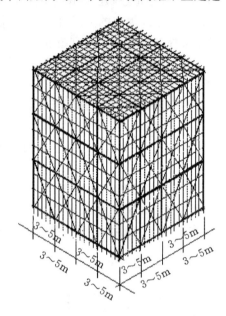

图3-14 加强型满堂支撑架剪刀撑布置图

(4)竖向剪刀撑斜杆与地面的倾角应为45°～60°,水平剪刀撑与支架纵(或横)向夹角应为45°～60°,剪刀撑斜杆的接长应符合前述脚手架立杆对接的规定。

(5)剪刀撑的固定应符合规范的规定。

(6)满堂支撑架的可调底座、可调托撑螺杆伸出长度不宜超过300mm,插入立杆内的长度不得小于150mm。

(7)当满堂支撑架高宽比不满足规范规定(高宽比大于2或2.5)时,满堂支撑架应在支架四周和中部与结构柱进行刚性连接,连墙件水平间距应为6～9m,竖向间距应为2～3m。在无结构柱部位应采取预埋钢管等措施与建筑结构进行刚性连接,在有空间部位,满堂支撑架宜超出顶部加载区投影范围向外延伸布置(2～3)跨。支架高宽比不应大于3。

10. 型钢悬挑脚手架

(1)一次悬挑脚手架高度不宜超过20m。

(2)型钢悬挑梁宜采用双轴对称截面的型钢。悬挑钢梁型号及锚固件应按设计确定,钢梁截面高度不应小于160mm。悬挑梁尾端应在两处及以上固定于钢筋混凝土梁板结构上。锚固型钢悬挑梁的U形钢筋拉环或锚固螺栓直径不宜小于16mm(见图3-15)。

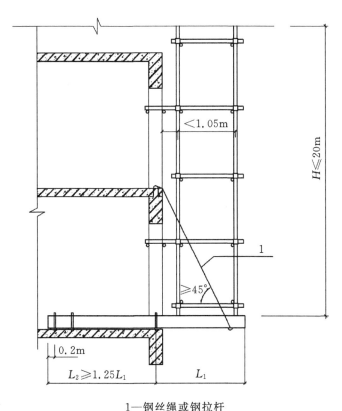

1—钢丝绳或钢拉杆

图 3-15　型钢悬挑脚手架构造

（3）用于锚固的 U 形钢筋拉环或螺栓应采用冷弯成型。U 形钢筋拉环、锚固螺栓与型钢间隙应用钢楔或硬木楔楔紧。

（4）每个型钢悬挑梁外端宜设置钢丝绳或钢拉杆与上一层建筑结构斜拉结。钢丝绳、钢拉杆不参与悬挑钢梁受力计算；钢丝绳与建筑结构拉结的吊环应使用 HPB235 级钢筋，其直径不宜小于 20mm，吊环预埋锚固长度应符合现行国家标准《混凝土结构设计规范》（GB 50010—2010）中钢筋锚固的规定（见图 3-15）。

（5）悬挑梁悬挑长度按设计确定。固定段长度不应小于悬挑段长度的 1.25 倍。型钢悬挑梁固定端应采用 2 个（对）及以上 U 形钢筋拉环或锚固螺栓与建筑结构梁板固定，U 形钢筋拉环或锚固螺栓应预埋至混凝土梁、板底层钢筋位置，并应与混凝土梁、板底层钢筋焊接或绑扎牢固，其锚固长度应符合现行国家标准《混凝土结构设计规范》（GB 50010—2010）中钢筋锚固的规定（见图 3-16、图 3-17、图 3-18）。

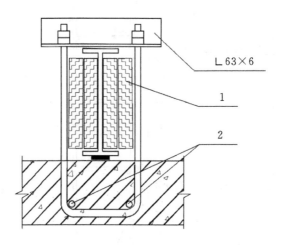

1—木楔侧向楔紧;2—两根 1.5m 长、直径 18mm 的 HRB235 钢筋

图 3-16 悬挑钢梁 U 形螺栓固定构造

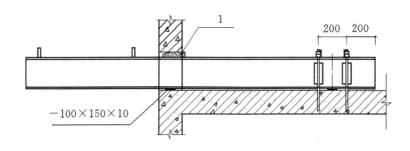

1—木楔楔紧

图 3-17 悬挑钢梁穿墙构造

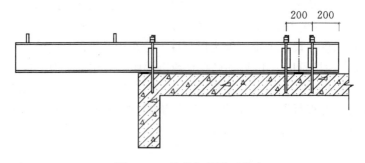

图 3-18 悬挑钢梁楼面构造

(6)当型钢悬挑梁与建筑结构采用螺栓钢压板连接固定时,钢压板尺寸不应小于 100mm× 10mm(宽×厚);当采用螺栓角钢压板连接时,角钢规格不应小于 63mm×63mm×6mm。

(7)型钢悬挑梁悬挑端应设置能使脚手架立杆与钢梁可靠固定的定位点,定位点离悬挑梁端部不应小于 100mm。

(8)锚固位置设置在楼板上时,楼板的厚度不宜小于120mm。如果楼板的厚度小于120mm应采取加固措施。

(9)悬挑梁间距应按悬挑架架体立杆纵距设置,每一纵距设置一根。

(10)悬挑架的外立面剪刀撑应自下而上连续设置。剪刀撑设置应符合前述剪刀撑的规定,横向斜撑设置应符合前述脚手架横向斜撑的规定。

(11)连墙件设置应符合前述的规定。

(12)锚固型钢的主体结构混凝土强度等级不得低于C20。

3.3.5 扣件式钢管脚手架的施工

1.施工准备

(1)脚手架搭设前,应按专项施工方案向施工人员进行交底。

(2)应按《建筑施工扣件式钢管脚手架安全技术规范》(JGJ 130—2011)规定和脚手架专项施工方案要求对钢管、扣件、脚手板、可调托撑等进行检查验收,不合格产品不得使用。

(3)经检验合格的构配件应按品种、规格分类,堆放整齐、平稳,堆放场地不得有积水。

(4)应清除搭设场地杂物,平整搭设场地,并使排水畅通。

2.地基与基础

(1)脚手架地基与基础的施工,必须根据脚手架所受荷载、搭设高度、搭设场地土质情况与现行国家标准《建筑地基基础工程施工质量验收规范》(GB 50202—2013)的有关规定进行。

(2)压实填土地基应符合现行国家标准《建筑地基基础设计规范》(GB 50007—2011)的相关规定;灰土地基应符合现行国家标准《建筑地基基础工程施工质量验收规范》(GB 50202—2013)的相关规定。

(3)立杆垫板或底座底面标高宜高于自然地坪50～100mm。

(4)脚手架基础经验收合格后,应按施工组织设计或专项施工方案的要求放线定位。

3.搭设

(1)单、双排脚手架必须配合施工进度搭设,一次搭设高度不应超过相邻连墙件以上两步;如果超过相邻连墙件以上两步,无法设置连墙件时,应采取撑拉固定措施与建筑结构拉结。

(2)每搭完一步脚手架后,应按《建筑施工扣件式钢管脚手架安全技术规范》(JGJ 130—2011)表8.2.4的规定校正步距、纵距、横距及立杆的垂直度。

(3)底座安放应符合下列规定:

①底座、垫板均应准确地放在定位线上;

②垫板宜采用长度不少于2跨、厚度不小于50mm、宽度不小于200mm的木垫板。

(4)立杆搭设应符合下列规定:

①相邻立杆的对接连接应符合前述立杆对接的规定;

②脚手架开始搭设立杆时,应每隔6跨设置一根抛撑,直至连墙件安装稳定后,方可根据情况拆除;

③当架体搭设至有连墙件的主节点时,在搭设完该处的立杆、纵向水平杆、横向水平杆后,应立即设置连墙件。

(5)脚手架纵向水平杆的搭设应符合下列规定:

①脚手架纵向水平杆应随立杆按步搭设,并应采用直角扣件与立杆固定;

②纵向水平杆的搭设应符合前述纵向水平杆的规定;

③在封闭型脚手架的同一步中,纵向水平杆应四周交圈设置,并应用直角扣件与内外角部立杆固定。

(6)脚手架横向水平杆搭设应符合下列规定:

①搭设横向水平杆应符合前述横向水平杆的构造规定;

②双排脚手架横向水平杆的靠墙一端至墙装饰面的距离不应大于100mm;

③单排脚手架的横向水平杆不应设置在下列部位:

a.设计上不允许留脚手眼的部位;

b.过梁上与过梁两端成60°角的三角形范围内及过梁净跨度1/2的高度范围内;

c.宽度小于1m的窗间墙;

d.梁或梁垫下及其两侧各500mm的范围内;

e.砖砌体的门窗洞口两侧200mm和转角处450mm的范围内,其他砌体的门窗洞口两侧300mm和转角处600mm的范围内;

f.墙体厚度小于或等于180mm;

g.独立或附墙砖柱,空斗砖墙、加气块墙等轻质墙体;

h.砌筑砂浆强度等级小于或M2.5的砖墙。

(7)脚手架纵向、横向扫地杆搭设应符合前述扫地杆的规定。

(8)脚手架连墙件安装应符合下列规定:

①连墙件的安装应随脚手架搭设同步进行,不得滞后安装;

②当单、双排脚手架施工操作层高出相邻连墙件以上两步时,应采取确保脚手架稳定的临时拉结措施,直到上一层连墙件安装完毕后再根据情况拆除。

(9)脚手架剪刀撑与双排脚手架横向斜撑应随立杆、纵向和横向水平杆等同步搭设,不得滞后安装。

(10)脚手架门洞搭设应符合前述门洞搭设的构造规定。

(11)扣件安装应符合下列规定:

①扣件规格必须与钢管外径相同;

②螺栓拧紧扭力矩不应小于40 N·m,且不应大于65 N·m;

③在主节点处固定横向水平杆、纵向水平杆、剪刀撑、横向斜撑等用的直角扣件、旋转扣件的中心点的相互距离不应大于150mm;

④对接扣件开口应朝上或朝内;

⑤各杆件端头伸出扣件盖板边缘长度不应小于100mm。

(12)作业层、斜道的栏杆和挡脚板的搭设应符合下列规定(见图3-19):

①栏杆和挡脚板均应搭设在外立杆的内侧;

②上栏杆上皮高度应为1.2m;

③挡脚板高度不应小于180mm;

④中栏杆应居中设置。

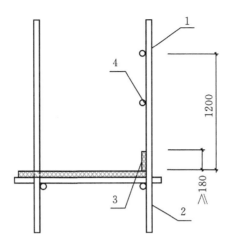

1—上栏杆;2—外立杆;3—挡脚板;4—中栏杆

图3-19　栏杆与挡脚板构造

(13)脚手板的铺设应符合下列规定:

①脚手架应铺满、铺稳,离墙面的距离不应大于150mm;

②采用对接或搭接时均应符合脚手板搭接对接的规定,脚手板探头应用直径3.2mm镀锌钢丝固定在支承杆件上;

③在拐角、斜道平台口处的脚手板,应用镀锌钢丝固定在横向水平杆上,防止滑动。

4.拆除

(1)脚手架拆除应按专项方案施工,拆除前应做好下列准备工作:

①应全面检查脚手架的扣件连接、连墙件、支撑体系等是否符合构造要求;

②应根据检查结果补充完善施工脚手架专项方案中的拆除顺序和措施,经审批后方可实施;

③拆除前应对施工人员进行交底;

④应清除脚手架上杂物及地面障碍物。

(2)单、双排脚手架拆除作业必须由上而下逐层进行,严禁上下同时作业;连墙件必须随脚手架逐层拆除,严禁先将连墙件整层或数层拆除后再拆脚手架;分段拆除高差大于两步时,应增设连墙件加固。

(3)当脚手架拆至下部最后一根长立杆的高度(约6.5m)时,应先在适当位置搭设临时抛撑加固后,再拆除连墙件。当单、双排脚手架采取分段、分立面拆除时,对不拆除的脚手架两端,应先按前述相关的有关规定设置连墙件和横向斜撑加固。

(4)架体拆除作业应设专人指挥,当有多人同时操作时,应明确分工、统一行动,且应具有足够的操作面。

(5)卸料时各构配件严禁抛掷至地面。

(6)运至地面的构配件应按《建筑施工扣件式钢管脚手架安全技术规范》(JGJ 130—2011)的规定及时检查、整修与保养,并应按品种、规格分别存放。

3.3.6 检查与验收

1.构配件检查与验收

(1)新钢管的检查应符合下列规定：

①应有产品质量合格证；

②应有质量检验报告,钢管材质检验方法应符合现行国家标准《金属材料 室温拉伸试验方法》(GB/T 228—2010)的有关规定,其质量应符合《建筑施工扣件式钢管脚手架安全技术规范》(JGJ 130—2011)第 3.1.1 条的规定；

③钢管表面应平直光滑,不应有裂缝、结疤、分层、错位、硬弯、毛刺、压痕和深的划道；

④钢管外径、壁厚、端面等的偏差,应分别符合《建筑施工扣件式钢管脚手架安全技术规范》(JGJ 130—2011)表 8.1.8 的规定；

⑤钢管应涂有防锈漆。

(2)旧钢管的检查应符合下列规定：

①表面锈蚀深度应符合表 3-12 序号 3 的规定。锈蚀检查应每年一次。检查时,应在锈蚀严重的钢管中抽取三根,在每根锈蚀严重的部位横向截断取样检查,当锈蚀深度超过规定值时不得使用。

②钢管弯曲变形应符合表 3-12 序号 4 的规定。

(3)扣件验收应符合下列规定：

①扣件应有生产许可证、法定检测单位的测试报告和产品质量合格证。当对扣件质量有怀疑时,应按现行国家标准《钢管脚手架扣件规范》(GB 15831—2006)的规定抽样检测。

②新、旧扣件均应进行防锈处理。

③扣件的技术要求应符合现行国家标准《钢管脚手架扣件》(GB 15831—2006)的相关规定。

(4)扣件进入施工现场应检查产品合格证,并应进行抽样复试,技术性能应符合现行国家标准《钢管脚手架扣件》(GB 15831—2006)的规定。扣件在使用前应逐个挑选,有裂缝、变形、螺栓出现滑丝的严禁使用。

(5)脚手板的检查应符合下列规定：

①冲压钢脚手板的检查应符合下列规定：

a.新脚手板应有产品质量合格证；

b.尺寸偏差应符合表 3-12 序号 5 的规定,且不得有裂纹、开焊与硬弯；

c.新、旧脚手板均应涂防锈漆；

d.应有防滑措施。

②木脚手板、竹脚手板的检查应符合下列规定：

a.木脚手板的质量应符合前述脚手板的相关规定,宽度、厚度允许偏差应符合现行国家标准《木结构工程施工质量验收规范》(GB 50206—2012)的规定;不得使用扭曲变形、劈裂、腐朽的脚手板。

b.竹笆脚手板、竹串片脚手板的材料应符合前述脚手板的相关规定。

(6)悬挑脚手架用型钢的质量应符合前述材料的相关规定,并应符合现行国家标准《钢结构工程施工质量验收规范》(GB 50205—2012)的有关规定。

(7)可调托撑的检查应符合下列规定：

①应有产品质量合格证,其质量应符合规定;

②应有质量检验报告,可调托撑抗压承载力应符合规定;

③可调托撑支托板厚不应小于5mm,变形不应大于1mm;

④严禁使用有裂缝的支托板、螺母。

(8)构配件的偏差应符合表3-12的规定。

表 3-12 构配件的允许偏差

序号	项　目	允许偏差 △ (mm)	示　意　图	检查工具
1	焊接钢管尺寸(mm) 外径 48.3 壁厚 3.6	±0.5 ±0.36		游标卡尺
2	钢管两端面切斜偏差	1.7		塞尺、 拐角尺
3	钢管外表面锈蚀深度	≤0.18		游标卡尺
4	钢管弯曲 ①各种杆件钢管的端部弯曲 l≤1.5m	≤5		钢板尺
	②立杆钢管弯曲 3m<l≤4m 4m<l≤6.5m	≤12 ≤20		
	③水平杆、斜杆的钢管弯曲 l≤6.5m	≤30		

序号	项 目	允许偏差 Δ (mm)	示 意 图	检查工具
5	冲压钢脚手板 ①板面挠曲 l≤4m l>4m	≤12 ≤16		钢板尺
	②板面扭曲 （任一角翘起）	≤5		
6	可调托撑支托变形	1.0		钢板尺 塞尺

2.脚手架检查与验收

(1)脚手架及其地基基础应在下列阶段进行检查与验收：

①基础完工后及脚手架搭设前；

②作业层上施加荷载前；

③每搭设完 6~8m 高度后；

④达到设计高度后；

⑤遇有六级强风及以上风或大雨后；

⑥冻结地区解冻后；

⑦停用超过一个月。

(2)应根据下列技术文件进行脚手架检查、验收：

①规范规定检查内容；

②专项施工方案及变更文件；

③技术交底文件；

④构配件质量检查表(见《建筑施工扣件式钢管脚手架安全技术规范》(JGJ 130—2011)附录 D 表 D)。

(3)脚手架使用中,应定期检查下列要求内容：

①杆件的设置和连接,连墙件、支撑、门洞桁架等的构造应符合《建筑施工扣件式钢管脚手架安全技术规范》(JGJ130—2011)和专项施工方案要求。

②地基应无积水,底座应无松动,立杆应无悬空。

③扣件螺栓应无松动。

④高度在 24m 以上的双排、满堂脚手架,其立杆的沉降与垂直度的偏差应符合表 3-13 项次 1、2 的规定;高度在 20m 以上的满堂支撑架,其立杆的沉降与垂直度的偏差应符合表 3-13 项次 1、3 的规定。

⑤安全防护措施应符合规范要求。

⑥应无超载使用。

(4)脚手架搭设的技术要求、允许偏差与检验方法,应符合表 3-13 的规定。

表 3 - 13　脚手架搭设的技术要求、允许偏差与检验方法

项次	项 目		技术要求	允许偏差 Δ (mm)	示 意 图	检查方法与工具
1	地基基础	表面	坚实平整			观察
		排水	不积水			
		垫板	不晃动			
		底座	不滑动			
			不沉降	—10		
2	单、双排与满堂脚手架立杆垂直度	最后验收立杆垂直度 (20～50)m	—	±100		用经纬仪或吊线和卷尺

下列脚手架允许水平偏差(mm)

搭设中检查偏差的高度(m)	总高度		
	50m	40m	20m
$H=2$	±7	±7	±7
$H=10$	±20	±25	±50
$H=20$	±40	±50	±100
$H=30$	±60	±75	
$H=40$	±80	±100	
$H=50$	±100		

中间档次用插入法

| 3 | 满堂支撑架立杆垂直度 | 最后验收垂直度 30m | — | ±90 | | 用经纬仪或吊线和卷尺 |

下列满堂支撑架允许水平偏差(mm)

搭设中检查偏差的高度(m)	总高度
	30m
$H=2$	±7
$H=10$	±30
$H=20$	±60
$H=30$	±90

中间档次用插入法

项次	项　目		技术要求	允许偏差 Δ（mm）	示　意　图	检查方法与工具
4	单双排、满堂脚手架间距	步距	—	±20		钢板尺
		纵距	—	±50		
		横距	—	±20		
5	满堂支撑架间距	步距	—	±20		钢板尺
		纵距	—	±30		
		横距	—			
6	纵向水平杆高差	一根杆的两端		±20		水平仪或水平尺
		同跨内两根纵向水平杆高差		±10		
7	剪刀撑斜杆与地面的倾角		45°～60°			角尺
8	脚手板外伸长度	对接	$a=(130\sim 150)\text{mm}$ $l\leqslant 300\text{mm}$			卷尺
		搭接	$a\geqslant 100\text{mm}$ $l\geqslant 200\text{mm}$			卷进尺

项次	项目		技术要求	允许偏差 Δ (mm)	示意图	检查方法与工具
9	扣件安装	主节点处各扣件中心点相互距离	$a \leqslant 500mm$			钢板尺
		同步立杆上两个相隔对接扣件的高差				钢卷尺
		立杆上的对接扣件至主节点的距离	$a \leqslant h/3$			钢卷尺
		纵向水平杆上的对接扣件至主节点的距离	$a \leqslant l_a/3$			钢卷尺
		扣件螺栓拧紧扭力矩	$(40\sim65)$ N·m			扭力扳手

注:图中 1—立杆;2—纵向水平杆;3—横向水平杆;4—剪刀撑。

(5)安装后的扣件螺栓拧紧扭力矩应采用扭力扳手检查,抽样方法应按随机分布原则进行。抽样检查数目与质量判定标准,应按表 3-14 的规定确定。不合格的必须重新拧紧至合格。

表 3-14　扣件拧紧抽样检查数目及质量判定标准

项次	检查项目	安装扣件数量（个）	抽查数量（个）	允许的不合格数量（个）
1	连接立杆与纵（横）向水平杆或剪刀撑的扣件；接长立杆、纵向水平杆或剪刀撑的扣件	51～90	5	0
		11～150	8	1
		151～280	13	1
		2851～500	20	2
		501～1200	32	3
		1201～3200	50	5
2	连接横向水平杆与纵向水平杆的扣件（非主节点处）	51～90	5	1
		11～150	8	2
		151～280	13	3
		2851～500	20	5
		501～1200	32	7
		1201～3200	50	10

3.3.7　安全管理

（1）扣件钢管脚手架安装与拆除人员必须是经考核合格的专业架子工。架子工应持证上岗。

（2）搭拆脚手架人员必须戴安全帽、系安全带、穿防滑鞋。

（3）脚手架的构配件质量与搭设质量，应按本情境前述的规定进行检查验收，并应确认合格后使用。

（4）钢管上严禁打孔。

（5）作业层上的施工荷载应符合设计要求，不得超载。不得将模板支架、缆风绳、泵送混凝土和砂浆的输送管等固定在架体上；严禁悬挂起重设备，严禁拆除或移动架体上安全防护设施。

（6）满堂支撑架在使用过程中，应设有专人监护施工，当出现异常情况时，应停止施工，并应迅速撤离作业面上人员。应在采取确保安全的措施后，查明原因、做出判断和处理。

（7）满堂支撑架顶部的实际荷载不得超过设计规定。

（8）当有六级强风及以上风、浓雾、雨或雪天气时应停止脚手架搭设与拆除作业。雨、雪后上架作业应有防滑措施，并应扫除积雪。

（9）夜间不宜进行脚手架搭设与拆除作业。

（10）脚手架的安全检查与维护，应按安全检查的相关规定进行。

（11）脚手板应铺设牢靠、严实，并应用安全网双层兜底。施工层以下每隔 10m 应用安全网封闭。

（12）单、双排脚手架、悬挑式脚手架沿墙体外围应用密目式安全网全封闭，密目式安全网宜设置在脚手架外立杆的内侧，并应与架体结扎牢固。

（13）在脚手架使用期间，严禁拆除下列杆件：

①主节点处的纵、横向水平杆，纵、横向扫地杆；

②连墙件。

(14)当在脚手架使用过程中开挖脚手架基础下的设备或管沟时,必须对脚手架采取加固措施。

(15)满堂脚手架与满堂支撑架在安装过程中,应采取防倾覆的临时固定措施。

(16)临街搭设脚手架时,外侧应有防止坠物伤人的防护措施。

(17)在脚手架上进行电、气焊作业时,应有防火措施和专人看守。

(18)工地临时用电线路的架设及脚手架接地、避雷措施等,应按现行行业标准《施工现场临时用电安全技术规范》(JGJ 46—2005)的有关规定执行。

(19)搭拆脚手架时,地面应设围栏和警戒标志,并应派专人看守,严禁非操作人员入内。

3.4 附着式升降脚手架

在高层施工中,建筑物外围常采用悬挑钢管脚手架等作为工作面和外防护架,这些方法效率低,安全性差,劳动强度大,周转材料耗用多,施工成本较高。采用工具式脚手架大大增加了工作效率,也具有较好的安全性,其中采用较多的是附着式升降脚手架。它是在地面成型脚手承重架,由两片脚手承重架组成一榀,脚手承重架通过升降轨道与建筑物连接在一起,通过手动(或电动)葫芦和升降轨道,脚手承重架随主体结构的施工进度同步升降。这样工效高,劳动强度低,整体性好,安全可靠,能节省大量周转材料,经济效益显著。该项技术目前日臻成熟,许多施工单位都制定出了一套行之有效的附着式升降脚手架的施工工法。但附着式升降脚手架属于定型施工设备,一旦出现坠落等安全事故,往往会造成非常严重的后果。

3.4.1 概述

1.主要特点

附着式升降脚手架是指预先组装一定高度(一般为4个标准层)的脚手架,将其附着在建筑物的外侧,利用自身的提升设备,从下至上提升一层,施工一层主体,当主体施工完毕,再从上至下装修一层下降一层,直至将底层装修完毕。按施工工艺需要,脚手架可以整体提升,也可以分段提升,它比落地式脚手架可节省工料,而且建筑越高其经济效益和社会效益也越显著,特别适合高层和超高层建筑的施工。具体该类脚手架具有以下特点:

(1)脚手承重架可在墙柱、楼板、阳台处连接,连接灵活。

(2)每榀脚手架有两处承重连接、两处附着连接,整体牢靠稳定。

(3)防止外倾及导向功能,受环境因素影响小。

(4)脚手架一次安装、多次进行循环升降,操作简单,工效高,速度快,材料成本低。

(5)可按施工流水段进行分段分单元升降,便于流水交叉作业。

(6)手动(或电动)葫芦提升,可控性强。

(7)具备防坠落保险装置,安全性高。

(8)主体及装修均可应用。

但是,附着式脚手架如果设计或使用不当即存在着比较大的危险性,会导致发生脚手架坠落事故。

2. 基本组成

附着式升降脚手架一般由架体、水平梁架、竖向主框架、附着支撑、提升机构及安全装置 6 部分组成。

3. 传力方式

附着式升降脚手架实际上是把一定高度的落地脚手架移到了空中,通过承力构架(水平梁架及竖向主框架)采用附着支撑与工程结构连接。附着式升降脚手架属于侧向支承的悬空脚手架,架体的全部荷载通过附着支撑传给工程结构。

其荷载传递方式为:架体的竖向荷载传给水平梁架,水平梁架以竖向主框架为支座,竖向主框架承受水平梁架的传力及主框架自身荷载,主框架通过附着支承传给工程结构。

4. 使用条件

(1)实行认证制度。

附着式升降脚手架的使用具有比较大的危险性,它不仅是一种单项施工技术,而且是形成定型化反复使用的工具或载人设备,所以应该有足够的安全保障,必须对使用和生产附着式升降脚手架的厂家和施工企业实行资格认证制度。

①建设部发布的《建筑施工附着升降脚手架管理暂行规定》(建字〔2000〕230 号)中第五十五条规定:"国务院建设行政主管部门对从事附着升降脚手架工程的施工单位实行资质管理,未取得相应资质证书的不得施工;对附着升降脚手架实行认证制度,即所使用的附着升降脚手架必须经过国务院建设行政主管部门组织鉴定或者委托具有资格的单位进行认证。"第五十六条规定:"附着升降脚手架工程的施工单位应当根据资质管理有关规定到当地建设行政主管部门办理相应的审查手续。"

②附着式升降脚手架各结构构件在各地组装后,在有建设部发放的生产和使用许可证的基础上,经当地建筑安全监督管理部门核实并具体检验后,发放准用证,方可使用。

③附着式升降脚手架处于研制阶段和在工程上使用前,应提出该阶段的各项安全措施,经使用单位的上级部门批准,并到当地安全监督管理部门备案。

④附着式升降脚手架应由专业队伍施工,对承包附着式升降脚手架工程任务的专业施工队伍进行资格认证,合格者发给证书,不合格者不准承接工程任务。

⑤各工种操作工人及有关人员均应持证上岗。

⑥施工企业自己设计使用不作为产品提供给其他单位的,不需经建设部组织鉴定,但必须在使用前向当地安全监督管理部门申报,并经审查认定。申报单位应提供有关设计、生产和技术性能检验合格资料(包括防倾覆、防坠落、同步以及起重机具等装置)。

以上规定说明,凡未经过认证或认证不合格的,不准生产制造提升脚手架,使用提升脚手架的工程项目,必须向当地建筑安全监督管理机构登记备案,并接受监督检查。

(2)施工组织设计。

附着式升降脚手架的平面布置、附着支承构造和组装节点图、防坠落和防倾覆安全措施、提升机具和吊具以及索具的技术性能和使用要求等从组装、使用到拆除的全过程,应有专项施工组织设计。施工组织设计应由项目经理部的施工负责人组织编写,并经上级技术部门或总工程师审批。

①施工组织设计中应包括附着式升降脚手架的设计、施工、检查、维护和管理等,以及各提

升机位的布点、架体搭设、水平梁架及主框架的安装、导轨的安装、提升机构及各安全装置的设置,附着支承的连接以及工程结构部位的质量要求等,在每次提升(下降)前的检查验收,以及脚手架应检查验收固定后的上人作业条件等都要详细写入。

②施工组织设计中应按原设计要求,针对施工工艺特点并结合现场作业条件,将施工过程中的检查部位、检查要点、检查方法、确认精度以及发现问题处理方法等,均应写入施工组织设计中,以便施工现场执行。

③应编写各工种的操作规程。由于此种脚手架施工工艺区别于其他脚手架的操作要求,原有的工种操作规程重新修订补充,针对该种脚手架特点和施工工艺,按各作业条件的工种分工重新编写操作规程,并于施工前和施工中组织学习执行。

④施工管理内容。施工组织设计还应对如何加强对脚手架使用过程中的管理作出规定,建立质量、安全保证体系及相关的管理制度。工程项目的总包单位对施工现场的安全工作实行统一监督管理,对具体的施工队伍进行审查;对施工过程进行监督检查,发现问题及时解决。分包单位对脚手架的使用安全负直接责任。

3.4.2 设计计算

附着式升降脚手架的架体竖向主框架、架底梁架、导轨与每个楼层的固定、设计荷载、压杆及拉杆的长细比等各组成部件以及防坠安全装置性能等均应进行设计验算,由建筑施工单位项目部技术负责人编制设计计算书,计算书与制作安装图等有关资料必须经上级技术部门或总工程师审批。

1. 确定构造模式

主要确定附着式升降脚手架架体的三个组成部分(架体竖向主框架、架底梁架、架体板)之间和架体主框架与附着支撑构造之间的承受和传递荷载受力模式,以便建立适合的计算简图。应分别确定在使用、升降和坠落三种不同状况下的计算简图,并按最不利情况进行计算和验算。必要时应通过整体模型试验验证脚手架架体结构的设计承载能力。

2. 设计计算项目

(1)脚手架的强度、稳定性、变形和抗倾覆验算。

(2)提升机构和附着支撑装置(包括导轨)的强度与变形。

(3)连接杆(包括螺栓)和焊缝的计算。

(4)杆件节点连接强度计算。

(5)吊具、索具验算。

(6)附着支撑部位工程结构的验算等。

3. 设计计算系数

永久荷载分项系数取 1.2(当有利于抗倾覆验算时,取 0.9),可变荷载分项系数取 1.4,冲击系数为 1.5,荷载变化系数 $r_1 = 1.3$ 或 $r_2 = 2.0$,索具安全系数为 6,提升动力设备安全系数不小于 3,吊具和机械构造的设计安全系数不小于 2。

4. 施工荷载标准值

设计荷载标准值取值:当为结构架时,取 3kN/m,装饰架取 2kN/m,升降状态取 0.5kN/m。

5.杆件长细比

杆件在满足强度的条件下,还应满足长细比的要求。压杆的长细比不得大于 150,拉杆的长细比不得大于 300。

6.计算方法

(1)附着式升降脚手架的架体结构和支撑结构,按"概率极限状态法"进行设计计算。

(2)附着式升降脚手架的升降设备,按"容许应力设计法"进行设计计算。

(3)采用"概率极限状态法"设计时,按承载力极限状态设计的计算荷载取设计值;按使用极限状态设计的计算荷载取标准值。

3.4.3 构造要求

1.架体

(1)附着升降脚手架的整体尺寸应符合以下要求:

①架体高度不应大于 5 倍楼层高。一般为 4 个标准层＋1.5m 高的防护栏杆。

②架体宽度不应大于 1.2m。架体宽度越宽,其稳定性越差,此种脚手架一般不走小推车,所以宽度应尽量缩小。

③每片架体的支承跨度:直线布置的架体,支承跨度不应大于 8m;折线布置的架体,支承跨度不应大于 5.4m。

④架体全高与支承跨度的乘积不应大于 110m²。此规定主要控制架体,跨度已定的情况下,不应制作得太高,以免重心过高稳定性差。

(2)架体在附着点以上的悬臂高度,无论在升降和使用状态下,架体的悬臂高度均不应大于 6m 和 2/5 架体高度,尤其在架体提升的情况下,上部建筑结构部位不能满足要求时必须采取架体与建筑的连接措施,以满足此规定的要求,确保架体的稳定性。

(3)每片架体的支撑点以外的悬挑长度:整体提升的脚手架,架体的悬挑长度不得大于1/2 水平支承跨度和 3m;单片式(分段提升)的脚手架,架体的悬挑长度不得大于 1/4 水平支承跨度。

(4)单片式附着升降脚手架必须采用直线形架体,以利于架体的整体稳定。

(5)架体的扣件螺栓拧紧扭力矩不小于 40N·m。架体外立面必须沿全高设置剪刀撑,剪刀撑跨度不大于 6m,并应将竖向主框架、水平梁架等构架连接成一体。架体的安装应符合《建筑施工扣件式钢管脚手架安全技术规范》(JGJ 130—2011)的规定。

(6)架体结构除按规定搭设外,还应对以下部位采取可靠的加强构造措施:

①与附着支撑结构的连接处。

②架体的升降机构设置处。

③架体上防倾覆、防坠落装置设置处。

④架体被吊拉点设置处。

⑤架体平面的转角处。

⑥架体与塔吊、施工电梯、物料平台等设施相遇需要断开或开洞处。

⑦脚手架在使用中还需要加强的部位。

(7)架体搭设时应增加水平斜杆。由于附着式升降脚手架的架体不能按一般落地脚手架那样,采用增设连墙杆与建筑连接作法来传递架体上的风荷载,因为脚手架提升后有时建筑物不具备设置连墙杆的条件。因此,需沿着架体高度设置不少于二层水平桁架构造(可在大横杆与小横杆的横向平面内设置斜杆),将风荷载直接传递给竖向主框架。

2. 水平梁架

水平梁架位于架体的底部,它的作用和受力情况已不属于一般脚手架,它与竖向主框架共同构成承力构架,通过附着支承把荷载传给工程结构。

水平梁架承受架体的垂直荷载和水平梁架自身荷载及风荷载,并将其传给竖向主框架。水平梁架上部的各节点处集中力就是架体的立杆落脚点,架体荷载通过立杆处节点直接传给水平梁架,所以水平梁架的构造要求是:

(1)采用型钢或钢管制作成定型桁架,节点用焊接或螺栓连接(禁止用扣件连接),水平梁架节点的各杆件轴线应汇交于一点。

(2)应将双排脚手架底部的两片水平梁架,用横向水平杆及斜杆进行连接,形成空间框架,使里外水平梁架为一整体共同工作。横向连接的水平杆与斜杆应连接在水平梁架的各节点处,也应使节点各杆件轴线汇交于一点,禁止采用扣件钢管的连接方法。

(3)水平梁架两端的悬挑部分,应以竖向主框架为中心,左右成对设置对称的斜位杆吊拉悬挑端,斜拉杆的水平夹角应大于45°。

(4)水平梁架上弦应与架体立杆直接牢靠连接,不得悬空,使架体立杆直接作用于水平梁架上弦各节点上。

(5)当水平梁架采用定型桁架构件不能连续设置时,两跨水平梁架之间的局部(长度不大于2m),可采用脚手架钢管扣件进行连接(可以调整相邻两跨出现升降的同步差时适应变形的能力),但应采取加强措施,保证其连接刚度和强度不低于水平梁架结构。

3. 竖向主框架

(1)作用。

竖向主框架是水平梁架的支撑支座,位于水平梁架两端支承点处,沿架体全高竖向设置,可做成片式框架或格构式结构,其平面与墙体垂直。主框架一侧同水平梁架及架体连接,承接水平梁架传来的荷载,另一侧与附着支撑连接,把水平梁架的荷载和脚手架坠落时的冲击荷载,通过附着支撑传给工程结构。

竖向主框架是脚手架的重要构件,计算时分别按使用和升降两种工况计算,满足正常使用荷载和坠落荷载的要求。主框架尚需按1:1的实际框架进行试验,按设计荷载和破坏荷载进行,以验证计算的可靠性。

竖向主框架在构造上必须满足功能要求。必须制造成定型加强的刚性框架,除要求主框架各节点必须采用焊接或螺栓连接外,同时要求两片主框架之间、主框架与水平梁架之间、主框架与附着支撑之间的连接,也不准采用扣件钢管连接,以保证传力效果。

(2)规定。

《建筑施工附着升降脚手架管理暂行规定》中对主框架的规定如下:

架体必须在附着支撑部位沿全高设置定型加强的竖向主框架,竖向主框架应采用焊接或螺栓连接的片式框架或格构式结构,并能与水平梁架和架体构架整体作用,且不得使用钢管扣件或碗扣架等脚手架杆件组装。竖向主框架与附着支撑结构之间的导向构造不得采用钢管扣件、碗扣架或其他普通脚手架连接方式。

由于主框架采用了刚性框架且连接附着在工程结构上,因此刚度很大,从而使脚手架的整体稳定性得到保证。又因导轨直接设置在主框架上,所以脚手架沿导轨上升或下降的过程也是稳定可靠的。

(3)选型。

采用附着式升降脚手架工艺时,应注意选型,必须按规定选择"沿全高设置定型加强的竖向主框架"的脚手架,并且优先选择导轨式及液压升降的脚手架,因为此种脚手架升降稳定,使用安全可靠。分析脚手架坠落事故,其主要原因多是由于架体不稳定,晃动大,升降不同步造成的。而导轨式升降脚手架可大大减少脚手架摆动,液压式升降机构容易保证升降的同步性。

避免选用原始的"挑梁式"脚手架。挑梁式附着升降脚手架采用提升挑梁与工程结构连接,通过滑轮组、钢丝绳吊拉底部的承力托盘。升降状态时,挑梁及钢丝绳承力;使用状态时,脚手架用拉杆与工程结构连接。此种脚手架的最大隐患是没有刚性的主框架,而用承力托盘及钢丝绳(或拉杆)替代,不符合规定要求,脚手架使用情况稳定性差;脚手架升降没有导轨,只靠钢丝绳吊拉,所以升降过程中晃动较大、不安全。另外,此种类型的脚手架的防倾装置也是采用了一定长度的钢管作为导向约束,由于钢管长细比大,其约束效果很差,升降过程中,钢管随脚手架摆动而弯曲。其不但竖向主框架不符合规定,且防倾装置也不符合"导向构造不得采用钢管扣件连接方式"的要求。如果此类型脚手架再无可靠的防坠落装置,那将是非常危险的。

4. 附着支撑

(1)作用。

附着支撑是附着式升降脚手架的主要承载传力装置。附着式升降脚手架在升降过程和升降到位的使用中,都是依靠附着支撑附着于工程结构上来实现其稳定的。它有三个作用:第一,传递荷载,把主框架上的荷载可靠地传给工程结构;第二,保证架体稳定性(使用和升降过程),确保施工安全;第三,满足提升、防倾覆、防坠落装置的要求,包括承受坠落时的冲击荷载。

(2)要求。

①附着支撑的设计及构造形式,应适应建筑物凸出或凹进结构处的连接要求,确保整体脚手架各连接点的可靠性,特殊部位应单独设计构造形式。

②附着支撑结构当采用普通穿墙螺栓与工程结构连接时,应采用双螺母固定,螺杆露出螺母不少于 3 扣,垫板尺寸应按设计计算要求,且不得小于 80mm×80mm×80mm。

③采用穿墙螺栓锚固时,宜采用两根螺栓,当附着点采用单根螺栓时,应有防止扭转的措施。

④确保上支承点具有足够的附着支撑面积。由于上支承点处混凝土强度低,必须考虑混凝土最低强度下设计所需的相应面积。连接时的混凝土强度必须按设计要求确定,且不得小于 C10。

⑤确保安全可靠。附着支撑应在工程结构的各层设置连接处,以保证脚手架的整体稳定性。在升降状态下,必须确保每一主框架一侧至少有两处以上与工程结构连接的附着支撑:一是保证架体的稳定,避免上部悬臂过长重心高,出现较大晃动和倾覆;二是当脚手架发生坠落时,坠落荷载至少通过两处附着支撑向工程结构传递荷载(当一处出现问题时,还有另一处提供传递荷载保障)。

⑥附着支撑的杆件连接形式,应在竖向呈交叉或格构式,避免呈单片竖向平面式,以保证脚手架纵向水平稳定性。

⑦应方便装拆施工。由于附着支撑随脚手架提升而频繁拆装,反复使用,所以要求应具有可靠调节功能。由于每一连接处的预留孔或预埋件可能存在误差,则要求附着支撑在安装时,可在上下、左右和前后三个方向具有可调节的构造措施;同时要求和螺栓、垫板等连接件连接后,能与建筑结构表面呈紧密连接,防止出现空洞、倾斜、点连接而影响受力效果;另外,为便于装拆施工,其杆件不宜过长过重,从而减少安装难度和高处作业工作量。

5.物料平台

物料平台必须单独设置,将其荷载独立地传给工程结构。物料平台各杆件不得以任何形式与附着式升降脚手架连接。物料平台所在跨的附着式升降脚手架应单独提升,并采取加强措施。

3.4.4 安全装置

1.防倾装置

(1)作用。

设置防倾斜装置的目的是控制脚手架在升降过程中的倾斜度和晃动的程度,架体在两个方向(前后、左右)的晃动倾斜均不超过30mm。防倾装置应有足够的刚度,在架体升降过程中始终保持水平约束,确保升降状态的稳定性。

(2)要求。

《建筑施工附着升降脚手架管理暂行规定》中对防倾装置要求如下:

①防倾装置必须与竖向主框架、附着支撑结构或工程结构可靠连接。应用螺栓连接,不得采用钢管扣件或碗扣方式连接。

②防倾装置的导向间隙应小于5mm。

③在升降和使用状态下,位于在同一竖向平面的防倾装置均不得少于两处,并且其最上和最下一个防倾覆支承点之间的最小间距不得小于架体全高的1/3。

2.防坠装置

(1)作用。

设置防坠装置的目的是为防止脚手架在升降工况下发生断绳、折轴等意外故障造成的脚手架坠落事故,当脚手架意外坠落时,能及时牢靠地将架体卡住,以确保安全。

(2)要求。

《建筑施工附着升降脚手架管理暂行规定》中要求:

①防坠装置应设置在竖向主框架部位,且每一竖向主框架提升设备处必须设置一个。

②防坠装置必须灵敏,其制动距离为:对于整体式升降脚手架不大于80mm,对于单片式升降脚手架不大于150mm。

③防坠装置应有专门详细的检查方法和管理措施,以确保其工作可靠有效。

④防坠装置与提升设备必须分别设置在两套附着支承结构上,若有一套失效,另一套必须能独立承担全部坠落荷载。

对防坠装置可靠性必须提供专业技术部门的检测报告,一般应通过100~150次的坠落荷载试验,以验证其可靠及抗疲劳性能;日常除有固定的管理措施外,应能提供在施工现场可随机检测其可靠性的方法,由人工控制自发生坠落到架体卡住时的坠落距离不大于80～150mm。

3.同步装置

(1)作用。

设置同步装置的目的是控制脚手架在升降过程中,各机位应保持同步升降,当其中一台机位超过规定的数值时,即切断脚手架升降动力源停止工作,避免发生超载事故。

(2)要求。

《建筑施工附着升降脚手架管理暂行规定》中规定:"同步及荷载控制系统应通过控制各提升设备间的升降差和控制各提升设备的荷载来控制各提升设备的同步性,且应具备超载报警停机、欠载报警等功能。"

严格按设计规定控制各提升点的同步性,相邻提升点的高差不大于30mm,整体架最大升降差不得大于800m。

①关于同步及荷载双控问题。《建筑施工附着升降脚手架管理暂行规定》要求同步装置应同时实现保证架体同步升降和荷载监控的双控方法来保证架体升降的同步性。即通过控制各吊点的升降差和各吊点实际承受荷载两个方面,来达到升降同步,避免发生个别吊点超载问题。

a.升降差。升降差包括动作行程同步差和累计行程同步差。动作行程同步差可按一个单循环升降的行程差计算,当其设备无单循环行程连续动作时,可按每分钟计算;累计行程同步差为升降一个层高的同步差。相邻吊点同步差不大于30mm,整体同步差不大于80mm。

b.荷载不均。脚手架升降过程中,由于跨度不均、架体受力不均以及架体受阻、机械故障等多种原因造成各吊点受力不均,会导致升降过程中各吊点运行不同步、机具超载,引发事故。必须安装吊点(机位)限载预警装置,控制各吊点最大荷载达到设备额定荷载的80%时报警,自动切断动力源,避免发生事故。

②关于装置的自动功能。

a.自动显示:在升降过程中,自动显示每个吊点的负载和高度,并同时显示平均高度、相邻吊点升降差。

b.自动调整:自动调整吊点过快或过慢的升降速度,使相邻吊点的升降差控制在允许范围以内。

c.遇故障自停:当设备发生故障或不正常负载时,自动停止升降动作,便于及时排除故障,防止发生事故。

4.安全防护措施

《建筑施工附着升降脚手架管理暂行规定》中要求:

(1)架体外侧必须设置密目式围网,并且密目式围网必须可靠固定在架体上。

(2)架体底层的脚手板必须铺设严密,且应用平网及密目围网兜底。应设置架体升降时底层脚手板可折起的翻板构造,保持架体底层脚手板与建筑物表面在升降和正常使用中的间隙,防止物料坠落。

(3)在每一作业层架体外侧必须设置上、下两道防护栏杆和挡脚板。

(4)单片式和中间断开的整体式附着升降脚手架,在使用工况下,其断开处必须封闭并加设栏杆;在升降工况下,架体开口处必须有可靠的防止人员及物料坠落的措施。

3.4.5 提升机具

《建筑施工附着升降脚手架管理暂行规定》规定:"附着式升降脚手架的升降动力设备应满足附着式升降脚手架使用工作性能的要求,升降吊点超过两点时,不能使用手拉葫芦。升降动力控制台应具备相应的功能,并应符合相应的安全规程。"

目前,附着升降脚手架的提升机具有四种:手拉葫芦、电动葫芦、液压千斤顶及卷扬机。

1.手拉葫芦

(1)采用人工操作,价格便宜,使用方便。由于手拉葫芦是按单个使用设计的,故只适用于单机提升,不适用多台共用。当起吊点超过两点时,由于不能解决多机提升的同步问题,往往形成吊点受力相差过大,容易引发事故,故规定手拉葫芦使用不准超过两个吊点的单片式脚手架的升降。

(2)手拉葫芦原为牵拉重物设计,其安全系数较低,仅为 2。现用于提拉附着升降脚手架,即使升降时人员不在脚手架上仍按牵拉重物计,5t 手拉葫芦只能承受 10t 的负载。若按 110m² 架体计算,按脚手架荷载 $0.4kN/m^2$ 计,则实际荷载为 44kN,每一吊点为 22kN,乘以荷载计算系数(荷载变化系数、冲击系数、安全系数)后,为 95kN。刚刚满足要求,若脚手架实际荷载超过 $0.4kN/m^2$ 时,5t 手拉葫芦的安全系度就达不到要求了。

(3)实际采用手拉葫芦时,操作人员一般都站在脚手架上操作,这一点也是不符合规定的。

2.电动葫芦

(1)电动葫芦是在手动葫芦的基础上,去掉了拉链轮和拉链,增加电动机和减速器,当电动机电源切断时,电动机的制动装置使电动葫芦停止工作。电动葫芦有挂式和坐式两种,坐式电动葫芦设置在架体下部,避免了葫芦在架体升降过程中反复倒装,同时由于起吊点下移,也有利于架体稳定。

(2)采用电动葫芦为提升机具时,可以通过增设控制装置解决多机提升的同步问题,同时还可以避免采用手拉葫芦有时人员必须站在架体上操作的缺陷。

(3)由于电动葫芦是采用手拉葫芦改制的,所以同样也有承载能力的安全度问题。

3.液压千斤顶

千斤顶作业升降平稳,有利于脚手架升降时的安全,较好地解决了多机作业的同步性,实现了液压作用的自锁与互锁,避免了由于人为的错误出现千斤顶的误操作问题。

4.卷扬机

设计使用与升降脚手架操作相适应的小型专用卷扬机取代电动葫芦,以确保提升机具的安全度更可靠,此种卷扬机已在附着式升降脚手架中应用。

3.4.6 使用与管理

(1)脚手架组装前,应根据专项施工组织设计要求,配备合格人员,明确岗位职责,并对有关施工人员进行安全技术交底。

(2)附着式升降脚手架每次升降以及拆卸前,应根据专项施工组织设计要求,对施工人员进行安全技术交底。

（3）整体式附着升降脚手架的控制中心，应设专人负责操作，禁止其他人员替代操作。

（4）脚手架在首层组装前，应设置安装平台，安装平台应有保障施工人员安全的防护设施，安装平台的水平精度和承载能力应满足架体安装的要求。

（5）附着式升降脚手架安装精度要求：

①水平梁架及竖向主框架在两相邻附着支撑结构处的高差应不大于 20mm。

②竖向主框架和防倾导向装置的垂直偏差应不大于 5‰，且不得大于 60mm。

③预留穿墙螺栓孔和预埋件应垂直于工程结构外表面，其中心误差应小于 15mm。

（6）附着式升降脚手架组装完毕，必须进行以下检查，合格后方可进行升降操作：

①工程结构混凝土强度应达到附着支撑对其附加荷载的要求。

②全部附着支撑点的安装符合设计规定，垫板与墙面平整严密接合。严禁少装附着固定连接螺栓和使用不合格螺栓。

③各项安全保险装置全部检验合格。

④电源、电缆及控制柜等的设置符合用电安全的有关规定。

⑤升降动力设备工作正常。

⑥同步及荷载控制系统的设置和试运行效果符合设计要求。

⑦架体结构中采用普通脚手架杆件搭设的部分，其搭设质量达到要求。

⑧各种安全防护设施齐备并符合设计要求。

⑨各岗位施工人员已落实。

⑩附着式升降脚手架施工区域应有防雷措施。

⑪附着式升降脚手架应设置必要的消防及照明设施。

⑫同时使用的升降动力设备、同步与荷载控制系统及防坠装置等专项设备，应分别采用同一厂家、同一规格型号的产品。

⑬动力设备、控制设备、防坠装置等应有防雨、防碰撞及防尘等措施。

⑭其他需要检查的项目均符合要求。

（7）升降操作应遵守以下规定：

①严格执行升降作业的程序规定和技术要求。

②严格控制并确保架体上的荷载符合设计规定。

③所有妨碍架体升降的障碍物必须拆除。

④所有升降作业要求解除的约束必须拆开。

⑤严禁操作人员停留在架体上，特殊情况确实需要上人的，必须采取有效安全防护措施，并由建筑安全监督机构审查后方可实施。

⑥设置安全警戒线，正在升降的脚手架下部严禁人员进出，并设专人监护。

⑦严格按设计规定控制各提升点的同步性，相邻提升点间的高差不得大于 30mm，整体架最大升降差不得大于 80mm。

⑧升降过程中应实行统一指挥、规范指令。升降令只能由总指挥一人下达，但当有异常情况出现时，任何人均可立即发出停止指令。

⑨采用环链葫芦作升降动力的，应严密监视其运行情况，及时发现解决可能出现的翻链、铰链和其他影响正常运行的故障。

⑩脚手架升降到位后,必须及时按使用状况要求进行附着固定。在没有完成架体固定工作前,施工人员不得擅自离岗或下班。未办理交付使用手续的,不得投入使用。

(8)脚手架升降到位后,办理交付使用手续前,必须通过以下检查项目:

①附着支撑和架体已按使用状况下的设计要求固定完毕;所有螺栓连接处已拧紧;各承力件预紧程度应一致。

②碗扣和扣件接头无松动。

③所有安全防护已齐备。

④其他必要的项目经检查符合要求。

(9)附着式升降脚手架的使用必须遵守其设计性能指标,不得随意扩大使用范围;架体上的施工荷载必须符合设计规定;严禁超载,严禁放置影响局部杆件安全的集中荷载,并应及时清理架体、设备及其他构配件上的建筑垃圾和杂物。

(10)脚手架在使用过程中严禁进行下列作业:

①利用架体吊运物料。

②在架体上拉结缆绳。

③在架体上推车。

④任意拆除结构件或连接件。

⑤拆除或移动架体上的安全防护设施。

⑥起吊物料碰撞或扯动架体。

⑦利用架体支撑模板。

⑧使用中的物料平台与架体连接。

⑨其他影响架体安全的作业。

(11)附着式升降脚手架在使用过程中,应按规定的精度和要求定期(至少每月)进行检查,不合格部位应立即改正。

(12)当附着式升降脚手架预计停用超过一个月时,停用前应采取加固措施。

(13)当停用超过一个月或遇六级以上大风后复工时,必须按第(7)条的要求进行检查。

(14)螺栓连接件、升降动力设备、防倾装置、防坠装置、电控设备等应至少每月维护保养一次。

(15)附着升降脚手架的拆卸工作,必须按专项施工组织设计及安全操作规程的有关要求进行。拆除前,应对施工人员进行安全技术交底,拆除时,应有可靠的防止人员与物料坠落的措施,严禁向下抛扔物料。

(16)拆下的材料及设备要及时进行全面检修保养,出现以下情况之一的,必须予以报废。

①焊接件严重变形且无法修复或锈蚀严重的。

②导轨、附着支撑结构、水平梁架杆、竖向主框架等构件出现严重弯曲。

③螺栓连接件变形、磨损、锈蚀严重或螺栓损坏。

④钢丝绳扭曲、打结、断股及磨损达到报废规定。

⑤弹簧杆变形、失效。

⑥其他不符合设计要求的情况。

(17)当遇有5级(包括5级)以上大风和浓雾、大雨、雷雨、大雪等恶劣天气时,禁止进行升降和拆卸作业,并应预先对架体采取加固措施。夜间禁止进行升降作业。

3.5 吊篮脚手架

吊篮脚手架是指悬挂机构架设于建筑物或构筑物上,提升机驱动悬吊平台通过钢丝绳沿立面上下运行,为施工人员提供一种可移动的非常设悬挂的脚手架。一般按驱动方式不同,分为手动、气动和电动吊篮脚手架。

吊篮脚手架一般用于高层建筑的外装修施工,它与落地式脚手架相比较,可节省材料、人工和缩短工期,但必须严格按有关规定进行设计、制作、安装和使用,否则极易发生坠落事故。

3.5.1 型号和标记

吊篮脚手架的型号由类代号、组代号、型代号、特性代号、主参数代号、悬吊平台结构层数和更新变型代号组成,如图 3-20 所示。

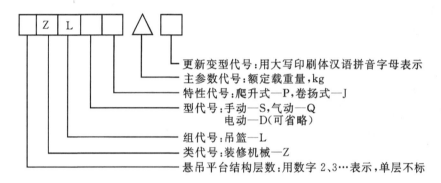

图 3-20 吊篮脚手架型号代号组成

如:额定载重量 300kg 电动,单层卷扬机高处作业吊篮,应标注为:高处作业吊篮 ZLJ300 GB19155。

3.5.2 基本要求

(1)吊篮应按照规定程序批准的图样及技术文件制造。

(2)吊篮的自制零部件应经检验合格后方可装配。

(3)标准件、外购件、外协件应具有制造厂的合格证,否则应按有关标准进行检验,合格后方可进行装配。

(4)原材料应符合产品图样规定,并应有供应厂的正式标记及合格证。关键零部件所有原材料,制造厂应抽样检验,确认合格后方可使用。

(5)制造厂生产的同一型号吊篮脚手架的零部件应具有互换性。

(6)吊篮在下列环境下应能正常使用:

①环境温度 $-20℃\sim40℃$。

②环境相对湿度不大于 90%($25℃$)。

③电源电压偏离额定值 $\pm5\%$。

④工作处阵风风速不大于 8.3m/s(相当于 5 级风力)。

(7)建筑设计相关要求：

①建筑物或构筑物支撑处能承受得了脚手架的全部重量。

②建筑物在设计和建造时应便于吊篮脚手架的安全安装和使用,并提供工作人员的安全出入通道。

③楼面上设置安全锚固环或安装吊篮用的预埋螺栓,其直径不得小于16mm。

④建筑物上应设置供吊篮脚手架使用的电源插座。

⑤应向吊篮脚手架使用者提供安装的有关资料。

3.5.3 安全技术要求

(1)结构安全系数：

①吊篮的承重结构件为塑性材料时,按材料的屈服点计算,其安全系数不应小于2。

②吊篮的承重结构件为非塑性材料时,按材料的极限强度计算,其安全系数不应小于5。

③吊篮脚手架在设计时,应考虑风荷载的影响;在工作状态下,应能承受的基本风压值不低于500Pa;在非工作状态下,当吊篮安装高度不超过60m时,应能承受的基本风压值不低于1915Pa,每增高30m,基本风压值增加165Pa;悬挂机构设计风压值应按1.5倍的基本风压值计算。

(2)吊篮制动器必须使用带有动力试验荷载的悬吊平台,在不大于100mm制动距离内停止运行。

(3)吊篮必须设置上行程限位装置。

(4)吊篮的每个吊点必须设置两根钢丝绳,安全钢丝绳必须装有安全锁或相同作用的独立安全装置。在正常运行时,安全钢丝绳应顺利通过安全锁或相同作用的独立安全装置。

(5)吊篮宜设超载保护装置。

(6)吊篮必须设有在断电时使悬吊平台平稳下降的手动滑降装置。

(7)在正常工作状态下,吊篮悬挂机构的抗倾覆力矩与倾覆力矩之比不得小于2。

(8)钢丝绳吊点距悬吊平台端部距离不应大于悬吊平台全长的1/4,悬吊平台的抗倾覆力矩与额定载重量集中作用在悬吊平台外伸段中心引起的最大倾覆力矩之比不得小于1.5。

(9)吊篮所有外漏传动部分,应装有防护装置。

(10)连接应符合下列规定：

①主要受力焊缝质量应符合《建筑机械与设备焊接通用技术条件》(JG/T 5082.1—1996)中的B级规定,焊后应进行质量检查。

②采用高强螺栓连接时,其连接表面应清除灰尘、油漆、油迹和锈蚀,应使用力矩扳手或专用工具,按设计、装配技术要求拧紧。

(11)报废应符合下列规定：

①吊篮脚手架主要结构件由于腐蚀、磨损等原因使结构的计算应力提高,当超过原计算应力的10%时应予以报废;对无计算条件的,当腐蚀深度达到原构件厚度的10%时,则应予以报废。

②主要受力构件产生永久变形而不能修复时,应予以报废。

③悬挂构件、悬吊平台和提升机架等整体失稳后不得修复,应予以报废。

④当结构件及其焊缝出现裂纹时,应分析原因,根据受力和裂纹情况采取加强措施。当达

到原设计要求时,才能继续使用,否则应予以报废。

3.5.4　吊篮要求

(1)吊篮在动力试验时,应有超过 25％额定载重量的能力。

(2)吊篮在静力试验时,应有超过 50％额定载重量的能力。

(3)吊篮的额定速度不得大于 0.3m/s。

(4)手动滑降装置应灵敏可靠,下降速度不应大于 1.5 倍的额定速度。

(5)吊篮在承受静力试验荷载时,制动器作用 15min,滑移距离不得大于 10mm。

(6)吊篮在变换额定载重量下工作时,操作者耳边噪声不大于 85dB(A),机外噪声值不大于 80dB(A)。

(7)吊篮上所设置的各种安全装置均不能妨碍紧急脱离危险的操作。

(8)吊篮的各部件均应采取有效的防腐蚀措施。

3.5.5　主要部件技术要求

1.悬挂机构

(1)悬挂机构应有足够的强度和刚度。单边悬挂悬吊平台时,应能承受平台自重、额定载重量及钢丝绳自重。

(2)悬挂机构施加于建筑物顶面或构筑物上的作用力均应符合建筑结构的承载要求。当悬挂机构的荷载由屋面预埋件承受时,其预埋件的安全系数不应小于 3。

(3)配重应标有质量标记。

(4)配重应准确、牢固地安装在配重点上。

2.悬吊平台

(1)悬吊平台应有足够的强度和刚度。承受 2 倍的均布额定载重量时,不得出现焊缝裂纹、螺栓铆钉松动和结构构件破坏等现象。

(2)悬吊平台在承受动力试验荷载时,平台底面最大挠度值不得大于平台长度的 1/300。

(3)悬吊平台在承受试验偏心荷载时,在模拟工作钢丝绳断开、安全锁锁住钢丝绳状态下,其危险断面处应力值不应大于材料的许用应力。

(4)应校核悬吊平台在单边承受额定荷重时其危险断面处材料的强度。

(5)悬吊平台四周应设置防护栏杆两道,靠近建筑物一侧的栏杆高度不低于 0.8m,平台外侧(及两短边)防护栏杆高度应高于 1.2m,栏杆应能承受 1000N 水平力,栏杆的底部应设有不小于 100mm 高的挡脚板,挡脚板与底板间隙不大于 5mm。沿防护栏杆外围全部用钢板网封挂严密。

(6)悬吊平台内工作宽度不应小于 0.4m,并应设置防滑底板,底板有效面积不小于 0.25m²/人,底板排水口直径最大为 10mm。

(7)悬吊平台应装有靠墙轮、导向装置或缓冲装置,在沿建筑物表面滑动时,避免与建筑物撞击,保护建筑物和吊篮的稳定性。

(8)悬吊平台在工作中的纵向倾斜角度不应大于 8°。

(9)悬吊平台上应醒目地注明额定载重量及注意事项。

(10)悬吊平台上应设有操纵用按钮开关,操纵系统应灵敏可靠。

3.爬升式提升机

(1)提升机传动系统在钢丝绳滑轮之前禁止采用离合器和摩擦传动。

(2)提升机滑轮直径与钢丝绳直径之比不应小于20。

(3)提升机必须设有制动器,其制动力矩应大于额定提升力矩的1.5倍。制动器必须设有手动释放装置,动作应灵敏可靠。

(4)提升机应能承受125%的额定提升力,电动机堵转转矩不低于180%的额定转矩。

(5)手动提升机必须设有闭锁装置。当提升机变换方向时,应动作准确,安全可靠。

(6)手动提升机施加于手柄端的操作力不应大于250N。

(7)提升机滑轮应具有良好的穿绳性能,不得卡绳和堵绳。

(8)提升与悬吊平台应连接可靠,其连接强度不应小于2倍允许冲击力。

4.卷扬式提升机

卷扬式提升机应符合《建筑卷扬机》(GB 1955—2008)中的相关规定。

5.安全锁

(1)安全锁或具有相同作用的独立安全装置的功能应满足以下规定:

①对离心触发式安全锁,悬吊平台运行速度达到安全锁锁绳速度时,即能自动锁住安全钢丝绳,使悬吊平台在200mm范围内停住。

②对摇摆式的倾斜安全锁,悬吊平台工作时纵向倾斜角度不大于8°时,能自动锁住并停止运行。

③安全锁或具有相同作用的独立安全装置,在锁住绳索的状态下应不能自动复位。

(2)安全锁承受静力试验荷载时,静置10min,不得有任何滑移现象。

(3)离心触发式安全锁锁绳速度不大于0.5 m/s。

(4)安全锁与悬吊平台应连接可靠,其连接强度不应小于2倍允许冲击力。

(5)安全锁必须在有效标定期限内使用,有效标定期限不得大于1年。

6.钢丝绳

(1)吊篮脚手架宜选用高强度、镀锌、柔度好的钢丝绳,其性能应符合《重要用途钢丝绳》(GB/T 8918—2006)的规定。

(2)钢丝绳的安全系数不应小于9。

(3)钢丝绳端的固定应符合《塔式起重机安全规程》(GB 5144—2006)中的相关规定;钢丝绳的检查和报废应符合《起重机用钢丝绳检验和报废实用规范》(GB/T 5972—2006)中的相关规定。

(4)工作钢丝绳最小直径不应小于6mm。

(5)安全钢丝绳宜选用与工作钢丝绳相同的型号、规格,在正常运行时,安全钢丝绳应处于悬垂状态。

(6)安全钢丝绳必须独立于工作钢丝绳另行悬挂。

7.电器控制系统

(1)电器控制系统供电应采用三相无限制。接零、接地线应始终分开,接地线应采用黄绿相间线。

（2）吊篮的电器系统应可靠接地，接地电阻不应大于 4Ω，在接地装置处应有接地标志。电器控制部分应有防水、防震和防尘措施。其元件应排列整齐，链接牢固，绝缘可靠。电控柜门应加锁。

（3）控制用电按钮开关动作应准确可靠，其外露部分由绝缘材料制成，应能承受 $50Hz$ 正弦波形、$1250V$ 电压为时 $1min$ 的耐压试验。

（4）带电零件与机体间的绝缘电阻不应低于 $2M\Omega$。

（5）电器系统必须设置过热、短路、漏电保护等装置。

（6）悬吊平台上必须设置紧急状态下切断电源回路的急停按钮，该电路独立于各控制电路。急停按钮为红色，并有明显的"急停"标记，不能自动复位。

（7）电器控制箱按钮应动作可靠，标识清晰、准确。

（8）应采取防止随行电缆碰撞建筑物、过度拉紧或其他可能导致损害的措施。

3.5.6 制造、装配和外观质量要求

1.制造和装配质量要求

（1）吊篮上的各润滑点均应加注润滑剂。

（2）减速器不得漏油，渗油不得超过一处（渗油量在 $10min$ 内超过一滴为漏油，不足一滴为渗油）。

（3）吊篮应进行空载、额定载重量和超载试运行，运行中应升降平稳，启动、制动正常，限位装置、安全锁等灵敏、安全可靠。

（4）手柄操作方向应有明显箭头指示。

2.外观质量要求

（1）零件加工表面不得有锈蚀、磕碰、划伤等缺陷，已加工外露表面应进行防锈处理。

（2）吊篮可见外表面应平整、美观，按规定涂底漆和面漆。漆层应均匀、平滑、色泽一致、附着力强，不得有桔皮、脱皮、漏漆、气泡等缺陷。

（3）罩壳应平整，不得有直径超过 $15mm$ 的锤印痕，安全牢固可靠。

3.5.7 可靠性要求

（1）吊篮承受额定重量时，提升机应正常工作 3000 个循环次数，首次故障前工作时间不少于 $0.5t_0$（t_0 为累计工作时间），平均无故障工作时间不少于 $0.3t_0$，可靠度不低于 92%。

（2）手动提升吊篮承受额定载重量时，提升机能正常工作 500 个循环次数，应无断裂、明显磨损；当提升机变换运行方向时，制动器应起作用。

（3）可靠性检验按《高处作业吊篮》（GB 19155—2003）的相关规定进行。

3.5.8 检验规则

吊篮脚手架分出厂检验和型式检验，检验时应依据《高处作业吊篮》（GB 19155—2003）的相关规定进行。

1.出厂检验

产品出厂前，制造商检验部门应按表 3-15 列出的出厂检验项目对产品进行逐台检验，检

验合格后并签发产品合格证方可出厂。

表 3－15　吊篮检验项目

序号	检验项目	出厂检验	型式检验
1	绝缘性能试验	√	√
2	安全锁绳速度试验	√	√
3	安全锁绳角度试验	√	√
4	安全锁静置滑移量试验		√
5	自由坠落锁绳距离试验	√	√
6	空载运行试验		√
7	额定载重量运行试验	√	√
8	超载运行试验		√
9	噪声测定		√
10	滑移距离		√
11	制动距离	√	√
12	手动滑降速度试验	√	√
13	悬吊平台强度和刚度试验		√
14	悬挂机构抗倾覆性及应力试验		√
15	可靠性试验		√
16	手动提升操作力测定		√
17	外观质量检查	√	√
18	电器控制系统检查	√	√

2. 型式检验

(1)凡属下列情况之一时应进行型式检验：

①新产品或老产品转厂生产的试制定型鉴定。

②产品停产后,当结构、材料、工艺有较大改变,可能影响产品性能时。

③产品停产两年后,恢复生产时。

④出厂检验结果与上次型式试验有较大差异时。

⑤国家质量监督机构提出型式检验要求时。

(2)型式检验项目见表 3－15。

3.5.9　检查、操作和维护

1. 检查

(1)吊篮脚手架应经专业人员安装调试,并进行空载运行试验。操作系统、上限位装置、提升机、手动滑降装置、安全锁动作等均应灵活、安全可靠方可使用。

(2)吊篮脚手架投入运行后,应按照使用说明书要求定期进行全面检查,并做好记录。

2. 操作

(1)吊篮操作人员应经过专门培训,合格后并取得有效的证明方可进行操作。

(2)有架空输电线路的场所,吊篮的任何部位与输电线的安全距离不应小于10m。如果条件限制,应与有关部门协商,并采取安全防护措施后方可架设。

(3)每天工作前应经过安全检查员核实配重和检查悬挂机构。

(4)每天工作前应进行空载运行,以确认设备处于正常状态。

(5)吊篮上的操作人员应配置独立于悬吊平台的安全绳及安全带或其他安全装置,应严格遵守操作规程。

(6)吊篮严禁超载或带故障使用。

(7)吊篮在正常使用时,严禁使用安全锁制动。

(8)利用吊篮进行电焊作业时,严禁用吊篮作接线回路,吊篮内严禁放置氧气瓶、乙炔瓶等易燃易爆品。

3. 维护

(1)吊篮脚手架应按使用说明书要求进行检查、测试、维护和保养。

(2)随行电缆损坏或有明显擦伤时,应立即维护或更换。

(3)控制线路和各种电器元件、动力线路的接触器应保持干燥,无灰尘污染。

(4)钢丝绳不得折弯,不得沾有砂浆等杂物。

(5)定期检查安全锁。提升机若发生异常温升和声响,应立即停止使用。

(6)除非测试、检查和维修需要,任何人不得使安全装置或电器保护装置失效,在完成测试、检查和维修后,应立即将所有安全装置恢复到正常状态。

复习思考题

1. 简述脚手架搭设和使用安全的基本要求。

2. 单排脚手架不适用于哪些情况?

3. 简述脚手架的基本要求。

4. 简述连墙杆、剪刀撑、扫地杆的主要作用。

5. 脚手架及其地基基础应在哪些阶段进行检查与验收?

6. 脚手架使用中,应定期检查哪些内容?

7. 吊篮脚手架使用前应检查哪些内容?

情境 4
高处作业

学习要点

- 掌握各类高处作业的概念和安全技术要求
- 掌握高处作业的分级方法和高处作业的安全基本要求
- 能够正确选择、使用和管理安全生产的"三宝"
- 掌握高处作业安全设施的搭设

4.1 高处作业的基本安全技术

建筑施工的特点之一是高处作业工作量大,并且作业环境复杂多变,手工操作劳动强度大,多工种交叉作业危险因素大,极易发生安全事故。因此,建筑业在我国各行业中属于危险性较大的行业。通过相关调查,在建筑业"五大伤害"事故(高处坠落、触电、物体打击、机械伤害及坍塌)中,高处坠落事故的发生率最高、危险性极大。因此,减少和避免高处坠落事故的发生,是降低建筑业伤亡事故、落实安全生产的关键。

4.1.1 高处作业的相关概念与分级

1.高处作业的相关概念

(1)高处作业(working at height)。

高处作业是指在坠落高度基准面 2m 或 2m 以上有可能坠落的高处进行的作业(见图 4-1)。

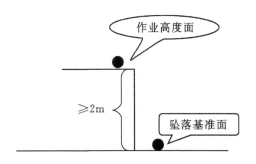

图 4-1 高处作业示意图

(2)临边作业(edge-near operation)。

临边作业指在工作面边沿无围护或围护设施高度低于 800mm 的高处作业,包括楼板边、楼梯段边、屋面边、阳台边及各类坑、沟、槽等边沿的高处作业。

（3）洞口作业（opening operation）。

洞口作业指在地面、楼面、屋面和墙面等有可能使人和物料坠落，其坠落高度大于或等于2m的开口处的高处作业。

（4）攀登作业（climbing operation）。

攀登作业指借助登高用具或登高设施进行的高处作业。

（5）悬空作业（hanging operation）。

悬空作业指在周边无任何防护设施或防护设施不能满足防护要求的临空状态下进行的高处作业。

（6）操作平台（auxiliary operating platform）。

操作平台是由钢管、型钢或脚手架等组装搭设制作的供施工现场高处作业和载物的平台，包括移动式、落地式、悬挑式等平台。

（7）移动式操作平台（movable auxiliary operating platform）。

移动式操作平台是可在楼地面移动的带脚轮的脚手架操作平台。

（8）落地式操作平台（floor type auxiliary operating platform）。

落地式操作平台是指从地面或楼面搭起、不能移动的操作平台，形式主要有单纯进行施工作业的施工平台和可进行施工作业与承载物料的接料平台。

（9）悬挑式操作平台（overhanging auxiliary operating platform）。

悬挑式操作平台是以悬挑形式搁置或固定在建筑物结构边沿的操作平台，形式主要有斜拉式悬挑操作平台和支承式悬挑操作平台。

（10）交叉作业（cross operation）。

交叉作业是在施工现场的垂直空间呈贯通状态下，凡有可能造成人员或物体坠落的，并处于坠落半径范围内的、上下左右不同层面的立体作业。

2. 高处作业的分级和分类

（1）高处作业的分级。

高处作业的级别如下：

一级高处作业：作业高度在 2～5m；

二级高处作业：作业高度在 5～15m；

三级高处作业：作业高度在 15～30m；

特级高处作业：作业高度在 30m 以上。

（2）高处作业的分类（A 类和 B 类）。

①特殊高处作业（B 类高处作业）：

强风高处作业：在风力六级（风速 10.8m/s）以上情况下进行的高处作业。

异温高处作业：在高温或低温环境下进行的高处作业。

雪天高处作业：在降雪时进行的高处作业。

雨天高处作业：降雨时进行的高处作业。

夜间高处作业：室外完全采用人工照明时进行的高处作业。

带电高处作业：在接近或接触带电体条件下进行的高处作业。

悬空高处作业：在无立足点或无牢靠立足点的条件下进行的高处作业。

抢救高处作业：对突发各种灾害事故进行抢救的高处作业。

②除特殊高处作业以外的高处作业,都是一般高处作业(A类高处作业)。

A、B类高处作业又依据表4-1分别划分为四个和三个级别。级别越高,高处作业的危险性就越大,应该采取安全防范的措施也就要更加完善。

表4-1 高处作业分级

级别 分类法	作业高度 2～5m	5～15m	15～30m	>30m
A	Ⅰ	Ⅱ	Ⅲ	Ⅳ
B	Ⅱ	Ⅲ	Ⅳ	Ⅳ

3. 作业高度的确定方法

根据《高处作业分级》(GB/T 3608—2008)的规定,首先依据基础高度(h),查表,即可确定可能坠落的范围半径(R);在基础高度和可能坠落范围半径确定后,即可根据实际情况计算出作业高度。

表4-2 高处作业基础高度与坠落半径

高处作业基础高度(h)	2～5m	5～15m	15～30m	>30m
可能坠落范围半径(R)	3m	4m	5m	6m

(1)基础高度 h。

基础高度是指以作业位置为中心,6m为半径,划出一个垂直于水平面的柱形空间,此柱形空间内最低处与作业位置间的高差即为基础高度。

(2)高处作业坠落半径 R。

高处作业坠落半径是指在坠落高度基准面上,坠落着落点至经坠落点的垂线和坠落高度基准面的交点之间的距离。

(3)高处作业的高度。

高处作业的高度是指作业位置至相应坠落高度基准面之间的垂直距离中的最大值。

(4)坠落高度基准面。

坠落高度基准面是指通过最低坠落着落点的水平面。

(5)最低坠落着落点。

最低坠落着落点是指作业位置可能坠落到的最低点。

若地面和屋面相对,地面是基准面;如果地面和井底相对,井底就是基准面,地面变为高处了。当基准面高低不平时,计算高处作业的高度,应该从最低点算起。

【例4-1】如图4-2中,试确定基础高度、可能坠落范围半径和作业高度。

解: 由图中条件可知,在作业区边沿至附近最低处的可能坠落的基础高度为

$$h = 4.5m + 15.0m = 19.5m$$

查表4-2得:可能坠落范围半径 $R = 5m$。

则作业区边缘,半径为 $R = 5m$ 的作业区范围内,高处作业高度 $H = 4.5m$。

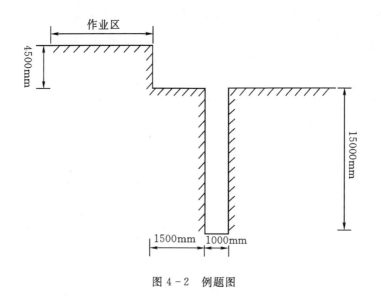

图 4 - 2　例题图

4. 高处作业发生的时间

根据统计结果显示,7 月~8 月是事故的高发时期,1 月~2 月是事故发生较少的月份。这主要与建筑活动大部分集中在夏季有关,而冬季建筑工程大部分也处于停工状态。每天最易发生事故的时间段是:上午 10:00 点到 11:00 点期间;下午 13:00 点到 15:00 点期间。

5. 高处坠落的高度

据统计,大部分高处坠落发生在并不十分高的地方。也许正是人们忽视了这一高度,认为无需做太多的安全防护,才导致事故的频频发生。

在 3~6m 是最易发生高处坠落的高度,70% 的高处坠落事故发生在高度不到 9m 的地方。由此推断,低作业层的安全防护措施不容忽视。

6. 高处坠落的位置

大部分事故发生在屋顶、结构层、脚手架、梯子(详见表 4 - 3),这些事故占所有高处坠落事件的 80%。因此,为避免高处坠落,在这些位置配备足够的防护设备是必不可少的。

表 4 - 3　工作类型事故分布表

工作内容	高处坠落	
	比例	数量
从屋面坠落	333	28.4%
从结构层坠落	227	19.3%
从脚手架上坠落	153	13.0%
从梯子上坠落	133	11.3%
其他	328	27.9%
总　计	1174	100.0%

4.1.2 高处作业的要求

1.基本要求

(1)在施工组织设计或施工技术方案中应按国家、行业相关规定并结合工程特点编制包括临边与洞口作业、攀登与悬空作业、操作平台、交叉作业及安全网搭设的安全防护技术措施等内容的高处作业安全技术措施。

(2)建筑施工高处作业前,应对安全防护设施进行检查、验收,验收合格后方可进行作业,验收可分层或分阶段进行。

(3)高处作业施工前,应对作业人员进行安全技术教育及交底,并应配备相应防护用品。

(4)高处作业施工前,应检查高处作业的安全标志、安全设施、工具、仪表、防火设施、电气设施和设备,确认其完好,方可进行施工。

(5)高处作业人员应按规定正确佩戴和使用高处作业安全防护用品、用具,并应经专人检查。

(6)对施工作业现场所有可能坠落的物料,应及时拆除或采取固定措施。高处作业所用的物料应堆放平稳,不得妨碍通行和装卸。工具应随手放入工具袋;作业中的走道、通道板和登高用具,应随时清理干净;拆卸下的物料及余料和废料应及时清理运走,不得任意放置或向下丢弃。传递物料时不得抛掷。

(7)施工现场应按规定设置消防器材,当进行焊接等动火作业时,应采取防火措施。

(8)在雨、霜、雾、雪等天气进行高处作业时,应采取防滑、防冻措施,并应及时清除作业面上的水、冰、雪、霜。

当遇有6级以上强风、浓雾、沙尘暴等恶劣气候时,不得进行露天攀登与悬空高处作业。暴风雪及台风暴雨后,应对高处作业安全设施进行检查,当发现有松动、变形、损坏或脱落等现象时,应立即修理完善,维修合格后再使用。

(9)需要临时拆除或变动安全防护设施时,应采取能代替原防护设施的可靠措施,作业后应立即恢复。

(10)安全防护设施验收资料应包括下列主要内容:

①施工组织设计中的安全技术措施或专项方案;

②安全防护用品用具产品合格证明;

③安全防护设施验收记录;

④预埋件隐蔽验收记录;

⑤安全防护设施变更记录及签证。

(11)安全防护设施验收应包括下列主要内容:

①防护栏杆立杆、横杆及挡脚板的设置、固定及其连接方式;

②攀登与悬空作业时的上下通道、防护栏杆等各类设施的搭设;

③操作平台及平台防护设施的搭设;

④防护棚的搭设;

⑤安全网的设置情况;

⑥安全防护设施构件、设备的性能与质量;

⑦防火设施的配备;

⑧各类设施所用的材料、配件的规格及材质；

⑨设施的节点构造及其与建筑物的固定情况，扣件和连接件的紧固程度。

(12)安全防护设施的验收应按类别逐项检查，验收合格后方可使用，并应作出验收记录。

(13)各类安全防护设施，应建立定期不定期的检查和维修保养制度，发现隐患应及时采取整改措施。

2. 高处作业人员安全的基本要求

(1)衣着。

衣服：应有专门的工作服，扣好纽扣，做到衣服贴身、轻便，不能穿过于宽松和飘逸的衣服。

鞋：不准穿拖鞋或赤脚作业，悬空高处作业要穿软底防滑鞋。

(2)身体和精神状态。

高处作业人员的身体条件要符合安全要求。如，不准患有高血压、心脏病、贫血、癫痫病等不适合高处作业的人员，从事高处作业；对疲劳过度、精神不振和思想情绪低落人员要停止高处作业；严禁酒后从事高处作业。

(3)工作状态要求。

工作状态要符合当前工作的要求，并严禁工作期间取笑、打闹、影响工作注意力。

3. 查看安全防护用具

安全防护用具在使用前要进行检查，确保其性能完好。

(1)安全帽。

①技术要求。

A.标志和包装。

a.每顶安全帽应有以下四项永久性标志：制造厂名称、商标、型号；制造年、月；生产合格证和验证；生产许可证编号。

b.安全帽出厂装箱，应将每顶帽用纸或塑料薄膜做衬垫包好再放入纸箱内。装入箱中的安全帽必须是成品。

c.箱上应注有产品名称、数量、重量、体积和其他注意事项等标记。

d.每箱安全帽均要附说明书。

B.安全帽的组成。安全帽应由帽壳、帽衬、下颚带、锁紧卡、插接、拴接、铆接等组成。

a.帽壳。安全帽的帽壳包括帽舌、帽檐、顶筋、透气孔、插座、连接孔及下颚带插座等。其中：

帽舌：帽壳前部伸出的部分。

帽檐：帽壳除帽舌外周围伸出的部分。

顶筋：用来增强帽壳顶部强度的部分。

透气孔：帽壳上开的气孔。

插座：帽壳与帽衬及附件连接的插入结构。

连接孔：连接帽衬和帽壳的开孔。

b.帽衬。帽壳内部部件的总称，包括帽箍、托带、护带、吸汗带、拴绳、衬垫、后箍及帽衬接头等。其中：

帽箍：沿头围部分起固定作用的箍带。

托带:与头顶部直接接触的带子。

护带:托带上面另加的一层不接触头顶的带子,起缓冲作用。

吸汗带:包裹在帽箍外面的带状吸汗材料。

拴绳(带):连接托带和护带、帽衬和帽壳的绳(带)。

衬垫:帽箍和帽壳之间起缓冲作用的垫衬。

后箍:在帽箍后部加有可调节的箍带。

帽衬接头:连接帽衬和帽壳的接头。

c.下颚带:系在下鄂上的带子。

d.锁紧卡:调节下频带长短的卡具。

e.插接:帽壳和帽衬采用插合连接的方式。

f.栓接:帽壳和帽衬采用拴绳连接的方式。

g.铆接:帽壳和帽衬采用铆钉铆合的方式。

C.安全帽的结构形式。

a.帽壳顶部应加强。可以制成光顶或有筋结构。帽壳制成无沿、有沿或卷边。

b.塑料帽衬应制成有后箍的结构,能自由调节帽箍大小(分抽拉调节、按钮调节、旋钮调节等)。

c.无后箍帽衬的下颚带制成"Y"型,有后箍的,允许制成单根。

d.接触头前额部的帽箍,要透气、吸汗。

e.帽箍周围的衬垫,可以制成条形或块状,并留有空间使空气流通。

f.安全帽生产厂家必须严格按照国家标准进行生产。

g.Y类安全帽不允许侧压,因为Y类安全帽只是保护由上到下的直线冲击所造成的伤害,不能防护由侧面带来的压力。

D.尺寸要求。

a.垂直间距:按规定条件测量,其值应在25~50mm之间。

b.水平间距:按规定条件测量,其值应在5~20mm之间。

c.佩戴高度:按规定条件测量,其值应在80~90mm之间。

d.帽箍尺寸:分下列三个号码:

小号:51~56cm。

中号:57~60cm。

大号:61~64cm。

e.帽檐尺寸:最小10mm,最大35mm。帽檐倾斜度以20°~60°为宜。

f.通气孔:安全帽两侧可设通气孔。

g.帽舌:最小10mm,最大55mm。

h.颜色:安全帽的颜色一般以浅色或醒目的颜色为宜,如白色、浅黄色等。

E.重量。

a.小檐、卷边安全帽不得超过430g(不包括附件)。

b.大檐安全帽不得超过460g(不包括附件)。

c.防寒帽不得超过690g(不包括附件)。

F.安全帽的性能要求。

a. 安全帽的电绝缘性能:按规定方法测试,泄漏电流不超过 1.2mA。

b. 安全帽的阻燃性能:按规定方法测试,续燃时间不超过 5s,帽壳不得烧穿。

c. 安全帽的侧向刚性:按规定方法测试,最大变形不超过 40mm,残余变形不超过 15mm,帽壳不得有碎片脱落。

d. 安全帽的抗静电性能:按规定方法测试,表面电阻值不大于 $1\Omega\times10^9$。

e. 安全帽的耐低温性能:按低温($-20℃$)预处理后作冲击测试,传递到头模的力不超过 4900N;帽壳不得有碎片脱落;然后再用另一样品经($-20℃$)预处理后做穿刺测试,钢锥不得接触头模表面,帽壳不得有碎片脱落。

G. 采购和管理。

a. 安全帽的采购,企业必须购买有产品检验合格证的产品,购入的产品经验收后,方准使用。

b. 安全帽不应贮存在酸、碱、高温、日晒、潮湿等场所,更不可和硬物放在一起。

c. 安全帽的使用期限,从产品制造完成之日计算:植物枝条编织帽不超过两年;塑料纸胶帽不超过两年半;玻璃钢、橡胶帽不超过三年半。

②安全帽的正确佩戴。

a. 进入施工现场必须正确佩戴安全帽。

b. 首先要选择与自己头形适合的安全帽,佩戴安全帽前,要仔细检查合格证等相关证件。

c. 佩戴安全帽时,必须系紧下巴带,防止安全帽失去作用。不同的头形或季节(冬季应戴防寒安全帽),应选择合适的型号及种类。

d. 不能随意对安全帽进行拆卸或添加附件,以免影响其原有的防护性能。

e. 佩戴一定要戴正、戴牢,不能晃动,防止脱落。

f. 安全帽在使用过程中会逐渐损坏,所以要经常进行外观检查。如果发现帽壳有异常损伤或裂痕,或帽衬与帽壳内顶之间水平垂直间距达不到标准要求的,就不能继续使用,应当更换新的安全帽。

g. 安全帽不用时,需放置在干燥通风的地方,远离热源,不要受日光的直射,这样才能确保在有效使用期内的防护功能不受影响。

h. 注意使用期限,到期的安全帽要进行检验,符合安全要求才能继续使用,否则必须更换。

i. 安全帽受过一次强力的撞击,就无法再次有效吸收外力,有时尽管外表上看不到任何损伤,但是内部已经遭到损伤,不能继续使用。

(2)安全带。

防止高处作业人员发生坠落或发生坠落后将作业人员安全悬挂的个体防护装备,称之为安全带(personal fall protection systems)。建筑施工中的攀登作业、悬空作业、吊装作业、钢结构安装等,均应按要求系安全带。

①安全带的组成及分类。

A. 组成。

a. 安全绳。安全绳是在安全带中连接系带与挂点的绳(带、钢丝绳)。安全绳一般起扩大或限制佩戴者活动范围、吸收冲击能量的作用。

b. 缓冲器。缓冲器是串联在系带和挂点之间,发生坠落时吸收部分冲击能量、降低冲击力的部件。

c.速差自控器(收放式防坠器)。速差自控器是安装在挂点上,装有可伸缩长度的绳(带、钢丝绳),串联在系带和挂点之间,在坠落发生时因速度变化引发制动作用的部件。

d.自锁器(导向式防坠器)。自锁器附着在导轨上、由坠落动作引发制动作用的部件。该部件不一定有缓冲能力。

e.系带。系带是人体坠落时支撑和控制人体、分散冲击力,避免人体受到伤害的部件。系带由织带、带扣及其他金属部件组成,一般有全身系带、单腰系带、半身系带。

f.连接器。连接器是具有常闭活门的连接部件。该部件用于将系带和绳或绳和挂点连接在一起。

g.调节器。调节器是用于调整安全绳长短的部件。

B.分类。

安全带按作业类别分为围杆作业安全带、区域限制安全带、坠落悬挂安全带。

②安全带的标记。

安全带的标记由作业类别、产品性能两部分组成。

a.作业类别:以字母 W 代表围杆作业安全带、以字母 Q 代表区域限制安全带、以字母 Z 代表坠落悬挂安全带。

b.产品性能:以字母 Y 代表一般性能、以字母 J 代表抗静电性能、以字母 R 代表抗阻燃性能、以字母 F 代表抗腐蚀性能、以字母 T 代表适合特殊环境(各性能可组合)。

c.示例:围杆作业、一般安全带表示为"W - Y";区域限制、抗静电、抗腐蚀安全带表示为"Q - JF"。

③安全带的技术要求。

a.安全带与身体接触的一面不应有突出物,结构应平滑。

b.安全带不应使用回料或再生料,使用皮革不应有接缝。

c.安全带可同工作服合为一体,但不应封闭在衬里内,以便穿脱时检查和调整。

d.安全带按规定的方法进行模拟人穿戴测试,腋下、大腿内侧不应有绳、带以外的物品,不应有任何部件压迫喉部、外生殖器。

e.坠落悬挂安全带的安全绳同主带的连接点应固定于佩戴者的后背、后腰或胸前,不应位于腋下、腰侧或腹部。

f.旧产品应按相关规定的方法进行静态负荷测试,当主带或安全绳的破坏负荷低于 15kN 时,该批安全带应报废或更换相应部件。

g.围杆作业安全带、区域限制安全带、坠落悬挂安全带分别满足要求时可组合使用,各部件应相互浮动并有明显标志;如果共用同一具系带应满足相关要求。

h.坠落悬挂安全带应带有一个足以装下连接器及安全绳的口袋。

④安全带检验。

安全带及其金属配件、带、绳必须按照国家标准《安全带》(GB 6095—2009)进行测试,并符合安全带、绳和金属配件的破断负荷指标。

围杆安全带以静负荷 4500N,做 100mm/min 的拉伸速度测试时,应无破断;悬挂、攀登安全带以 100kg 质量检验,自由坠落,做冲击试验,应无破断;架子工安全带做冲击试验时,应用模拟人并且腰带的悬挂处要抬高 1m;自锁式安全带和速差式自控器以 100kg 质量做坠落冲击试验,下滑距离均不大于1.2m;用缓冲器连接的安全带在4m内,以100kg质量做冲击试验,应不超过9000N。

⑤使用和保管。

安全带国家标准对安全带的使用和保管作了严格要求:

a.安全带应高挂低用,注意防止摆动碰撞。使用3m以上长绳应加缓冲器,自锁钩所用的吊绳则例外。

b.缓冲器、速差式装置和自锁钩可以串联使用,应挂在连接环上使用。

c.不准将安全绳打结使用,也不准将挂钩直接挂在安全绳上使用,应挂在连接环上使用。

d.安全带上的各种部件不得任意拆除,更换新绳时要注意加绳套。

e.安全带使用两年后,按批量购入情况,抽验一次。围杆安全带做静负荷试验,以2206N拉力拉伸5mm,如无破坏方可继续使用;悬挂安全带做冲击试验时,以80kg质量做自由坠落试验,若不破断,该批安全带可继续使用。对经抽样测试过的样带,必须更换安全带后才能继续使用。

f.使用频繁的绳,要经常进行外观检查,发现异常时,应立即更换新绳。

g.安全带的使用期为3～5年,发现异常应提前报废。

⑥在下列状况工作时,应系安全带:

a.有可能进行高空作业的工作,在进入工作场所时,身上必须佩有安全带;

b.高度超过2m的高空作业时;

c.倾斜的屋顶作业时;

d.平顶屋,在离屋顶边缘或屋顶开口1.2m内没有防护栏时;

e.任何悬吊的平台或工作台;

f.任何护栏、铺板不完整的脚手架上;

g.接近屋面或地面开孔附近的梯子上;

h.高处作业无可靠防坠落措施时。

⑦正确使用安全带:

a.要束紧腰带,腰扣组件必须系紧系正;

b.利用安全带进行悬挂作业时,不能将挂钩直接勾在安全带绳上,应勾在安全带绳的挂环上;

c.禁止将安全带挂在不牢固或带尖锐角的构件上;

d.使用同一类型安全带,各部件不能擅自更换;

e.受到严重冲击的安全带,即使外形未变也不可使用;

f.严禁使用安全带来传递重物;

g.安全带要挂在上方牢固可靠处,高度不低于腰部。

4.查看施工操作

(1)主要查看施工人员在施工过程中有没有"三违",即违章指挥、违章操作和违反劳动纪律。

(2)存不存在五大违章心理,即侥幸、省能、从众、反逆和自我表现。

5.查看施工材料

(1)施工材料有没有乱堆乱放。

(2)施工废料有没有及时清理。

(3)高空作业下方有没有危险的物料。

6.安全使用梯子

(1)应有足够的长度、刚度或强度。

(2)放置应稳固。

(3)应有足够长度。

(4)符合3点接触原则。

(5)固定应稳妥。

(6)要正确处理角度。具体内容详见4.3节,对梯子的具体技术要求。

(7)工具、材料、零件等必须装入工具袋内,上下时手中不得持物。

7.安全使用脚手架设施

(1)作业层每 $1m^2$ 架面上实际的施工荷载(人员、材料和机具重量)不得超过以下的规定值或施工设计值:

施工荷载(作业层上人员、器具、材料的重量)的标准,结构脚手架采取 $3kN/m^2$;装修脚手架采取 $2kN/m^2$;吊篮、桥式脚手架等工具式脚手架按实际值取用,但不得大于 $1kN/m^2$ 。

(2)在架板上堆放的标准砖不得多于单排立码3层;砂浆和容器总重不得大于 $1.5kN$;施工设备单重不得大于 $1kN$,使用人力在架上搬运和安装的构件的自重不得大于 $2.5kN$ 。

(3)在架面上设置的材料应码放整齐稳固,不得影响施工操作和人员通行。按通行手推车要求搭设的脚手架应确保车道畅通。严禁上架人员在架面上奔跑、推行或倒退拉车。

(4)作业人员在架上的最大作业高度应以可进行正常操作为度,禁止在架板上加垫器物或单块脚手板以增加操作高度。

(5)在作业中,禁止随意拆除脚手架的基本构架杆件、整体性杆件、连接紧固件和连墙件。确因操作要求需要临时拆除时,必须经主管人员同意,采取相应弥补措施,并在作业完毕后,及时予以恢复。

(6)工人在架上作业中,应注意自我安全保护和他人的安全,避免发生碰撞、闪失和落物。严禁在架上嬉闹和坐在栏杆上等不安全处休息。

(7)人员上下脚手架必须走设安全防护的出入通(梯)道,严禁攀援脚手架上下。

(8)每班工人上架作业时,应先行检查有无影响安全作业的问题存在,在排除和解决后方可开始作业。在作业中发现有不安全的情况和迹象时,应立即停止作业进行检查,解决以后才能恢复正常作业;发现有异常和危险情况时,应立即通知所有架上人员撤离。

(9)在每步架的作业完成之后,必须将架上剩余材料物品移至上(下)步架或室内;每日收工前应清理架面,将架面上的材料物品堆放整齐,垃圾清运出去;在作业期间,应及时清理落入安全网内的材料和物品。在任何情况下,严禁自架上向下抛掷材料物品和倾倒垃圾。

4.1.3 高处作业发生事故的原因及预防

1.原因

(1)人的不安全行为。

①作业者本身患有高血压、心脏病、贫血、癫痫病等妨碍高处作业的疾病或生理缺陷。

②作业者生理或心理上过度疲劳,使之注意力分散,反应迟缓,动作失误或思维判断失误增多,导致事故发生。

③走动时不慎踩空或脚底打滑、移动换位后未及时挂安全带挂钩。

④操作时弯腰、转身时不慎碰撞杆件等,使身体失去平衡。

⑤作业者未掌握安全操作技术、习惯性违章。如悬空作业时未系或未正确使用安全带,安全带挂钩未挂在牢固的挂钩地方、酒后从事高空作业等。

⑥心存侥幸心理,如"飞鸟拉粪,哪会落到我头上""我就临时弄一下就好了,不用系安全带"等麻痹大意心理。

(2)物的不安全状态。

①脚手板漏铺或有探头板或铺设不平稳。

②材料有缺陷。钢管与扣件不符合要求、脚手架钢管锈蚀严重仍然使用。

③脚手架架设不规范。如未绑扎防护栏杆或防护栏杆损坏,操作层下面未铺设安全防护层。

④个人防护用品本身有缺陷。如使用三无产品或已老化的安全带、安全绳。

⑤材料堆放过多造成脚手架超载断裂(如图省事将钢筋一次性堆放在脚手架上)。

⑥安全网损坏或间距过大、宽度不足或未设安全网。

⑦"洞口临边"无防护设施或安全设施不牢固或已损坏未及时处理。

⑧模板斜度超过 25°,无防滑措施(特指连续梁模板)。

(3)方法不合适。

①行走或移动不小心,走动时踩空、脚底打滑或被绊倒、跌倒。

②用力过猛,身体失去平衡。

③登高作业前,未检查脚踏物是否安全可靠。

2.预防措施

(1)工作前进行安全分析,并组织安全技术交底。

(2)对患有职业禁忌症和年老体弱、疲劳过度、视力不佳人员等,不准进行高处作业。

(3)穿戴劳动保护用品,正确使用防坠落用品与登高器具、设备。

(4)用于高处作业的防护措施,不得擅自拆除。

(5)作业人员应从规定的通道上下,不得在非规定的通道进行攀登,也不得任意利用吊车臂架等施工设备进行攀登。

(6)攀登和悬空高处作业人员以及搭设高处作业安全设施的人员,必须经过专业技术培训及专业考试合格,持证上岗,并必须定期进行体格检查。

(7)施工中对高处作业的安全技术设施,发现有缺陷和隐患时,必须及时解决;危及人身安全时,必须暂停作业。

(8)雨天和雪天进行高处作业时,必须采取可靠的防滑、防寒和防冻措施。凡水、冰、霜、雪均应及时清除。

(9)遇有六级以上强风、浓雾等恶劣气候,不得进行露天攀登与悬空高处作业。暴风雪及台风暴雨后,应对高处作业安全设施逐一加以检查,发现有松动、变形、损坏或脱落等现象,应立即修理完善。

(10)防护棚搭设和拆除时,应设警戒区,并应派专人监护。

(11)严禁上下同时拆除。

4.1.4 高处作业安全防护设施的验收

建筑施工进行高处作业之前,应由单位负责人组织有关人员,进行安全防护设施的逐项检查和验收。验收合格后,方可进行高处作业。验收也可分层进行,或分段进行。

1.安全防护设施验收时应具备的资料

(1)施工组织设计及有关验算数据。

(2)安全防护设施验收记录。

(3)安全防护设施变更记录及签证。

2.安全防护设施验收的内容

(1)所有临边、洞口等各类安全技术措施的设置状况。

(2)安全技术措施所用的配件、材料和工具的规格和材质。

(3)安全技术措施的节点构造及其与建筑物的固定情况。

(4)扣件和连接件的紧固程度。

(5)安全防护设施用品及设备的性能与质量是否合格的验证等。

安全防护设施的验收应按类别逐项进行检查,并做出验收记录。凡不符合规定者,必须修整合格后再行查验,施工期间还应定期进行抽查。

【案例4-1】   **某公司PTA项目高处坠落死亡事故**

事故经过:

4月11日,某公司安装二队钳工作业班组8人,在扬子石化50万吨/年PTA精制单元13米平台铺设钢格板。李某站立在没有固定的第四块钢格板上,用钢筋钩拖动第五块钢格板(2400mm×995mm)就位时,其站立的钢格板被撞击移位,脱离钢梁失衡坠落,李某随之坠落地面,头部受伤,抢救无效死亡。

原因分析:

(1)施工中作业人员方法不当,相互配合不当,造成钢格板的撞击,引发坠落,是事故的直接原因。

(2)施工准备不充分,未按铺设顺序筛选格板,造成不能按顺序铺设;已就位的格板没有及时固定。

(3)作业人员安全意识低下,未系安全带等。

(4)作业现场安全管理和监督不到位,没有设置隔离网、安全绳,是事故发生的重要管理原因。

(5)施工组织不力,施工工序不合理。

4.2 临边与洞口高处作业的安全防护

4.2.1 临边作业

在施工现场,当高处作业中工作面的边沿没有围护设施或虽有围护设施,但其高度低于

800mm 时,这一类作业称为临边作业。建筑上所指的"五临边"作业一般是指:①尚未安装栏杆的阳台周边;②无外架防护的层面周边;③框架工程楼层周边;④上下跑道及斜道的两侧边;⑤卸料平台的侧边。

1. 临边高处作业的防护

(1)坠落高度基准面 2m 及以上进行临边作业时,应在临空一侧设置防护栏杆,并应采用密目式安全立网或工具式栏板封闭。

(2)分层施工的楼梯口、楼梯平台和梯段边,应安装防护栏杆;外设楼梯口、楼梯平台和梯段边还应采用密目式安全立网封闭。

(3)建筑物外围边沿处,应采用密目式安全立网进行全封闭,有外脚手架的工程,密目式安全立网应设置在脚手架外侧立杆上,并与脚手杆紧密连接;没有外脚手架的工程,应采用密目式安全立网将临边全封闭。

(4)施工升降机、龙门架和井架物料提升机等各类垂直运输设备设施与建筑物间设置的通道平台两侧边,应设置防护栏杆、挡脚板,并应采用密目式安全立网或工具式栏板封闭。

(5)各类垂直运输接料平台口应设置高度不低于 1.8m 的楼层防护门,并应设置防外开装置;多笼井架物料提升机通道中间,应分别设置隔离设施。

2. 临边防护栏杆杆件的搭设

搭设临边防护栏杆时,必须符合下列要求:

(1)临边作业的防护栏杆应由横杆、立杆及不低于 180mm 高的挡脚板组成,并应符合下列规定:

①防护栏杆应为两道横杆,上杆距地面高度应为 1.2m,下杆应在上杆和挡脚板中间设置。

②当防护栏杆高度大于 1.2m 时,应增设横杆,横杆间距不应大于 600mm。

③防护栏杆立杆间距不应大于 2m。

(2)防护栏杆立杆底端应固定牢固,并应符合下列规定:

①当在基坑四周土体上固定时,应采用预埋或打入方式固定。当基坑周边采用板桩时,如用钢管做立杆,钢管立杆应设置在板桩外侧。

②当采用木立杆时,预埋件应与木杆件连接牢固。

(3)防护栏杆杆件的规格及连接,应符合下列规定:

①当采用钢管作为防护栏杆杆件时,横杆及栏杆立杆应采用脚手钢管,并应采用扣件、焊接、定型套管等方式进行连接固定。

②当采用原木作为防护栏杆杆件时,杉木杆稍径不应小于 80mm,红松、落叶松稍径不应小于 70mm;栏杆立杆木杆稍径不应小于 70mm,并应采用 8 号镀锌铁丝或回火铁丝进行绑扎,绑扎应牢固紧密,不得出现泻滑现象。用过的铁丝不得重复使用。

③当采用其他型材作防护栏杆杆件时,应选用与脚手钢管材质强度相当规格的材料,并应采用螺栓、销轴或焊接等方式进行连接固定。

(4)栏杆立杆和横杆的设置、固定及连接,应确保防护栏杆在上下横杆和立杆任何处,均能承受任何方向的最小 1kN 外力作用,当栏杆所处位置有发生人群拥挤、车辆冲击和物件碰撞等可能时,应加大横杆截面或加密立杆间距。

(5)防护栏杆应张挂密目式安全立网,其相关安全要求如下:

安全网是用来防止人、物坠落，或用来避免、减轻坠落及物击伤害的网具。一般由网体、边绳、系绳、筋绳等部分组成。建筑施工安全网应符合下列规定：

①建筑施工安全网的选用应符合下列规定：

a. 安全网的材质、规格、要求及其物理性能、耐火性、阻燃性应满足现行国家标准《安全网》（GB 5725—2009）的规定。

b. 密目式安全立网的网目密度应为 100cm²（10cm×10cm）面积上大于或等于 2000 目。

c. 当需采用平网进行防护时，严禁使用密目式安全立网代替平网使用。

d. 施工现场在使用密目式安全立网前，应检查产品分类标记、产品合格证、网目数及网体重量，确认合格方可使用。

②搭设应符合下列规定：

A. 安全网搭设应牢固、严密，完整有效，易于拆卸。安全网的支撑架应具有足够的强度和稳定性。

B. 密目式安全立网搭设时每个开眼环扣应穿入系绳，系绳应绑扎在支撑架上，间距不得大于 450mm。相邻密目网间应紧密结合或重叠。

C. 当立网用于龙门架、物料提升架及井架的封闭防护时，四周边绳应与支撑架贴紧，边绳的断裂张力不得小于 3kN，系绳应绑在支撑架上，间距不得大于 750mm。

D. 用于电梯井、钢结构和框架结构及构筑物封闭防护的平网应符合下列规定：

a. 平网每个系结点上的边绳应与支撑架靠紧，边绳的断裂张力不得小于 7kN，系绳沿网边均匀分布，间距不得大于 750mm。

b. 钢结构厂房和框架结构及构筑物在作业层下部应搭设平网，落地式支撑架应采用脚手钢管，悬挑式平网支撑架应采用直径不小于 9.3mm 的钢丝绳。

c. 电梯井内平网网体与井壁的空隙不得大于 25mm。安全网拉结应牢固。

③使用安全网时应满足下列要求：

a. 使用时，不得随便拆除安全网的构件，人不得跳进或把物品投入安全网内，不得将大量焊接或其他火星落入安全网内。

b. 不得在安全网内或下方堆积物品；安全网周围不得有严重腐蚀性烟雾。

c. 对使用中的安全网，应进行定期或不定期的检查，并及时清理网上落物污染，受到较大冲击后应及时更换。

d. 安全网使用 3 个月后，应对系绳进行强度检验。

e. 安全网应由专人保管发放，暂时不用的应存放在通风、避光、隔热、无化学品污染的仓库或专用场所。

（6）防护栏杆的设计应符合下列规定：

①防护栏杆荷载设计值的取用，应符合现行的《建筑结构荷载规范》（GB 50009—2012）的有关规定。

②防护栏杆上横杆的计算，应以外力为垂直荷载，集中作用于立杆间距最大处的上横杆的中点处并应符合下列规定：

A. 弯矩标准值应按下式计算：

$$M_k = \frac{F_{bk}I}{4} + \frac{q_k I^2}{8}$$

式中　M_k——上横杆的最大弯矩标准值(N·mm)；

　　　F_{bk}——上横杆承受的集中荷载标准值(N)；

　　　I——上横杆计算长度(mm)；

　　　q_k——上横杆承受的均布风荷载标准值(N/mm)。

　　B. 抗弯强度应按下式计算：

$$\sigma = \frac{\lambda_0 M}{W_n} \leqslant f$$

$$M = \sum \lambda_{qi} M_{ki}$$

式中　λ_0——结构重要性系数，防护栏杆为临设，取 0.9；

　　　M——上横杆的最大弯矩设计值(N·mm)；

　　　W_n——上横杆的净截面抵抗矩(mm³)；

　　　f——上横杆抗弯强度设计值(N/mm²)；

　　　λ_{qi}——按基本组合计算弯矩设计值，各项可变荷载分项系数。

　　C. 挠度应按下式计算：

$$v = \frac{F_{bk} I^3}{48EI} + \frac{5 q_k I^4}{384EI} \leqslant [v]$$

式中　v——受弯构件挠度计算值(mm)；

　　　$[v]$——受弯构件挠度容许值(mm)；

　　　E——杆件的弹性模量(N/mm²)，钢材可取 206×10^3 N/mm²；

　　　I——杆件截面惯性矩(mm⁴)。

　　注：抗弯强度设计值，采用 Q235 钢材时可按 $f = 215$ N/mm² 取用。

　　③防护栏杆立杆的计算，以外力为水平荷载，作用于杆件顶点，并应符合下列规定：

　　A. 弯矩标准值应按下式计算：

$$M_{zk} = F_{zk} h + \frac{q_k h^2}{2}$$

式中　M_{zk}——立杆承受的最大弯矩标准值(N·mm)；

　　　F_{zk}——立杆承受的集中荷载标准值(N)；

　　　h——立杆高度(mm)。

　　B. 抗弯强度应按下式计算：

$$\sigma = \frac{\lambda_0 M_z}{W_z} \leqslant f_z$$

$$M_z = \sum \lambda_{qi} M_{zki}$$

式中　M_z——立杆的最大弯矩设计值，即弯矩基本组合值(N·mm)；

　　　W_z——立杆的净截面抵抗矩(mm³)；

　　　f_z——立杆抗弯强度设计值(N/mm²)。

　　C. 挠度应按下式计算：

$$v = \frac{F_{zk} h^3}{3EI} + \frac{q_k h^4}{8EI} \leqslant [v]$$

　　(7)临边防护栏杆杆件的规格及连接要求，应符合下列规定：

①钢管横杆及栏杆柱均采用 φ48mm×(2.75～3.5)mm 的管材,以扣件或电焊固定。

②以其他钢材如角钢等作防护栏杆杆件时,应选用强度相当的规格,以电焊固定。

4.2.2 洞口作业

在地面、楼面、屋面和墙面等有可能使人和物料坠落,其坠落高度大于或等于 2m 的开口处的高处作业,称之为洞口作业。建筑上常见的孔、洞口有:楼梯口、电梯口、通道、预留洞口,即建筑上常称的"四口"。

1.洞口作业安全设施的要求

洞口根据具体情况采取设防护栏杆、加盖件、张挂安全网与装栅门等措施时,必须符合下列要求:

(1)当垂直洞口短边边长小于 500mm 时,应采取封堵措施;当垂直洞口短边边长大于或等于 500mm 时,应在临空一侧设置高度不小于 1.2m 的防护栏杆,并应采用密目式安全立网或工具式栏板封闭,设置挡脚板。

(2)当非垂直洞口短边尺寸为 25～500mm 时,应采用承载力满足使用要求的盖板覆盖,盖板四周搁置应均衡,且应防止盖板移位。

(3)当非垂直洞口短边边长为 500～1500mm 时,应采用专项设计盖板覆盖,并应采取固定措施。

(4)当非垂直洞口短边长大于或等于 1500mm 时,应在洞口作业侧设置高度不小于 1.2m 的防护栏杆,并应采用密目式安全立网或工具式栏板封闭;洞口应采用安全平网封闭。

2.洞口作业的安全防护要求

(1)电梯井口应设置防护门,其高度不应小于 1.5m,防护门底端距地面高度不应大于 50mm,并应设置挡脚板。

(2)在进入电梯安装施工工序之前,同时井道内应每隔 10m 且不大于 2 层加设一道水平安全网。电梯井内的施工层上部,应设置隔离防护设施。

(3)施工现场通道附近的洞口、坑、沟、槽、高处临边等危险作业处,应悬挂安全警示标志,夜间应设灯光警示。

(4)边长不大于 500mm 洞口所加盖板,应能承受不小于 $1.1kN/m^2$ 的荷载。

(5)墙面等处落地的竖向洞口、窗台高度低于 800mm 的竖向洞口及框架结构在浇注完混凝土没有砌筑墙体时的洞口,应按临边防护要求设置防护栏杆。

【案例 4-2】   为躲雨而丧命

事故经过:

3月3日上午,天气情况:阴雨天。冯某、易某、罗某等 8 人,参加完班前会后,通过管廊东侧直爬梯到达 E10 管廊上进行管托安装作业,9 点半左右安装完第 1 个管托。10 点 8 分左右雨突然下大,大家都四处躲雨,罗某喊了一声"下雨了",便沿着西侧已禁止使用的楼梯(该楼梯因设计变更及部分钢格板缺货,施工未完,已采取围挡,通道悬挂明确的红色禁行警示)下行,在行走过程中,失足从未施工完的楼梯拐角孔洞处坠落,坠落过程中,撞击到二层楼梯护栏(标高 9.2 米)后弹出,又落到地面发电机防护棚的脚手架管(标高 3 米)上,最后坠落到地面。10 分钟后救护车将其送至医务室,经医务室抢救无效,于 3 月 3 日 11 时左右死亡。

原因分析：

(1)罗某为避雨,从禁止使用的楼梯下行,失足从孔洞中坠落,是事故发生的直接原因。由于安全帽带系挂不合格,坠落过程中安全帽脱落,头部与脚手架管相撞,使其颅脑严重损伤,导致其死亡。

(2)原管道工程公司专业项目部对罗某教育培训不到位。事发当天,罗某刚从F1预制厂转到事发现场,对现场情况不了解,对新工作环境潜在的危险认识不足,管道工程公司专业项目部未安排对其进行针对性的教育,所在班组对作业岗点作业的危险分析针对性不强,上岗施工前的"三交一清"不完整,没有交代未完施工楼梯的危险性,是导致事故发生的间接原因。

(3)项目部对现场的监督检查及督促整改不到位。在钢格板未到货,楼梯已于2月28日停止施工的情况下,项目部对现场防护设施认识存在偏差,采取警示设施而没有采取硬件上合格的封堵设施,是导致事故发生的间接原因。

(4)设备安装工程公司专业项目部对设计变更施工过程中产生的临边、孔洞等危险源,没有设置合格的防护措施,是导致事故的间接原因。

(5)突降的大雨分散了人员对现场危险的注意力,也降低了人员的应变能力。

4.3 攀登与悬空高处作业的安全防护

4.3.1 攀登作业

在施工现场,凡是借助于登高用具或登高设施,在攀登的条件下进行的高处作业,均称之为攀登作业。攀登作业危险性较大,因此在施工过程中,各类作业人员都应当严格执行安全操作规定,防止安全事故发生。

1.登高用梯的安全技术要求

登高作业经常使用的工具是梯子,不同类型的梯子国家都有相应的标准和要求,如角度、斜度、宽度、高度、连接措施和受力性能等。供人上下的踏板负荷能力(即使用荷载)不小于1100N,这是以人和衣物的总重量750N乘以动载安全系数1.5而定的,因而就限定过于肥胖的人员不宜从事攀登高处作业。

对梯子的具体技术要求如下:

(1)施工组织设计或施工技术方案中应明确施工中使用的登高和攀登设施,人员登高应借助建筑结构或脚手架的上下通道、梯子及其他攀登设施和用具。

(2)攀登作业所用设施和用具的结构构造应牢固可靠;作用在踏步上的荷载或踏板上的荷载不应大于1.1kN,当梯面上有特殊作业,重量超过上述荷载时,应按实际情况验算。

(3)两人不得同时在梯子上作业。在通道处使用梯子作业时,应有专人监护或设置围栏。脚手架操作层上不得使用梯子进行作业。

(4)便携式梯子宜采用金属材料或木材制作,并应符合现行国家标准《便携式金属梯安全要求》(GB 12142—2007)和《便携式木梯安全要求》(GB 7095—2007)。

(5)单梯不得垫高使用,使用时应与水平面成75°夹角,踏步不得缺失,其间距宜为300mm。

当梯子需接长使用时,应有可靠的连接措施,接头不得超过1处。连接后梯梁的强度,不应低于单梯梯梁的强度。

(6)折梯张开到工作位置的倾角应符合现行国家标准《便携式金属梯安全要求》(GB 12142—2007)和《便携式木梯安全要求》(GB 7095—2007)的有关规定,并应有整体的金属撑杆或可靠的锁定装置。

(7)固定式直梯应采用金属材料制成,并符合现行国家标准《固定式钢直梯及平台安全要求 第 1 部分:钢直梯》(GB 4053.1—2009)的规定;梯子内侧净宽应为 400~600mm,固定直梯的支撑应采用不小于 ∟70×6 的角钢,埋设与焊接应牢固。

直梯顶端的踏步应与攀登的顶面齐平,并应加设 1.1~1.5m 高的扶手。

(8)使用固定式直梯进行攀登作业时,攀登高度宜为 5m,且不超过 10m。当攀登高度超过 3m 时,宜加设护笼,超过 8m 时,应设置梯间平台。

(9)当安装钢柱或钢结构时,应使用梯子或其他登高设施。当钢柱或钢结构接高时,应设置操作平台。当无电焊防风要求时,操作平台的防护栏杆高度不应小于 1.20m;有电焊防风要求时,操作平台的防护栏杆高度不应小于 1.80m。

(10)上下梯子时,必须面向梯子,且不得手持器物。

2.钢屋架安装的安全要求

(1)当安装三角形屋架时,应在屋脊处设置上下的扶梯;当安装梯形屋架时,应在两端设置上下的扶梯。扶梯的踏步间距不应大于 400mm。屋架弦杆安装时搭设的操作平台,应设置防护栏杆或用于作业人员拴挂安全带的安全绳。

(2)深基坑施工,应设置扶梯、入坑踏步及专用载人设备或斜道等,采用斜道时,应加设间距不大于 400mm 的防滑条等防滑措施。严禁沿坑壁、支撑或乘运土工具上下。

3.其他要求

(1)施工组织设计或施工技术方案中应明确施工中使用的登高和攀登设施,人员登高应借助建筑结构或脚手架的上下通道、梯子及其他攀登设施和用具。

(2)作业人员应从规定的通道上下,不得在阳台之间等非规定通道进行攀登,也不得任意利用吊车臂架等施工设备进行攀登。

(3)钢柱的接柱施工,应使用梯或操作台。操作台横杆高度,当无电焊防风要求时,不宜小于 1m,有电焊防风要求时,其高度不应小于 1.8m。

(4)登高安装钢梁时,应视钢梁高度在两端设置挂梯或搭设钢管脚手架。

(5)在梁面上行走时,其一侧的临时护栏横杆可采用钢索,当改用扶手绳时,绳的自然下垂度不应大于 1/20,并应控制在 100mm 以内。

4.3.2 悬空作业

建筑施工现场的悬空作业,主要是指从事建筑物或构筑物结构主体和相关装修施工的悬空操作,一般包括:构件吊装与管道安装、模板支撑与拆卸、钢筋绑扎和安装钢筋骨架、混凝土浇筑、屋面、预应力现场张拉、门窗安装作业等。

1.悬空作业的基本安全要求

(1)悬空作业应设有牢固的立足点,并应配置登高和防坠落的设施。

(2)悬空作业所用的索具、脚手板、吊篮、吊笼、平台等设备,均需经过技术鉴定或检证合格后,方可使用。

2.构件和管道安装悬空作业的安全要求

(1)钢结构吊装,构件宜在地面组装,安全设施应一并设置。吊装时,应在作业层下方设置一道水平安全网。

(2)吊装钢筋混凝土屋架、梁、柱等大型构件前,应在构件上预先设置登高通道、操作立足点等安全设施。

(3)在高空安装大模板、吊装第一块预制构件或单独的大中型预制构件时,应站在作业平台上操作。

(4)当吊装作业利用吊车梁等构件作为水平通道时,临空面的一侧应设置连续的栏杆等防护措施。当采用钢索做安全绳时,钢索的一端应采用花篮螺栓收紧;当采用钢丝绳做安全绳时,绳的自然下垂度不应大于绳长的 1/20,并应控制在 100mm 以内。

(5)钢结构安装施工宜在施工层搭设水平通道,水平通道两侧应设置防护栏杆,当利用钢梁作为水平通道时,应在钢梁一侧设置连续的安全绳,安全绳宜采用钢丝绳。

(6)钢结构、管道等安装施工的安全防护设施宜采用标准化、定型化产品。

(7)严禁在未固定、无防护的构件及安装中的管道上作业或通行。

3.模板支撑和拆卸时悬空作业的安全要求

(1)模板支撑应按规定的程序进行,不得在连接件和支撑件上攀登上下,不得在上下同一垂直面上装拆模板。

(2)在 2m 以上高处搭设与拆除柱模板及悬挑式模板时,应设置操作平台。

(3)在进行高处拆模作业时应配置登高用具或搭设支架。

4.钢筋绑扎悬空作业的安全要求

(1)绑扎立柱和墙体钢筋,不得站在钢筋骨架上或攀登骨架。

(2)在 2m 以上的高处绑扎柱钢筋时,应搭设操作平台。

(3)在高处进行预应力张拉时,应搭设有防护挡板的操作平台。

5.混凝土浇筑时的安全要求

(1)浇筑高度在 2m 以上的混凝土结构构件时,应设置脚手架或操作平台。

(2)悬挑的混凝土梁、檐、外墙和边柱等结构施工时,应搭设脚手架或操作平台,并应设置防护栏杆,采用密目式安全立网封闭。

6.屋面作业时的安全要求

(1)在坡度大于 1:2.2 的屋面上作业,当无外脚手架时,应在屋檐边设置不低于 1.5m 高的防护栏杆,并应采用密目式安全立网全封闭。

(2)在轻质型材等屋面上作业,应搭设临时走道板,不得在轻质型材上行走;安装压型板前,应采取在梁下支设安全平网或搭设脚手架等安全防护措施。

7.外墙作业时的安全要求

(1)门窗作业时,应有防坠落措施,操作人员在无安全防护措施情况下,不得站立在橙子、阳台栏板上作业。

(2)高处安装不得使用座板式单人吊具。

8.预应力张拉悬空作业的安全要求

进行预应力张拉的悬空作业时,必须遵守下列规定:

(1)进行预应力张拉时,应搭设站立操作人员和设置张拉设备的牢固可靠的脚手架或操作平台。雨天张拉时,还应架设防雨棚。

(2)预应力张拉区域应标示明显的安全标注,禁止非操作人员进入。张拉钢筋的网端必须设置防护板。防护板应设置于距所张拉钢筋的端部1.5~2m处,且应高出最上一组张拉钢筋0.5m,其宽度应不小于张拉钢筋网外侧各1m。

(3)孔道灌浆应按预应力张拉安全设施的有关规定进行。

9.门窗安装悬空作业的安全要求

进行门窗悬空作业时,必须遵守下列规定:

(1)安装门、窗,油漆及安装玻璃时,严禁操作人员站在窗樘、阳台栏板上操作;门窗临时固定、封填材料未达到强度,以及电焊时,严禁手拉门窗进行攀登。

(2)在高处外墙安装门、窗,无外脚手架时,应张挂安全网。无安全网时,操作人员应系好安全带,其保险钩应挂在操作人员上方的可靠物件上。

(3)进行各项窗口作业时,操作人员的重心应位于室内,不得在窗台上站立,必要时应系好安全带进行操作。

【案例4-3】   安全带未系牢,悬空作业命不保

事故经过:

5月9日8:50左右,公司分包商——中国××工程第××建设公司雇佣的辅工李某等五人,在岳化磨煤框架11m层钢平台上铺设花纹钢板,在施工过程中李某将安全带挂钩钩在工字钢钢梁上,由于钢板位置不正,李某需要将钢板移位,在移动过程中,没有注意后面悬空,在身子向后移动时,脚踩空,先坠落到地面的设备基础上(0.5m高)后弹落到地面,于16点30分死亡。

原因分析:

(1)第××建设公司在组织施工作业时,在安全设施(安全绳)未落实的情况下,安排员工进行高处作业施工,是事故的主要原因。

(2)李某高处作业时,未正确系挂安全带、安全帽带未系牢是事故的直接原因。

(3)第××建设公司没有及时排除施工过程中产生的安全隐患,是事故的重要原因。

(4)岳阳项目部磨煤框架区域安全负责人没有充分履行监督检查职责,检查不及时、不到位,未发现未完作业场所安全绳已被拆除。

4.4　操作平台与交叉高处作业的安全防护

4.4.1　操作平台高处作业

操作平台是指在建筑施工现场,用于站人、卸料,并可进行操作的平台。操作平台有移动式操作平台、落地式操作平台和悬挑式操作平台三种。

操作平台高处作业是指供施工操作人员在操作平台上进行砌筑、绑扎、装修以及粉刷等的高处作业,简称操作平台作业。操作平台的安全性能将直接影响操作人员的安危。

1. 操作平台的一般安全要求

(1) 操作平台应进行设计计算,架体构造与材质应满足相关现行国家、行业标准规定。

(2) 面积、高度或荷载超过《建筑施工高处作业安全技术规范》(JGJ 80—2016)规定的,应编制专项施工方案。

(3) 操作平台的架体应采用钢管、型钢等组装,并应符合现行国家标准《钢结构设计规范》(GB 50017—2014)及相关脚手架行业标准规定。平台面铺设的钢、木或竹胶合板等材质的脚手板,应符合强度要求,并应平整满铺及可靠固定。

(4) 操作平台的临边应按本章 4.2 节的内容规定设置防护栏杆,单独设置的操作平台应设置供人上下、踏步间距不大于 400mm 的扶梯。

(5) 操作平台投入使用时,应在平台的内侧设置标明允许负载值的限载牌,物料应及时转运,不得超重与超高堆放。

2. 移动式操作平台

(1) 移动式操作平台的面积不应超过 10m^2,高度不应超过 5m,高宽比不应大于 3:1,施工荷载不应超过 1.5kN/m^2。

(2) 移动式操作平台的轮子与平台架体连接应牢固,立柱底端离地面不得超过 80mm,行走轮和导向轮应配有制动器或刹车闸等固定措施。

(3) 移动式行走轮的承载力不应小于 5kN,行走轮制动器的制动力矩不应小于 2.5N·m,移动式操作平台架体应保持垂直,不得弯曲变形,行走轮的制动器除在移动情况外,均应保持制动状态。

(4) 移动式操作平台在移动时,操作平台上不得站人。

(5) 移动式操作平台的设计应符合以下规定:

① 移动式操作平台(见图 4-3)的次梁的恒荷载(永久荷载)中的自重,钢管应以 0.04 kN/m 计,铺板应以 0.22kN/m^2 计;施工荷载(可变荷载)应以 1kN/m^2 计算,并应符合下列规定:

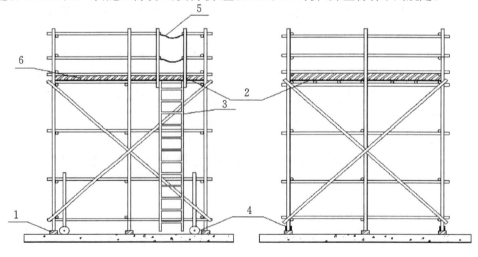

(a)立面图　　　　　　　　　　(b)侧面图

1—木楔;2—竹笆或木板;3—梯子;4—带锁脚轮;5—活动防护绳;6—挡脚板

图 4-3 移动式操作平台(单位:mm)

a. 按次梁承受均布活荷载依下式计算最大弯矩设计值：

$$M_c = \gamma_G \frac{1}{8} Q_{hc} L_c^2 + \gamma_Q \frac{1}{8} q_{ck} L_c^2$$

式中　M_c——次梁最大弯矩设计值($N \cdot mm$)；

　　　Q_{hc}——次梁上等效均布恒荷载标准值(N/mm)；

　　　q_{ck}——次梁上等效均布活荷载标准值(N/mm)；

　　　γ_G——恒荷载分项系数；

　　　γ_Q——活荷载分项系数；

　　　L_c——次梁的计算跨度(mm)。

b. 按次梁承受集中荷载活荷载依下式计算最大弯矩设计值：

$$M_c = \gamma_G \frac{1}{8} Q_{hc} L_c^2 + \gamma_Q \frac{1}{4} F_{ck} L_c$$

式中　F_{ck}——次梁上的集中活荷载标准值(N/mm)，可按 1kN 计。

②移动式操作平台的主梁以立杆为支承点，将次梁传递的恒荷载和施工可变荷载，加上主梁自重的恒荷载，按等效均布荷载计算最大弯矩，并应符合下列规定：

当立杆为 3 根时，可按下式计算位于中间立杆上部的主梁最大弯矩设计值：

$$M_y = \frac{1}{8} q L_y^2$$

式中　M_y——主梁最大弯矩设计值($N \cdot mm$)；

　　　q——主梁上的等效均布荷载设计值(N/mm)；

　　　L_y——主梁计算跨度(mm)。

③立杆计算。

a. 以中间立杆为准，按轴心受压构件计算抗压强度：

$$\sigma = \frac{N_x}{A_n} \leqslant f_n$$

式中　N_x——立杆的轴心压力设计值(N)；

　　　A_n——立杆净截面面积(mm^2)；

　　　f_n——立杆抗压强度设计值(N/mm^2)。

b. 立杆还应按下式计算其稳定性：

$$\frac{N_x}{\varphi A} \leqslant f_n$$

式中　φ——受压构件的稳定系数；

　　　A——立杆的毛截面面积(mm^2)。

3. 落地式操作平台

(1)落地式操作平台的架体构造应符合下列规定：

①落地式操作平台的面积不应超过 $10m^2$，高度不应超过 15m，高宽比不应大于 2.5 : 1。

②施工平台的施工荷载不应超过 $2.0kN/m^2$，接料平台的施工荷载不应超过 $3.0kN/m^2$。

③落地式操作平台应独立设置，并应与建筑物进行刚性连接，不得与脚手架连接。

④用脚手架搭设落地式操作平台时，其结构构造应符合相关脚手架规范的规定，在立杆下部设置底座或垫板、纵向与横向扫地杆，在外立面设置剪刀撑或斜撑。

⑤落地式操作平台应从底层第一步水平杆起逐层设置连墙件且间隔不应大于4m,同时应设置水平剪刀撑。连墙件应采用可承受拉力和压力的构造,并应与建筑结构可靠连接。

(2)落地式操作平台的搭设材料及搭设技术要求、允许偏差应符合相关脚手架规范的规定。

(3)落地式操作平台应按相关脚手架规范的规定计算受弯构件强度、连接扣件抗滑承载力、立杆稳定性、连墙杆件强度与稳定性及连接强度、立杆地基承载力等。

(4)落地式操作平台一次搭设高度不应超过相邻连墙件以上两步。

(5)落地式操作平台的拆除应由上而下逐层进行,严禁上下同时作业,连墙件应随工程施工进度逐层拆除。

(6)落地式操作平台应符合有关脚手架规范的规定,检查与验收应符合下列规定:

①搭设操作平台的钢管和扣件应有产品合格证。

②搭设前应对基础进行检查验收,搭设中应随施工进度按结构层对操作平台进行检查验收。

③遇6级以上大风、雷雨、大雪等恶劣天气及停用超过一个月,使用前应进行检查。

④操作平台使用中,应定期进行检查。

4. 悬挑式操作平台

(1)悬挑式操作平台的设置应符合下列规定:

①悬挑式操作平台的搁置点、拉结点、支撑点应设置在主体结构上,且应可靠连接。

②未经专项设计的临时设施上,不得设置悬挑式操作平台。

③悬挑式操作平台的结构应稳定可靠,且其承载力应符合使用要求。

(2)悬挑式操作平台的悬挑长度不宜大于5m,承载力需经设计验收。

(3)采用斜拉方式的悬挑式操作平台应在平台两边各设置前后两道斜拉钢丝绳,每一道均应作单独受力计算和设置。

(4)采用支承方式的悬挑式操作平台,应在钢平台的下方设置不少于两道的斜撑,斜撑的一端应支承在钢平台主结构钢梁下,另一端支承在建筑物主体结构。

(5)采用悬臂梁式的操作平台,应采用型钢制作悬挑梁或悬挑桁架,不得使用钢管,其节点应是螺栓或焊接的刚性节点,不得采用扣件连接。

当平台板上的主梁采用与主体结构预埋件焊接时,预埋件、焊缝均应经设计计算,建筑主体结构需同时满足强度要求。

(6)悬挑式操作平台安装吊运时应使用起重吊环,与建筑物连接固定时应使用承载吊环。

(7)当悬挑式操作平台安装时,钢丝绳应采用专用的卡环连接,钢丝绳卡数量应与钢丝绳直径相匹配,且不得少于4个。钢丝绳卡的连接方法应满足规范要求。建筑物锐角利口周围系钢丝绳处应加衬软垫物。

(8)悬挑式操作平台的外侧应略高于内侧;外侧应安装固定的防护栏杆并应设置防护挡板完全封闭。

(9)不得在悬挑式操作平台吊运、安装时上人。

(10)悬挑式操作平台的构造和设计应符合以下规定:

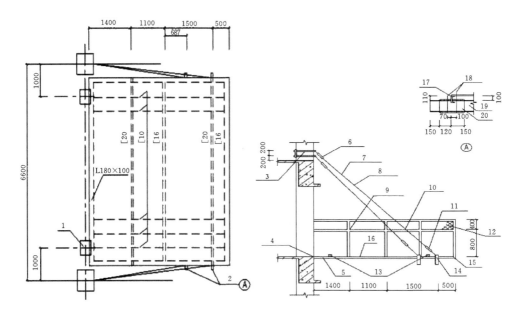

1—梁面预埋件;2—吊环;3—钢丝绳镶拼成环状;4—电焊连接;5—[10与[16上口平;6—两套卸甲连接;7—钢丝绳镶拼;8—钢丝绳(6×37Φ21.5);9—栏杆与[16焊接;10—每根钢丝用三只钢丝夹具(型号YT-22);11—花篮螺栓(OO型3.0♯);12—安全网;13—起重吊钩;14—[20槽钢;15,19—[12槽钢;16,17—[16槽钢;18—Φ25A3钢吊环;20—10厚钢板与[20焊接

图4-4 斜拉方式的悬挑式操作平台(单位:mm)

①悬挑式操作平台(图4-4、图4-5应采用型钢作主梁与次梁,满铺厚度不应小于50mm的木板或同等强度的其他材料,并应采用螺栓与型钢固定。

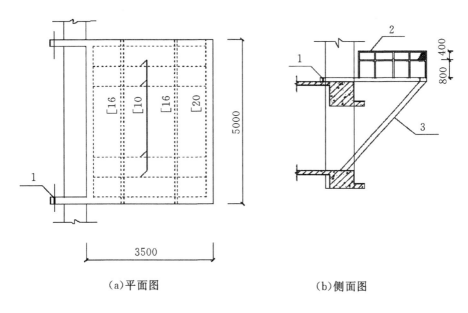

(a)平面图　　　　　　　　　　(b)侧面图

1—梁面预埋件;2—栏杆与[16焊接;3—斜撑杆

图4-5 下支承方式的悬挑式操作平台(单位:mm)

②悬挑式操作平台的平台板下次梁应按下式计算:

恒荷载(永久荷载)中的自重,采用槽钢[10 时以 0.1kN/m 计,铺板以 0.4kN/m² 计;施工可变荷载以 1.5kN/m² 计。按次梁承受均布荷载考虑,依相关公式计算弯矩。当次梁带悬臂时,按下式计算弯矩设计值:

$$M_c = q_c l^2 (1-\lambda^2)^2 + \lambda \frac{1}{8} q_c l^2 (1-\lambda^2)^2$$

$$\lambda = \frac{m}{L_x}$$

式中　M_c——弯矩设计值(N·mm);

　　　　l——计算跨度(mm);

　　　　q_c——荷载标准值(N/mm);

　　　　m——悬臂长度(m);

　　　　L_x——次梁两端搁支点间的跨度(m);

　　　　λ——悬臂长比值。

③次梁下主梁计算:

a.外侧主梁和钢丝绳吊点作全部承载计算,按相关公式计算外侧主梁弯矩值。主梁采用[20 槽钢时,自重以 0.26kN/m 计。当次梁带悬臂时,按下式计算次梁所传递的荷载:

$$R = \frac{1}{2} q_c l^2 (1+\lambda)^2$$

式中　R——次梁搁置于外侧主梁上的支座反力,即传递于主梁的荷载(N)。

b.将次梁所传递的荷载以集中荷载作用于主梁产生的弯矩设计值,加上主梁自重荷载产生的弯矩设计值,将上项弯矩按相关公式计算外侧主梁弯曲强度。

④钢丝绳验算。

a.钢丝绳按下式计算所受拉力标准值:

$$T = \frac{QL_y}{2\sin\alpha}$$

式中　T——钢丝绳所受拉力标准值(N);

　　　　Q——主梁上的均布荷载标准值(N/m);

　　　　L_y——主梁的计算跨度(m);

　　　　α——钢丝绳与平台面的夹角,当夹角为 45°时,$\sin\alpha=0.707$;为 60°时,$\sin\alpha=0.866$。

b.钢丝绳的拉力按下式验算钢丝绳的安全系数 K:

$$K = \frac{S_s}{T} \leqslant [K]$$

式中　S_s——钢丝绳的破断拉力,取钢丝绳的破断拉力总和乘以换算系数(N);

　　　　$[K]$——作吊索用钢丝绳的安全系数,定为 8。

⑤下支承斜撑计算:

$$\frac{N}{\varphi_x A_c} \leqslant f$$

式中　N——杆件的轴心压力(N);

　　　　φ_x——受压构件的稳定系数,取截面两主轴稳定系数中的最小者;

　　　　A_c——下支承斜撑毛截面面积(mm)。

4.4.2 交叉作业

施工现场经常有上下立体交叉的作业,以及处于空间贯通状态下同时进行的高处作业,这些都属于交叉作业的范畴,极易发生坠物伤人、高处坠落、机械打击等安全事故。因此,针对交叉作业施工现场和人员,在遵守文明施工一般安全要求的基础上,还应遵守交叉作业中相互安全防护措施。

(1)施工现场立体交叉作业时,下层作业的位置,应处于坠落半径之外,坠落半径见表4-2的规定,模板、脚手架等拆除作业应适当增大坠落半径。当达不到规定时,应设置安全防护棚,下方应设置警戒隔离区。设置隔离区是为了防止无关人员进入有可能由坠落物造成物体打击事故的区域。

(2)施工现场人员进出的通道口应搭设防护棚,见图4-6。

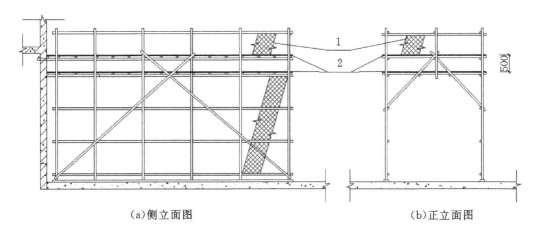

(a)侧立面图   (b)正立面图

1—密目网;2—竹笆或木板

图4-6 通道口防护示意(单位:mm)

(3)处于起重设备的起重臂回转范围之内的通道,顶部应搭设防护棚。

(4)操作平台内侧通道的上下方应设置阻挡物体坠落的隔离防护措施。

(5)防护棚的顶棚使用竹笆或胶合板搭设时,应采用双层搭设,间距不应小于700mm;当使用木板时,可采用单层搭设,木板厚度不应小于50mm(防止因顶棚厚度小而使坠落物击穿顶棚发生伤亡事故),或可采用与木板等强度的其他材料搭设。防护棚的长度应根据建筑物高度与可能坠落半径确定。

(6)当建筑物高度大于24m并采用木板搭设时(坠落物的冲击力较大,单层防护棚可能起不到防护作用),应搭设双层防护棚,两层防护棚的间距不应小于700mm。

(7)防护棚的架体构造(见图4-7)、搭设与材质应符合设计要求。

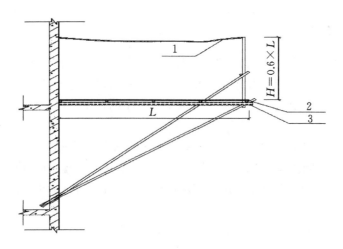

1—安全平网;2—不小于50mm厚的木板;3—型钢(间距不大于1.5m)

图4-7 悬挑式防护棚(单位:mm)

(8)悬挑式防护棚悬挑杆的一端应与建筑物结构可靠连接,并应符合相关的规定。

(9)防护棚的顶棚在设计时并未考虑堆放物料,不能承受堆物的荷载,因此不得在防护棚棚顶堆放物料。

【案例4-4】 **国内某平台作业人员高处坠落事故**

事故经过:

2016年7月3日,国内某钻井平台特涂工段员工搭建脚手架时,因脚下踏板未固定使身体失衡,导致从脚手架上坠落下来。由于安全带的作用,被挂在距离地面约2.7m处,但其嘴部撞到脚手架横管上,牙齿被碰伤,随即由直升机送下平台。

原因分析:

(1)个人防护用品使用不正确,安全带挂点过低,距作业面高度仅0.2～0.3m左右。

(2)作业员工违反安全工作要求,在未固定的踏板上进行工作,身体容易失衡。

(3)缺乏安全意识,在无法对踏板进行固定时,没有停止工作,未意识到继续作业所带来的潜在安全隐患。

(4)工作安全分析不充分,且未与员工做充分的沟通,没有做好材料的准备就进行作业。

(5)领班对作业现场的安全措施落实不够,监控不到位。

复习思考题

1.试想一下为什么国家将高处作业的界限高度定为2m(含2m)以上?

2.怎样保证安全帽、安全网和安全带的安全性能?试从使用前、使用过程中和使用后分别说明。

3.根据图4-8中所给的条件,计算高处作业的高度。

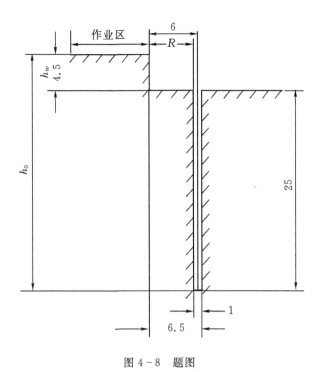

图 4-8 题图

4. 根据你所去过的建筑施工现场情况,评价一下他们的高处作业安全防范是否合格,是否存在问题和隐患,如果存在则应当如何解决?

情境 5

垂直运输与施工机械

学习要点

- 掌握常见起重机的安全操作要求
- 熟悉施工电梯的安全操作要求
- 掌握混凝土相关机械的操作要求

5.1 起重机械

5.1.1 塔式起重机安全操作

1.一般要求

(1)塔机安装、拆卸及塔身加节或降节作业时,应按使用说明书中有关规定及注意事项进行。

①架设前应对塔机自身的架设机构进行检查,保证机构处于正常状态。

②塔机在安装、增加塔身标准节之前应对结构件和高强度螺栓进行检查,若发现下列问题应修复或更换后方可进行安装:

a.目视可见的结构件裂纹及焊缝裂纹。

b.连接件的轴、孔严重磨损。

c.结构件母材严重锈蚀。

d.结构件整件或局部塑性变形,销孔塑性变形。

③小车变幅的塔机在起重臂组装完毕准备吊装之前,应检查起重臂的连接销轴、安装定位板等是否连接牢固、可靠。

当起重臂的连接销轴轴端采用焊接挡板时,则在锤击安装销轴后,应检查轴端挡板的焊缝是否正常。

(2)安装、拆卸、加节或降节作业时,塔机的最大安装高度处的风速不应大于13m/s。当有特殊要求时,按用户和制造厂的协议执行。

(3)塔机的尾部与周围建筑物及其外围施工之间的安全距离不小于0.6 m。

(4)有架空输电线的场合,塔机的任何部位与输电线的安全距离,应符合表5-1的规定。如因条件限制不能保证表5-1中的安全距离,应与有关部门协商,并采取安全防护措施后方可架设。

表 5-1 塔式起重机的安全距离

安全距离	电压(kV)						
	<1	10	35	110	220	330	500
沿垂直方向(m)	1.5	3.0	4.0	5.0	6.0	7.0	8.5
沿水平方向(m)	1.5	2.0	3.5	4.0	6.0	7.0	8.5

(5)两台塔机之间的最小架设距离,应保证处于低位塔机的起重臂端部与另一台塔机的塔身之间至少 2m 的距离;处于高位塔机的最低位置的部件(吊钩升至最高点或平衡重的最低部位)与低位塔机中处于最高位置部件之间的垂直距离不应小于 2m。

(6)混凝土基础应符合下列要求:

①混凝土基础应能承受工作状态和非工作状态下的最大载荷,并应满足塔机抗倾翻稳定性的要求。

②对混凝土基础的抗倾翻稳定性计算及地面压应力的计算,应符合《塔式起重机设计规范》的规定及《塔式起重机》的规定。

③使用单位应根据塔机原制造商提供的载荷参数设计制造混凝土基础。

④若采用塔机原制造商推荐的混凝土基础,固定支腿、预埋节和地脚螺旋应按原制造商规定的方法使用。

(7)碎石基础应符合下列要求:

①当塔机轨道敷设在建筑物(如建筑防空洞等)的上面时,应采取回固措施。

②敷设碎石前的路面应按设计要求压实,碎石基础应整平捣实,轨枕之间应填满碎石。

③路基两侧或中间应设排水沟,保证路基无积水。

(8)塔机轨道敷设应符合下列要求:

①轨道应通过垫块与轨枕可靠地连接,每间隔 6m 应设一个轨距拉杆。钢轨接头处应有轨枕支承,不应悬空。在使用过程中轨道不应移动。

②轨距允许误差不大于公称值的 1/1000,其绝对值不大于 6mm。

③钢轨接头间隙不大于 4mm,与另一侧钢轨接头的错开距离不小于 1.5m,接头处两轨顶高度差不大于 2mm。

④塔机安装后,轨道顶面纵、横方向上的倾斜度,对于上回转塔机应不大于 3/1000;对于下回转塔机应不大于 5/1000。在轨道全程中,轨道顶面任意两点的高度差应小于 100mm。

⑤轨道行程两端的轨顶高度宜不低于其余部位中最高点的轨顶高度。

(9)塔机试验应符合下列要求:

①新设计的各传动机构、液压顶升和各种安全装置,凡有专项试验标准的,应按专项试验标准进行各项试验,合格后方可装机。

②塔机的型式试验、出厂检验和常规检验按《塔式起重机》中的有关规定执行。

2.安全使用要点

(1)整机。

①塔机的工作条件应符合《塔式起重机》中的规定。

②塔机的抗倾翻稳定性应符合《塔式起重机稳定性要求》中的规定。

③自升式塔机在加节作业时,任一顶升循环中即使顶升油缸的活塞杆全程伸出,塔身上端

面至少应比顶升套架上排导向滚轮(或滑套)中心线高 60mm。

④塔机应保证在工作和非工作状态时,平衡重及压重在其规定位置上不位移、不脱落,平衡重块之间不得互相撞击。当使用散粒物料作平衡重时应使用平衡重箱,平衡重箱应防水,保证重量准确、稳定。

⑤在塔身底部易于观察的位置应固定产品标牌。标牌的内容应符合《塔式起重机》中的规定。

在塔机司机室内易于观察的位置应设有常用操作数据的标牌或显示屏。标牌或显示屏的内容应包括幅度载荷表、主要性能参数、各起升速度挡位的起重量等。标牌或显示屏应牢固、可靠,字迹清晰、醒目。

⑥塔机制造商提供的产品随机技术文件应符合《塔式起重机》的有关规定。

⑦使用单位应建立塔机设备档案。

(2)梯子、扶手和护圈。

①不宜在与水平面呈 65°～75°之间设置梯子。

②与水平面呈不大于 65°的阶梯两边应设置不低于 1m 高的扶手,该扶手支撑于梯级两边的竖杆上,每侧竖杆中间应设有横杆。

阶梯的踏板应采用具有防滑性能的金属材料制作,踏板横向宽度不小于 300mm,梯级间隔不大于 300mm,扶手间宽度不小于 600mm。

③与水平面呈 75°～90°的直梯应满足下列条件:

a.边梁之间的宽度不小于 300mm。

b.踏杆间隔为 250～300mm。

c.踏杆与后面结构件间的自由空间(踏脚间隙)不小于 160mm。

d.边梁应可以抓握且没有尖锐边缘。

e.踏杆直径不小于 16mm,且不大于 40mm。

f.踏杆中心 0.1m 范围内承受 1200N 的力时,无永久变形。

g.塔身节间边梁的断开间隙不应大于 40mm。

④高于地面 2m 以上的直梯应设置护圈,护圈应满足下列条件:

a.直径为 600～800mm。

b.侧面应用 3 条或 5 条沿护圈圆周方向均布的竖向板条连接。

c.最大间距:侧面有 3 条竖向板条时为 900mm;侧面有 5 条竖向板条时为 1500mm。

d.任何一个 0.1m 的范围内可以承受 1000N 的垂直力时,无永久变形。

(3)平台、走道、踢脚板和栏杆。

①在操作、维修处应设置平台、走道、踢脚板和栏杆。

②离地面 2m 以上的平台和走道应用金属材料制作,并具有防滑性能。在使用圆孔、栅格或其他不能形成连接平面的材料时,孔或间隙的大小不应使直径为 20mm 的球体通过。在任何情况下,孔或间隙的面积应小于 400mm²。

③平台和走道宽度不应小于 500mm,局部有妨碍处可以降至 400mm。平台和走道上操作人员可能停留的每一个部位都不应发生永久变形,且能承受以下载荷:

a.2000N 的力通过直径为 125mm 圆盘施加在平台表面的任何位置。

b.4500N/m² 的均布载荷。

④平台边缘应设置不小于100mm高的踢脚板。在需要操作人员穿越的地方,踢脚板的高度可以降低。

⑤离地面2m以上的平台及走道应设置防止操作人员跌落的手扶栏杆。手扶栏杆的高度不应低于1m,并能承受1000N的水平移动集中载荷。在栏杆一半高度处应设置中间手扶横杆。

⑥除快装式塔机外,当梯子高度超过10m时应设置休息小平台。

梯子的第一个休息小平台宜设置在不超过12.5m的高度处,以后每隔10m左右设置一个休息小平台。

当梯子的终端与休息小平台连接时,梯级踏板或踏杆不应超过小平台平面,护圈和扶手应延伸到小平台栏杆的高度。休息小平台平面距下面第一个梯级踏板或踏杆的中心线不应大于150mm。

如梯子在休息小平台处不中断,则护圈也不应中断。但应在护圈侧面开一个宽为0.5m、高为1.4m的洞口,以便操作人员出入。

(4)司机室。

①小车变幅的塔机起升高度超过30m的、动臂变幅塔机起重臂铰点高度距轨顶或支承面高度超过25m的,在塔机上部应设置一个有座椅并能与塔机一起回转的司机室。

②司机室门、窗玻璃应使用钢化玻璃或夹层玻璃。司机室正面玻璃应设有雨刷器。

③可移动的司机室应设有安全锁止装置。

④司机室内应配备符合消防要求的灭火器。

⑤对于安置在塔机下部的操作台,在其上方应设有顶棚,顶棚承压试验应满足《起重机 司机室和控制站 第3部分:塔式起重机》中的规定。

⑥司机室应通风、保暖和防雨,内壁应采用防火材料,地板应铺设绝缘层。

当司机室内温度低于5℃时,应装设非明火取暖装置;当司机室内温度高于35℃时,应装设防暑通风装置。

⑦司机室的落地窗应设有防护栏杆。

(5)结构件的报废及工作所限。

①塔机主要承载结构件由于腐浊或磨损而使结构的计算应力提高,当超过原计算应力的15%时应予报废。对无计算条件的、当腐蚀深度达原厚度的10%时应予报废。

②塔机主要承载结构件如塔身、起重臂等,失去整体稳定性应报废。如局部有损坏并可修复的,则修复后不应低于原结构承载能力。

③塔机的结构件及焊缝出现裂纹时,应根据受力和裂纹情况采取加强或重新焊接等措施,并在使用中定期观察其发展。对无法消除裂纹影响的应予以报废。

④塔机主要承载结构件的正常工作年限按使用说明书要求或按使用说明书中规定的结构工作级别、应力循环等级、结构应力状态计算。若使用说明书未对正常工作年限、结构工作级别等作出规定,且不能得到塔机制造商确定的,则塔机主要承载结构件的正常使用不应超过1.25×10^5次工作循环。

⑤卷筒和滑轮有下列情况之一的应予以报废:

a.裂纹或轮缘破损。

b.卷筒壁磨损量达原壁厚的10%。

c.滑轮绳槽壁厚磨损量达原壁厚的 20％。

d.滑轮槽底的磨损量超过相应钢丝绳直径的 25％。

⑥制动器零件有下列情况之一的应予以报废：

a.可见裂纹。

b.制动块摩擦衬垫磨损量达原厚度的 50％。

c.制动轮表面磨损量达 1.5～2mm。

d.弹簧出现塑性变形。

e.电磁铁杠杆系统空行程超过其额定行程 10％。

⑦车轮有下列情况之一的应予以报废：

a.可见裂纹。

b.车轮踏面厚度磨损量达原厚度 15％。

c.车轮轮缘厚度磨损量达原厚度 50％。

（6）导线及其敷设。

①塔机所用的电缆、电线应符合《塔式起重机设计规范》中的规定。

②电线若敷设于金属管中，则金属管须经防腐处理。如用金属线槽或金属软管代替，应有良好的防雨及防腐措施。

③导线的连接及分支处的室外接线盒应防水，导线孔应有护套。

④导线两端应有与原理图一致的永久性标志和供连接用的电线接头。

⑤固定敷设的电缆弯曲半径不应小于 5 倍电缆外径。除电缆卷筒外，可移动电缆的弯曲半径不应小于 8 倍电缆外径。

（7）集电器。

①集电滑环应满足相应电压等级和电流容量的要求。每个滑环至少有一对碳刷，碳刷与滑环的接触面积不应小于理论接触面积的 80％，且接触平稳。

②滑环间最小电气间隙不小于 8mm，且经过耐压试验，无击穿、闪烁现象。

（8）液压系统。

①液压系统应打防止过载和液压冲击的安全装置。安全溢流阀的调定压力不应大于系统额定工作压力的 110％，系统的额定工作压力不应大于液压缸的额定压力。

②顶升液压缸应具有可靠的平衡阀或液压锁，平衡阀或液压锁与液压缸之间不应用软管连接。

（9）操作与使用。

①塔机的操作使用应符合《塔式起重机操作使用规程》的有关规定，司机、装拆工、指挥人员应具有有关部门发放的资格证书。

②每台作业的塔机司机室内应备有一份有关操作维修内容的使用说明书。

③在正常工作情况下，应按指挥信号进行操作。但对特殊情况的紧急停车信号，不论何人发出，都应立即执行。

5.1.2 履带式起重机安全操作

（1）起重机应在平坦坚实的地面上作业、行走和停放。在正常作业时，坡度不得大于 3°，并应与沟渠、基坑保持安全距离。

（2）起重机启动前重点检查项目应符合下列要求：

①各安全防护装置及各指示仪表齐全完好。

②钢丝绳及连接部位符合规定。

③燃油、润滑油、液压油、冷却水等添加充足。

④各连接件无松动。

（3）起重机启动前应将主离合器分离，各操纵杆放在空挡位置。

（4）内燃机启动后，应检查各仪表指示值，待运转正常再接合主离合器，进行空载运转，顺序检查各工作机构及其制动器，确认正常后，方可作业。

（5）作业时，起重臂的最大仰角不得超过出厂规定。当无资料可查时，不得超过78°。

（6）起重机变幅应缓慢平稳，严禁在起重臂未停稳前变换挡位；起重机载荷达到额定起重量的90%及以上时，严禁下降起重臂。

（7）在起吊载荷达到额定起重量的90%及以上时，升降动作应慢速进行，并严禁同时进行两种及以上动作。

（8）起吊重物时应先稍离地面试吊，当确认重物已挂牢，起重机的稳定性和制动器的可靠性均良好继续起吊。在重物升起过程中，操作人员应把脚放在制动踏板上，密切注意起升重物，防止吊钩冒顶。当起重机停止运转而重物仍悬在空中时，即使制动踏板被固定，仍应脚踩在制动踏板上。

（9）采用双机抬吊作业时，应先用起重性能相似的起重机进行。抬出时应统一指挥，动作应协调配合，载荷应分配合理，单机的起吊载荷不得超过允许荷载的80%，在吊装过程中，两台起重机的吊钩滑轮组应保持垂直状态。

（10）当起重机需带载行走时，载荷不得超过允许起重量70%，行走道路应坚实平整，重物应在起重机正前方向，重物离地面不得大于500mm，并应拴好拉绳，缓慢行驶。严禁长距离带载行驶。

（11）起重机行走时，转弯不应过急；当转弯半径过小时，应分次转弯；当路面凹凸不平时，不得转弯。

（12）起重机上下坡道时应无载行走，上坡时应将起重臂仰角适当放小，下坡时应将起重臂仰角适当放大。严禁下坡空挡滑行。

（13）作业后，起重臂应转至顺风方向，并降至40°～60°，吊钩应提升到接近顶端的位置，应关停内燃机，将各操纵杆放在空挡位置，各制动器加保险固定，操纵室和机棚应关门加锁。

（14）起重机转移工地，应采用平板拖车运送。特殊情况需自行转移时，应卸去配重，拆去短起重臂，主动轮应在后面，机身、起重臂、吊钩等必须处于制动位置，并应加保险固定。每行驶500～1000m时，应对行走机构进行检查和润滑。

（15）起重机通过桥梁、水坝、排水沟等构筑物时，必须先查明允许载荷后再通过。必要时应对构筑物采取加固措施。通过铁路、地下水管、电缆等设施时，应铺设木板保护，并不得在上面转弯。

（16）用火车或平板拖车运输起重机时，所用跳板的坡度不得大于15°；起重机装上车后，应将回转、行走、变幅等机构制动，并采用三角木楔紧履带两端，再牢固绑扎；后部配重用枕木垫实；不得使吊钩悬空摆动。

5.1.3 汽车、轮胎式起重机安全操作

(1)起重机行驶和工作的场地应保持平坦坚实,并应与沟渠、基坑保持安全距离。

(2)起重机启动前重点检查项目应符合下列要求:

①各安全保护装置和指示仪表齐全完好。

②钢丝绳及连接部位符合规定。

③燃油、润滑油、液压油及冷却水添加充足。

④各连接件无松动。

⑤轮胎气压符合规定。

(3)起重机启动前,应将各操纵杆放在空挡位置,手制动器应锁死,并应按照《建筑机械使用安全技术规程》(JGJ 33—2012)的有关规定启动内燃机。启动后,应急速运转,检查各仪表指示值,运转正常后,接合液压泵,待压力达到规定值,油温超过30℃时方可开始作业。

(4)作业前,应全部伸出支腿,并在撑脚板下垫方木,调整机体使回转支承面的倾斜度在无载荷时不大于1/1000(水准泡居中)。支腿有定位销的必须插上。底盘为弹性悬挂的起重机,放支腿前应先收紧稳定器。

(5)作业中严禁扳动支腿操纵阀。调整支腿必须在无载荷时进行,并将起重臂转至正前或正后,方可再行调整。

(6)应根据所吊重物的重量和提升高度,调整起重臂长度和仰角,并应估计吊索和重物本身的高度,留出适当空间。

(7)起重臂伸缩时,应按规定程序进行,在伸臂的同时应相应下降吊钩。当限制器发出警报时,应立即停止伸臂。起重臂缩回时,仰角不宜太小。

(8)起重臂伸出后,出现前节臂杆的长度大于后节伸出长度时,必须进行调整,消除不正常情况后,方可作业。

(9)起重臂伸出后,或主副臂全部伸出后,变幅时不得小于各长度所规定的仰角。

(10)汽车式起重机起吊作业时,汽车驾驶室内不得有人,重物不得超越驾驶室上方,且不得在车的前方起吊。

(11)采用自由(重力)下降时,载荷不得超过该工况下额定起重量的20%,并应使重物有控制地下降,下降停止前应逐渐减速,不得使用紧急制动。

(12)起吊重物达到额定起重带的50%及以上时,应使用低速挡。

(13)作业中发现起重机腿不稳等异常现象时,应立即使重物下降落在安全的地方,下降中严禁制动。

(14)重物在空中需要较长时间停留时,应将起升卷筒制动锁住,操作人员不得离开操纵室。

(15)起吊重物达到额定起重量的90%以上时,严禁同时进行两种及以上的操作动作。

(16)起重机带载回转时,操作应平稳,避免急剧回转或停止,换向应在停稳后进行。

(17)当轮胎式起重机带载行走时,道路必须平坦坚实,载荷必须符合规定,重物离地面不得超过500mm,并应拴好拉绳,缓慢行驶。

(18)作业后,应将起重臂全部缩回放在支架上,再收回支腿。吊钩应用专用钢丝绳挂牢;应将车架尾部网撑杆分别撑在尾部下方的支座内,并用螺母固定;应将阻止机身旋转的销式制

动器插入销孔,并将取力器操纵手柄放在脱开位置,最后应锁住起重操纵室门。

(19)行驶前,应检查并确认各支腿的收存无松动,轮胎气压应符合规定。行驶时水温应在80℃～90℃范围内,水温未达到80℃时,不得高速行驶。

(20)行驶时应保持中速,不得紧急制动,过铁道口或起伏路面时应减速,下坡时严禁空挡滑行,倒车时应有人监护。

(21)行驶时,严禁人员在底盘走台上站立或蹲坐,并不得堆放物件。

5.1.4 门式、桥式起重机与电动葫芦安全操作

(1)起重机路基和轨道的铺设应符合出厂规定,轨道接地电阻不应大于4Ω。

(2)使用电缆的门式起重机,应设有电缆卷筒,配电箱应设置在轨道中部。

(3)用滑线供电的起重机,应在滑线两端标有鲜明的颜色,沿线应设置防护栏杆。

(4)轨道应平直,鱼尾板连接螺栓应无松动,轨道和起重机运行范围内应无障碍物。门式起重机应松开夹轨器。

(5)门式、桥式起重机作业前的重点检查项目应符合下列要求:

①机械结构外观正常,各连接件无松动。

②钢丝绳外表情况良好,绳卡牢固。

③各安全限位装置齐全完好。

(6)操作室内应垫木板或绝缘板,接通电源后应采用试电笔测试金属结构部分,确认无漏电方可上机;上、下操纵室应使用专用扶梯。

(7)作业前,应进行空载运转,在确认各机构运转正常、制动可靠、各限位开关灵敏有效后,方可作业。

(8)开动前,应先发出音响信号示意,重物提升和下降操作应平稳匀速,在提升大件时不得快速,并应拴拉防止摆动。

(9)吊运易燃、易爆、有害等危险品时,应经安全主管部门批准,并应有相应的安全措施。

(10)重物的吊运路线严禁从人上方通过,亦不得从设备上面通过。空车行走时,吊钩应离地面2m以上。

(11)吊起重物后应慢速行驶,行驶中不得突然变速或倒退。两台起重机同时作业时,应保持3～5m距离。严禁用一台起重机顶推另一台起重机。

(12)起重机行走时,两侧驱动轮应同步,发现偏移应停止作业,调整好后,方可继续使用。

(13)作业中,严禁任何人从一台桥式起重机跨越到另一台桥式起重机上去。

(14)操作人员由操纵室进入桥架或进行保养检修时,应有自动断电联锁装置或事先切断电源。

(15)露天作业的门式、桥式起重机,当遇六级及六级以上大风时,应停止作业,并锁紧夹轨器。

(16)门式、桥式起重机的主梁挠度超过规定值时,必须修复后,方可使用。

(17)作业后,门式起重机应停放在停机线上,用夹轨器锁紧,并将吊钩升到上部位置;桥式起重机应将小车停放在两条轨道中间,吊钩提升到上部位置。吊钩上不得悬挂重物。

(18)作业后,应将控制器拨到零位,切断电源,关闭并锁好操纵室门窗。

(19)电动葫芦使用前应检查设备的机械部分和电气部分,钢丝绳、吊钩、限位器等应完好,

电气部分应无漏电,接地装置应良好。

(20)电动葫芦应设缓冲器,轨道两端应设挡板。

(21)作业开始第一次吊重物时,应在吊离地面 100mm 时停止,检查电动葫芦制动情况,确认完好后方可正式作业。露天作业时,应设防雨棚。

(22)电动葫芦严禁超载起吊。起吊时,手不得握在绳索与物体之间,吊物上升时应严防冲撞。

(23)起吊物件应捆扎牢固。电动葫芦吊重物行走时,重物离地面宜超过 1.5m。工作间歇不得将重物悬挂在空中。

(24)电动葫芦作业中产生异味、高温等异常情况,应立即停机检查,排除故障后方可继续使用。

(25)使用悬挂电缆电气控制开关时,绝缘应良好,滑动应自如,人的站立位置后方应有 2m 空地并应正确操作电钮。

(26)在起吊中,由于故障造成重物失控下滑时,必须采取紧急措施,向无人处下放重物。

(27)在起吊中不得急速升降。

(28)电动葫芦在额定载荷制动时,下滑位移量不应大于 80mm。否则应清除油污或更换制动环。

(29)作业完毕后,应停放在指定位置、吊钩升起,并切断电源,锁好开关箱。

5.1.5　卷扬机安全操作

(1)安装时,基座应平稳牢固、周围排水畅通、地锚设置可靠,并应搭设工作棚。操作人员的位置应能看清指挥人员和拖动或起吊的物件。

(2)作业前,应检查卷扬机与地面是否固定,弹性联轴器不得松动。应检查安全装置、防护设施、电气线路、接零或接地线、制动装置和钢丝绳等,全部合格后方可使用。

(3)使用皮带或开式齿轮传动的部分,均应设防护罩,导向滑轮不得用开口拉板式滑轮。

(4)以动力正反转的卷扬机,卷筒旋转方向应与操纵开关上指示的方向一致。

(5)从卷筒中心线到第一个导向滑轮的距离,带槽卷筒应大于卷筒宽度的 15 倍;无槽卷筒应大于卷筒宽度的 20 倍。当钢丝绳在卷筒中间位置时,滑轮的位置应与卷筒轴线垂直,其垂直度允许偏差为 6°。

(6)钢丝绳应与卷筒及吊笼连接牢固,不得与机架或地面摩擦,在通过道路时,应设过路保护装置。

(7)在卷扬机制动操作杆的行程范围内,不得有障碍物或阻卡现象。

(8)卷筒上的钢丝绳应排列整齐,当重叠或斜绕时,应停机重新排列,严禁在转动中用手拉或脚踩钢丝绳。

(9)作业中,任何人不得跨越正在作业的卷扬钢丝绳。物件提升后,操作人员不得离开卷扬机,物件或吊笼下面严禁人员停留或通过。休息时应将物件或吊笼降至地面。

(10)作业中如发现异响、制动不灵、制动带或轴承等温度剧烈上升等异常情况时,应立即停机检查,排除故障后方可使用。

(11)作业中停电时,应切断电源,将提升物件或吊笼降至地面。

(12)作业完毕,应将提升吊笼或物件降至地面,并应切断电源,锁好开关箱。

5.2 垂直运输机械

5.2.1 物料提升机安全操作

(1)提升机应有产品标牌,标明额定起重量、最大提升速度、最大架设高度、制造单位、产品编号及出厂日期。

(2)提升机安装后,应由主管部门组织有关人员按规范和设计的要求进行检查验收,确定合格后发给使用证,方可交付使用。

(3)升降机应由专职司机操作。升降机司机应经专门培训持证上岗,人员要相对稳定。

(4)每班开机前,应对卷扬机、钢丝绳、地锚、缆风绳进行检查,并进行空车运行,确认各类安全装置安全可靠后方能投入工作。

(5)附墙架与架体及建筑之间,均应采用刚性件连接,并形成稳定结构,不得连接在脚手架上。严禁使用铅丝绑扎。

(6)附墙架的材质应与架体的材质相同,不得使用木杆、竹竿等做附墙架与金属架体连接。

(7)当提升机受到条件限制无法设置附墙架时,应采用缆风绳稳固架体。高架提升机在任何情况下均不得采用缆风绳。

(8)缆风绳应选用圆股钢丝绳,直径不得小于9.3mm。提升高度在20m以下(含20m)不少于1组(4～8根);提升高度在21～30m时,不少于2组。

(9)龙门架的缆风绳应设在顶部。若中间设置临时缆风绳时,应在此位置将架体两立柱做横向连接,不得分别牵拉立柱的单肢。

(10)缆风绳与地面的夹角不应大于60°,其下端应与地锚连接,不得拴在树木、电杆或堆放构件等物体上。

(11)在安装、拆除以及使用提升机的过程中设置的临时缆风绳,其材料也必须使用钢丝绳,严禁使用铅丝、钢筋、麻绳等代替。

(12)施工现场每月应定期对龙门架或井架物料提升机全面进行一次检查。

(13)严禁人员攀登、穿越提升机架体和乘坐吊篮上下。

(14)物料在吊篮内应均匀分布,不得超出吊篮,严禁超载使用。

(15)设置灵敏可靠的联系信号装置,司机在通讯联络信号不明时不得开机,作业中不论任何人发出紧急停车信号,均应立即执行。

(16)装设摇臂把杆的提升机,吊篮与摇臂把杆不得同时使用。

(17)提升机在工作状态下,不得进行保养、维修、排除故障等工作,若要进行则应切断电源并在醒目处悬挂"有人检修,禁止合闸"的标志牌,必要时应设专人监护。

(18)作业结束时,司机应降下吊篮,切断电源,锁好控制电箱门,防止其他无证人员擅自启动提升机。

5.2.2 施工电梯安全操作

(1)电梯司机必须经专门安全技术培训,考试合格,持证上岗。严禁酒后作业。

(2)电梯应按规定单独安装接地保护和避雷装置。

（3）电梯底笼周围 2.5m 范围内，必须设置稳固的防护栏杆。各停靠层的过桥和运输通道应平整牢固，必须采用 50mm 厚的木材搭设，板与板应进行固定，沿梯笼运行一侧不允许有局部板伸出的现象。出入口的栏杆应安全可靠。

（4）施工电梯周围 5m 以内，不得堆放易燃、易爆物品及其他杂物，不得在此范围内挖沟、坑、槽。电梯地面进料口应搭设防护棚。

（5）梯笼维修时，若拆下零部件后，梯笼的重量低于配重时，必须将梯笼锁在导轨架上。

（6）严禁利用施工电梯的井架、横竖支撑牵拉缆绳、标语和其他与电梯无关的物品。

（7）同一现场施工的塔式起重机或其他起重机械应距施工电梯 5m 以上，并应有可靠的防撞措施。

（8）施工电梯安装完毕后，必须经有关人员检查验收合格方可投入使用。

（9）施工电梯每班首次运行时，必须空载及满载运行，梯笼升离地面 1m 左右停车，检查制动器灵敏性，然后继续上行至楼层平台，检查安全防护门，上限位，前、后门限位，确认正常方可投入运行。

（10）梯笼乘人、载物时必须使载荷均匀分布，严禁超载作业。

（11）电梯运行至最上层和最下层时仍应操纵按钮，严禁以行程限位开关自动碰撞的方法停机。

（12）施工电梯启动前必须先鸣笛示警，夜间操作应有足够照明。

（13）双笼电梯中一只梯笼在进行笼外保养或检修时，另一只梯笼不得运行。

（14）当电梯未切断总电源开关前，司机不得离开操作岗位。作业后，将梯笼降到底层，各控制开关扳至零位，切断电源，锁好闸箱和梯门。

（15）如遇到下列情况时应停止运行：

①天气恶劣，如大雨、大风（六级以上）、大雾、导轨结冰等。

②灯光不明、信号不清。

③机械发生故障未排除。

④钢丝绳断丝、磨损超过报废标准。

（16）安装吊杆有悬挂物时不得开动梯笼。

（17）安装拆卸和维修的人员在井架上作业时，必须穿防滑鞋、系安全带，不得以投掷方法传递工具和器件，紧固或松开螺栓时，严禁双手操作，应一手扳扳手，一手握住井架杆件。

（18）拆卸井架时，必须先吊好井架，再松下螺栓梯笼上部，导向轮必须降到应拆下的井架之下。横竖支撑的安装与拆卸，必须随井架高度同步进行。

（19）定期清点和检查施工电梯的内外梯笼、配重、钢丝绳、井架、横竖支撑、过桥、围栏等，应齐全完好，不符合要求的应更换或修理。

（20）雨天、雾天及五级风以上的天气，不得进行安装与拆卸。

5.3 其他施工现场机械

5.3.1 混凝土搅拌设备安全操作

1.混凝土搅拌机安全操作要点

（1）固定式搅拌机应安装在牢固的台座上。当长期固定时，应埋置地脚螺栓；在短期使用时,应在机座上铺设木枕并找平放稳。

(2)固定式搅拌机的操纵台,应使操作人员能看到各部工作情况。电动搅拌机的操纵台,应垫上橡胶板或干燥木板。

(3)移动式搅拌机的停放位置应选择平整坚实的场地,周围应有良好的排水沟渠。就位后,应放下支腿将机架顶起达到水平位置,使轮胎离地。当使用期较长时,应将轮胎卸下妥善保管,轮轴端部用油布包扎好,并用枕木将机架垫起支牢。

(4)对需设置上料斗地坑的搅拌机,其坑口周围应垫高夯实,应防止地面水流入坑内。上料轨道架的底端支承面应夯实或铺砖,轨道架的后面应采用木料加以支承,应防止作业时轨道变形。

(5)料斗放到最低位置时,在料斗与地面之间,应加一层缓冲垫木。

(6)作业前重点检查项目应符合下列要求:

①电源电压升降幅度不超过额定值的5%。

②电动机和电器元件的接线牢固,保护接零或接地电阻符合规定。

③各传动机构、工作装置、制动器等均紧固可靠,开式齿轮、皮带轮等均有防护罩。

④齿轮箱的油质、油量符合规定。

(7)作业前,应先启动搅拌机空载运转。应确认搅拌筒或叶片旋转方向与筒体上箭头所示方向一致。对反转出料的搅拌机,应使搅拌筒正、反转运转数分钟,并应无冲击抖动现象和异常噪音。

(8)作业前,应进行料斗提升试验,应观察并确认离合器、制动器灵活可靠。

(9)应检查并校正供水系统的指示水量与实际水量的一致性;当误差超过2%时,应检查管路的漏水点,或应校正节流阀。

(10)应检查骨料规格并应与搅拌机性能相符,超出许可范围的不得使用。

(11)搅拌机启动后,应使搅拌筒达到正常转速后进行上料。上料时应及时加水。每次加入的拌和料不得超过搅拌机的额定容量并应减少物料粘罐现象,加料的次序应为:石子—水泥—砂子或砂子—水泥—石子。

(12)进料时,严禁将头或手伸入料斗与机架之间;运转中,严禁用手或工具伸入搅拌筒内扒料、出料。

(13)搅拌机作业中,当料斗升起时,严禁任何人在料斗下停留或通过;当需要在料斗下检修或清理料坑时,应将料斗提升后用铁链或插入销锁住。

(14)向搅拌筒内加料应在运转中进行,添加新料应先将搅拌筒内原有的混凝土全部卸出后方可进行。

(15)作业中,应观察机械运转情况,当有异常或轴承温升过高等现象时,应停机检查;当需检修时,应将搅拌筒内的混凝土清除干净,然后再进行检修。

(16)加入强制式搅拌机的骨料最大粒径不得超过允许值,并应防止卡料。每次搅拌时,加入搅拌筒的物料不应超过规定的进料容量。

(17)应经常检查强制式搅拌机的搅拌叶片与搅拌筒底及侧壁的间隙,并确认符合规定,当间隙超过标准时,应及时调整。当搅拌叶片磨损超过标准时,应及时修补或更换。

(18)作业后,应对搅拌机进行全面清理;当操作人员需进入筒内时,必须切断电源或卸下熔断器,锁好开关箱,挂上"禁止合闸"的标牌,并应有专人在旁监护。

(19)作业后,应将料斗降落到坑底,当需升起时,应用链条或插销扣牢。

(20)冬季作业后,应将水泵、放水开关、量水器中的积水排尽。

(21)搅拌机在场内移动或远距离运输时,应将进料斗提升到上止点,用保险铁链或插销锁住。

2.混凝土搅拌站安全操作要点

(1)混凝土搅拌站的安装,应由专业人员按出厂说明书的规定进行,并应在技术人员主持下组织调试,在各项技术性能指标全部符合规定并经验收合格后,方可投产使用。

(2)作业前检查项目应符合下列要求:

①搅拌筒内和各配套机构的传动、运动部位及仓门、斗门、轨道等均无异物卡住。

②各润滑油箱的油面高度符合规定。

③打开阀门,排放气路系统中气水分离器的过多积水,打开贮气筒排污螺塞放出油水混合物。

④提升斗或拉铲的钢丝绳安装、卷筒缠绕均应正确,钢丝绳及滑轮符合规定,提升料斗及拉铲的制动器灵敏有效。

⑤各部螺栓已紧固,各进、排料阀门无超限磨损,各输送带的张紧度适当,不跑偏。

⑥称量装置的所有控制和显示部分工作正常,其精度符合规定。

⑦各电气装置能有效控制机械动作,各接触点和动、静触头无明显损伤。

(3)应按搅拌站的技术性能准备合格的砂、石骨料,粒径超出许可范围的不得使用。

(4)机组各部分应逐步启动。启动后,各部件运转情况和各仪表指示情况应正常,油、气、水的压力应符合要求,方可开始作业。

(5)作业过程中,在贮料区内和提升斗下,严禁人员进入。

(6)搅拌筒启动前应盖好仓盖。机械运转中,严禁将手、脚伸入料斗或搅拌筒探摸。

(7)当拉铲被障碍物卡死时,不得强行起拉,不得用拉铲起吊重物,在拉料过程中,不得进行回转操作。

(8)搅拌机满载搅拌时不得停机,当发生故障或停电时,应立即切断电源,锁好开关箱,将搅拌筒内的混凝土清除干净,然后排除故障或等待电源恢复。

(9)搅拌站各机械不得超载作业;应检查电动机的运转情况,当发现运转声音异常或温升过高时,应立即停机检查;电压过低时不得强制运行。

(10)搅拌机停机前,应先卸载,然后按顺序关闭各部开关和管路。应将螺旋管内的水泥全部输送出来,管内不得残留任何物料。

(11)作业后,应清理搅拌筒、出料门及出料斗,并用水冲洗,同时冲洗附加剂及其供给系统。称量系统的刀座、刀口应清洗干净,并应确保称量精度。

(12)冰冻季节,应放尽水泵、附加剂泵、水箱及附加剂箱内的存水,并应启动水泵和附加剂泵运转 1～2min。

(13)当搅拌站转移或停用时,应将水箱、附加剂箱、水泥、砂、石贮存料斗及称量斗内的物料排净,并清洗干净。转移中,应将杠杆秤表头平衡砣及秤杆固定,传感器应卸载。

5.3.2 混凝土搅拌输送设备安全操作

(1)混凝土搅拌输送车的燃油、润滑油、液压油、制动液、冷却水等应添加充足,质量应符合要求。

(2)搅拌筒和滑槽的外观应无裂痕或损伤,滑槽止动器应无松弛和损坏,搅拌筒机架缓冲件应无裂痕或损伤,搅拌叶片磨损应正常。

(3)应检查动力取出装置并确认无螺栓松动及轴承漏油等现象。

(4)启动内燃机应进行预热运转,各仪表指示值正常,制动气压达到规定值,并应低速旋转搅拌筒 3~5min。确认一切正常后,方可装料。

(5)搅拌运输时,混凝土的装载量不得超过额定容量。

(6)搅拌输送车装料前,应先将搅拌筒反转,使筒内的积水和杂物排尽。

(7)装料时,应将操纵杆放在"装料"位置,并调节搅拌筒转速,使进料顺利。

(8)运输前,排料槽应锁止在"行驶"位置,不得自由摆动。

(9)运输中,搅拌筒应低速旋转,但不得停转。运送混凝土的时间不得超过规定的时间。

(10)搅拌筒由正转变为反转时,应先将操纵手柄放在中间位置,待搅拌筒停转后,再将操纵杆手柄放至反转位置。

(11)行驶在不平路面或转弯处应降低车速至 15km/h 及以下,并暂停搅拌筒旋转。通过桥、洞、门等设施时,不得超过其限制高度及宽度。

(12)搅拌装置连续运转时间不宜超过 8 小时。

(13)水箱的水位应保持正常。冬季停车时,应将水箱和供水系统的积水放净。

(14)用于搅拌混凝土时,应在搅拌筒内先加入总需水 2/3 的水,然后再加入骨料和水泥,并按出厂说明书规定的转速和时间进行搅拌。

(15)作业后,应先将内燃机熄火,然后对料槽、搅拌筒入口和托轮等处进行冲洗及清除混凝土结块。当需进入搅拌筒清除结块时,必须先取下内燃机电门钥匙,在筒外应设监护人员。

5.3.3 混凝土泵安全操作

(1)混凝土泵应安放在平整、坚实的地面上,周围不得有障碍物,在放下支腿并调整后应使机身保持水平和稳定,轮胎应楔紧。

(2)泵送管道的敷设应符合下列要求:

①水平泵送管道宜直线敷设。

②垂直泵送管道不得直接装接在泵的输出口上,应在垂直管前端加装长度不小 20m 的水平管,并在水平管近泵处加装逆止阀。

③敷设向下倾斜的管道时,应在输出口上加装一段水平管,其长度不应小于倾斜管高低差的 5 倍。当倾斜度较大时,应在坡度上端装设排气活阀。

④泵送管道应有支承固定,在管道和固定物之间应设置木垫作缓冲,不得直接与钢筋或模板相连,管道与管道间应连接牢靠;管道接头和卡箍应扣牢密封,不得漏浆;不得将已磨损管道装在后端高压区。

⑤泵送管道敷设后,应进行耐压试验。

(3)砂石粒径、水泥强度等级及配合比应按出厂规定,满足泵机可泵性的要求。

(4)作业前应检查并确认泵机各部螺栓紧固,防护装置齐全可靠,各部位操纵开关、调整手柄、手轮、控制杆、螺塞等均在正确位置;液压系统正常无泄漏,液压油符合规定;搅拌斗内无杂物,上方的保护格网完好无损并盖严。

(5)输送管道的管壁厚度应与泵送压力匹配,近泵处应选用优质管子。管道接头、密封圈及弯头等应完好无损。高温烈日下应采用湿麻袋或湿草袋遮盖管路,并应及时浇水降温,寒冷季节应采取保温措施。

(6)应配备清洗管、清洗用品、接球器及有关装置。开泵前,无关人员应离开管道周围。

(7)启动后,应空载运转,观察各仪表的指示值,检查泵和搅拌装置的运转情况,确认一切正常后,方可作业。泵送前应向料斗加入 10L 清水和 0.3m³ 的水泥砂浆,润滑泵及管道。

(8)泵送作业中,料斗中的混凝土平面应保持在搅拌轴轴线以上。料斗格网上不得堆满混凝土,应控制供料流量,及时清除超粒径的骨料及异物,不得随意移动格网。

(9)当进入料斗的混凝土有离析现象时应停泵,待搅拌均匀后再泵送。当骨料分离严重,料斗内灰浆明显不足时,应剔除部分骨料,另加砂浆重新搅拌。

(10)泵送混凝土应连续作业,当因供料中断被迫暂停时,停机时间不得超过 30min;暂停时间内应每隔 5~10min(冬季 3~5min)做 2~3 个冲程反泵—正泵运动,再次投料泵送前应先将料搅拌;当停泵时间超限时,应排空管道。

(11)垂直向上泵送中断后再次泵送时,应先进行反向推送,使分配阀内的混凝土吸回料斗,经搅拌后再正向泵送。

(12)泵机运转时,严禁将手或铁锹伸入料斗或用手抓握分配阀。当需在料斗或分配阀上工作时,应先关闭电动机和消除蓄能器压力。

(13)不得随意调整液压系统压力。当油温超过 70℃ 时,应停止泵送,但仍应使搅拌叶片和风机运转,待降温后再继续运行。

(14)水箱内应贮满清水,当水质混浊并有较多砂粒时,应及时检查处理。

(15)泵送时,不得开启任何输送管道和液压管道,不得调整、修理正在运转的部件。

(16)作业中,应对泵送设备和管路进行观察,发现隐患应及时处理。对磨损超过规定的管子、卡箍、密封圈等应及时更换。

(17)应防止管道堵塞。泵送混凝土应搅拌均匀,控制好坍落度;在泵送过程中,不得中途停泵。

(18)当出现输送管堵塞时,应进行反泵运转,使混凝土返回料斗;当反泵几次仍不能消除堵塞时,应在泵机卸载情况下,拆管排除堵塞。

(19)作业后,应将料斗内和管道内的混凝土全部输出,然后对泵机、料斗、管道等进行冲洗。当用压缩空气冲洗管道时,进气阀不应立即开大,只有当混凝土顺利排出时,方可将进气阀开至最大。在管道出口端前方 10m 内严禁站人,并应用金属网篮等收集冲出的清洗球和砂石粒。对凝固的混凝土,应采用刮刀清除。

(20)作业后,应将两侧活塞转到清洗室位置,并涂上润滑油。各部位操纵开关、调整手柄、手轮、控制杆、旋塞等均应复位。液压系统应卸载。

5.3.4 混凝土振动器安全操作

1.插入式振动器安全操作要点

(1)插入式振动器的电动机电源上,应安装漏电保护装置,接地或接零应安全可靠。

(2)操作人员应经过用电教育,作业时应穿戴绝缘胶鞋和绝缘手套。

(3)电缆线应满足操作所需的长度。电缆线上不得堆压物品或让车辆挤压,严禁用电缆线拖拉或吊挂振动器。

(4)使用前,应检查各部并确认连接牢固,旋转方向正确。

(5)振动器不得在初凝的混凝土、地板、脚手架和干硬的地面上进行试振。在检修或作业间断时,应断开电源。

(6)作业时,振动棒软管的弯曲半径不得小于500mm,并不得多于两个弯,操作时应将振动棒垂直地沉入混凝土,不得用力硬插、斜推或让钢筋夹住棒头,也不得全部插入混凝土中,插入深度不应超过棒长的3/4,不宜触及钢筋、芯管及预埋件。

(7)振动棒软管不得出现断裂,当软管使用过久使长度增长时,应及时修复或更换。

(8)作业停止需移动振动器时,应先关闭电动机,再切断电源。不得用软管拖拉电动机。

(9)作业完毕,应将电动机、软管、振动棒清理干净,并应按规定要求进行保养作业。振动器存放时,不得堆压软管,应平直放好,并应对电动机采取防潮措施。

2.附着式、平板式振动器安全操作要点

(1)附着式、平板式振动器轴承不应承受轴向力,在使用时,电动机轴应保持水平状态。

(2)在一个模板上同时使用多台附着式振动器时,各振动器的频率应保持一致,相对面的振动器应错开安装。

(3)作业前,应对附着式振动器进行检查和试振。试振不得在干硬土或硬质物体上进行。安装在搅拌站料仓上的振动器,应安置橡胶垫。

(4)安装时,振动器底板安装螺孔的位置应正确,应防止地脚螺栓安装扭斜而使机壳受损。地脚螺栓应紧固,各螺栓的紧固程度应一致。

(5)使用时,引出电缆线不得拉得过紧,更不得断裂。作业时,应随时观察电气设备的漏电保护器和接地或接零装置并确认合格。

(6)附着式振动器安装在混凝土模板上时,每次振动时间不应超过1min,当混凝土在模内泛浆流动或成水平状即可停振,不得在混凝土初凝状态时再振。

(7)装置振动器的构件模板应坚固牢靠,其面积应与振动器额定振动面积相适应。

(8)平板式振动器作业时,应使平板与混凝土保持接触,使振波有效地振实混凝土,待表面出浆,不再下沉后,即可缓慢向前移动,移动速度应能保证混凝土振实出浆。在振的振动器,不得搁置在已凝或初凝的混凝土上。

5.3.5　液压滑升设备安全操作

(1)应根据施工要求和滑模总载荷,合理选用千斤顶型号和配备台数,并应按千斤顶型号选用相应的爬杆和滑升机件。

(2)千斤顶应经12MPa以上的耐压试验。同一批组装的千斤顶在相同载荷作用下,其行程应一致,用行程调整帽调整后,行程允许误差为2mm。

(3)自动控制台应置于不受雨淋、曝晒和强烈振动的地方,应根据当地的气温,调节作业时的油温。

(4)千斤顶与操作平台固定时,应使油管接头与软管连接成直线。液压软管不得扭曲,应有较大的弧度。

(5)作业前,应检查并确认各油管接头连接牢固、无渗漏,油箱油位适当,电器部分不漏电,接地或接零可靠。

（6）所有千斤顶安装完毕未插入爬杆前,应逐个进行抗压试验和行程调整及排气等工作。

（7）应按出厂规定的操作程序操纵控制台,对自动控制器的时间继电器应进行延时调整。用手动控制器操作时,应与作业人员密切配合,听从统一指挥。

（8）在滑升过程中,应保证操作平台与模板的水平上升,不得倾斜;操作平台的载荷应均匀分布,并应及时调整各千斤顶的升高值,使之保持一致。

（9）在寒冷季节使用时,液压油温度不得低于 10℃,在炎热季节使用时,液压油温度不得超过 60℃。

（10）应经常保持千斤顶的清洁;混凝土沿爬杆流入千斤顶内时,应及时清理。

（11）作业后,应切断总电源,清除千斤顶上的附着物。

5.3.6 钢筋除锈机安全操作

（1）检查钢丝刷的固定螺栓有无松动,传动部分润滑和封闭式防护罩及排尘设备等是否完好。

（2）操作人员必须束紧袖口,戴防尘口罩、手套和防护眼镜。

（3）严禁将弯钩成型的钢筋上机除锈。弯度过大的钢筋宜在基本调直后除锈。

（4）操作时应将钢筋放平,手握紧,侧身送料,严禁在除锈机正面站人。整根长钢筋除锈应由两人配合操作,互相呼应。

5.3.7 钢筋调直机安全操作

（1）调直机安装必须平稳,料架、料槽应安装平直,并应对准导向筒、调直筒和下切刀孔的中心线。电机必须设可靠接零保护。

（2）用手转动飞轮,检查传动机构和工作装置,调整间隙,紧固螺栓,确认正常后,启动空运转,并应检查轴承无异响、齿轮啮合良好,待运转正常后,方可作业。

（3）按调直钢筋的直径,选用适当的调直块及传动速度。调直短于 2m 或直径大于 9m 的钢筋应低速进行。经调试合格,方可送料。

（4）在调直块未固定、防护罩未盖好前不得送料。作业中严禁打开各部防护罩及调整间隙。

（5）当钢筋送入后,手与曳轮必须保持一定距离,不得接近。

（6）送料前应将不直的料头切去。导向筒前应装一根 1m 长的钢管,钢筋必须先穿过钢管再送入调直前端的导孔内。当钢筋穿入后,手与压辊必须保持一定距离。

（7）作业后,应松开调直筒的调直块并回到原来位置,同时预压弹簧必须回位。

（8）机械上不准搁置工具、物件,避免因振动落入机体。

（9）圆盘钢筋放入放圈架上要平稳,乱丝或钢筋脱架时,必须停机处理。

（10）已调直的钢筋,必须按规格、根数分成小捆,散乱钢筋应随时清理堆放整齐。

5.3.8 钢筋冷拉机安全操作

（1）根据冷拉钢筋的直径,合理选用卷扬机,卷扬钢丝绳应经封闭式导向滑轮并和被拉钢筋水平方向成直角。卷扬机的位置必须使操作人员能见到全部冷拉场地,卷扬机距离冷拉中线不少于 5m。

(2)冷拉场地在两端地锚外侧设置警戒区,装设防护栏杆及警告标志。严禁无关人员在此停留。操作人员在作业时必须离开钢筋至少2m以外。

(3)用配重控制的设备必须与滑轮匹配,并打指示起落的记号,没有指示记号时应有专人指挥。配重框提起时高度应限制在离地面300mm以内,配重架四周应有栏杆及警告标志。

(4)作业前,应检查冷拉夹具,夹齿必须完好,滑轮、拖拉小车应润滑灵活,拉钩、地锚及防护装置均应齐全牢固。确认良好后,方可作业。

(5)卷扬机操作人员必须看到指挥人员发出信号,并等待所有人员离开危险区后方可作业;冷拉应缓慢、均匀地进行,随时注意停车信号或见到有人进入危险区时,应立即停拉,并稍稍放松卷扬钢丝绳。

(6)用延伸率控制的装置,必须装设明显的限位标志,并应有专人负责指挥。

(7)夜间工作照明设施,应装设在张拉危险区外;如果要装设在场地上空时,其高度应超过5m。灯泡应加防护罩,导线不得用裸线。

(8)每班冷拉完毕,必须将钢筋整理平直,不得相互乱压和单头挑出,未拉盘筋的引头应盘住,机具拉力部分均应放松。

(9)导向滑轮不得使用开口滑轮。维修或停机,必须切断电源,锁好箱门。

(10)作业后,应放松卷扬钢丝绳,落下配重,切断电源,锁好开关箱。

5.3.9　钢筋切断机安全操作

(1)接送料的工作台面应和切刀下部保持水平,工作台的长度可根据加工材料长度确定。

(2)启动前,必须检查切断机械,确定安装正确,刀片无裂纹,刀架螺栓紧固,防护罩牢靠。然后用手转动皮带轮,检查齿轮啮合间隙,调整切刀间隙。

(3)启动后,应先空运转,检查各传动部分及轴承运转正常后,方可作业。

(4)机械未达到正常转速时不得切料。钢筋切断应在调直后进行,切料时必须使用切刀的中、下部位,紧握钢筋对准刃口迅速送入。

(5)不得剪切直径及强度超过机械铭牌规定的钢筋和烧红的钢筋。一次切断多根钢筋时,总截面面积应在规定范围内。

(6)剪切低合金钢时,应换高硬度切刀,剪切直径应符合机械铭牌规定。

(7)切断短料时,手和切刀之间的距离应保持150mm以上,如手据端小于400mm时,应用套管或夹具将钢筋短头压住或夹牢。

(8)机械运转中,严禁用手直接清除切刀附近的断头和杂物。钢筋摆动周围和切刀附近,非操作人员不得停留。

(9)发现机械运转不正常,有异响或切刀歪斜等情况,应立即停机检修。

(10)作业后,应切断电源,用钢刷清除切刀间的杂物,进行整机清洁保养。

5.3.10　钢筋弯曲机安全操作

(1)工作台和弯曲机台面要保持水平,并在作业前准备好各种芯轴及工具。

(2)按加工钢筋的直径和弯曲半径的要求装好芯轴、成型轴、挡铁轴或可变挡架,芯轴直径应为钢筋直径的2.5倍。

(3)检查芯轴、挡铁轴、转盘应无损坏和裂纹,防护罩紧固可靠,经空运转确认正常后,方可作业。

(4)操作时要熟悉倒顺开关控制工作盘旋转的方向,钢筋放置要和挡架、工作盘旋转方向相配合,不得放反。

(5)作业时,将钢筋需弯的一头插在转盘固定销的间隙内,另一端紧靠机身固定销,并用手压紧;检查机身固定销子确实安放在挡住钢筋的一侧,方可开动。

(6)作业中,严禁更换轴芯、成型轴、销子和变换角度以及调速等作业,严禁在运转时加油和清扫。

(7)弯曲钢筋时,严禁超过本机规定的钢筋直径、根数及机械转速。

(8)弯曲高强度或低合金钢筋时,应按机械铭牌规定换算最大允许直径并调换相应的芯轴。

(9)严禁在弯曲钢筋的作业半径内和机身不设固定销的一侧站人。弯曲好的半成品应堆放整齐,弯钩不得朝上。

(10)改变工作盘旋转方向时必须在停机后进行,即从正转—停—反转,不得直接从正转—反转或从反转—正转。

5.3.11 预应力钢筋拉伸设备安全操作

(1)采用钢模配套张拉,两端要有地锚,还必须配有卡具、锚具,钢筋两端须有镦头,场地两端外侧应有防护栏杆和警告标志。

(2)检查卡具、锚具及被拉钢筋两端镦头,如有裂纹或破损,应及时修复或更换。

(3)卡具刻槽应较所拉钢筋的直径大 0.7~1mm,并保证有足够强度使锚具不致变形。

(4)空载运转,校正千斤顶和压力表的指示吨位,定出表上的数字,对比张拉钢筋吨位及延伸长度。检查油路应无泄漏,确认正常后,方可作业。

(5)作业中,操作要平稳、均匀,张拉时两端不得站人。拉伸机在有压力的情况下,严禁拆卸液压系统上的任何零件。

(6)在测量钢筋的伸长和拧紧螺帽时,应先停止拉伸,操作人员必须站在侧面操作。

(7)用电热张拉法带电操作时,应穿绝缘胶鞋和戴绝缘手套。

(8)张拉时,不准用手摸或脚踩钢筋或钢丝。

(9)作业后,切断电源,锁好开关箱。千斤顶全部卸载并将拉伸设备放在指定地点进行保养。

5.3.12 灰浆搅拌机安全操作

(1)固定式搅拌机应有牢靠的基础,移动式搅拌机应采用方木或撑架固定,并保持水平。

(2)作业前应检查并确认传动机构、工作装置、防护装置等牢固可靠,三角胶带松紧度适当,搅拌叶片和筒壁间隙在 3~5mm 之间,搅拌轴两端密封良好。

(3)启动后,应先空运转,检查搅拌叶旋转方向正确后,方可加料加水,进行搅拌作业。加入的沙子应过筛。

(4)运转中,严禁用手或木棒等伸进搅拌筒内,或在筒口清理灰浆。

(5)作业中,当发生故障不能继续搅拌时,应立即切断电源,将筒内灰浆倒出,排除故障后方可使用。

(6)固定式搅拌机的上料斗应能在轨道上移动。料斗提升时,严禁斗下有人。

(7)作业后,应清除机械内外的砂浆和积料,并用水清洗干净。

5.3.13　灰浆泵安全操作

1.柱塞式、隔膜式灰浆泵安全操作要点

(1)灰浆泵应安装平稳。输送管路的布置宜短直、少弯头;全部输送管道接头应紧密连接,不得渗漏;垂直管道应固定牢固;管道上不得加压或悬挂重物。

(2)作业前应检查并确认球阀完好,泵内无干硬灰浆等物,各连接件紧固牢靠,安全阀已调整到预定的安全压力。

(3)泵送前,应先用水进行泵送试验,检查并确认各部位无渗漏。当有渗漏时,应先排除。

(4)被输送的灰浆应搅拌均匀,不得有干砂和硬块;不得混入石子或其他杂物;灰浆稠度应为 80~120mm。

(5)泵送时,应先开机后加料;应先用泵压送适量石灰膏润滑输送管道,然后再加入稀灰浆,最后调整到所需稠度。

(6)泵送过程应随时观察压力表的泵送压力,当泵送压力超过预调的 1.5MPa 时,应反向泵送,使管道内部分灰浆返回料斗,再缓慢泵送;当无效时,应停机卸压检查,不得强行泵送。

(7)泵送过程不宜停机。当短时间内不需泵送时,可打开回浆阀使灰浆在泵体内循环运行。当停泵时间较长时,应每隔 3~5min 泵送一次,泵送时间宜为 0.5min,应防灰浆凝固。

(8)故障停机时,应打开泄浆阀使压力下降,然后排除故障。灰浆泵压力未达到零时,不得拆卸空气室、安全阀和管道。

(9)作业后,应采用石灰膏或浓石灰水把输送管道里的灰浆全部泵出,再用清水将泵和输送管道清洗干净。

2.挤压式灰浆泵安全操作要点

(1)使用前,应先接好输送管道,往料斗中加注清水,启动灰浆泵后,当输送胶管出水时,应折起胶管,待升到额定压力时停泵,观察各部位应无渗漏现象。

(2)作业前,应先用水、再用白灰膏润滑输送管道后,方可加入灰浆,开始泵送。

(3)料斗加满灰浆后,应停止振动,待灰浆从料斗泵送完时,再加新灰浆振动筛料。

(4)泵送过程应注意观察压力表。当压力迅速上升,有堵管现象时,应反转泵送 2~3 转,使灰浆返回料斗,经搅拌后再泵送。当多次正反泵仍不能畅通时,应停机检查,排除堵塞。

(5)工作间歇时,应先停止送灰,后停止送气,并要防止气嘴被灰堵塞。

(6)作业后,应将泵机和管路系统全部清洗干净。

5.3.14　喷浆机安全操作

(1)石灰浆的密度应为 $1.06~1.10g/cm^3$。

(2)喷涂前,应对石灰浆采用 60 目筛网过滤两遍。

(3)喷嘴孔径宜为 2.0~2.8mm;当孔径大于 2.8mm 时,应及时更换。

(4)泵体内不得无液体干转,在检查电动机旋转方向时,应先打开料桶开关,让石灰浆流入泵体内部后,再开动电动机带泵旋转。

(5)作业后,应往料斗中注入清水,开泵清洗直到水清为止,再倒出泵内积水;清洗疏通喷头座及滤网,并将喷枪擦洗干净。

(6)长期存放前,应清除前、后轴承座内的石灰浆积料,堵塞进浆口,从出浆口注入机油约50mL,再堵塞出浆口,开机运转约30s,使泵体内润滑防锈。

5.3.15 高压无气喷涂机安全操作

(1)启动前,调压阀、卸压阀应处于开启状态,吸入软管、回路软管接头和压力表、高压软管及喷枪等均应连接牢固。

(2)喷涂燃点在21℃以下的易燃涂料时,必须接好地线,地线的一端接电动机零线位置,另一端应接涂料桶或被喷的金属物体。喷涂机不得和被喷物放在同一房间里,周围严禁有明火。

(3)作业前,应先空载运转,然后用水或溶剂进行运转检查。确认运转正常后,方可作业。

(4)喷涂中,当喷枪堵塞时,应先将喷枪关闭,使喷嘴手柄旋转180°,再打开喷枪用压力涂料排除堵塞物,当堵塞严重时,应停机卸压后,拆下喷嘴,排除堵塞。

(5)不得用手指试高压射流,射流严禁正对其他人员。喷涂间隙时,应随手关闭喷枪安全装置。

(6)高压软管的弯曲半径不得小于250mm,亦不得在尖锐的物体上用脚踩高压软管。

(7)作业中,当停歇时间较长时,应停机卸压,将喷枪的喷嘴部位放入溶剂内。

(8)作业后,应彻底清洗喷枪。清洗时不得将溶剂喷回小口径的溶剂桶内。应防止产生静电火花引起着火。

5.3.16 水磨石机安全操作

(1)水磨石机宜在混凝土达到设计强度70%～80%时进行磨削作业。

(2)作业前,应检查并确认各连接件紧固,当用木槌轻击磨石发出无裂纹的清脆声音时,方可作业。

(3)电缆线应离地架设,不得放在地面上拖动。电缆线应无破损,保护接地良好。

(4)在接通电源、水源后,应手压扶把使磨盘离开地面,再启动电动机。同时应检查确认磨盘旋转方向与箭头所示方向一致,待运转正常后,再缓慢放下磨盘,进行作业。

(5)作业中,使用的冷却水不得间断,用水量宜调至工作面不发干。

(6)作业中,当发现磨盘跳动或异响,应立即停机检修。停机时,应先提升磨盘后关机。

(7)更换新磨石后,应先在废水磨石地坪上或废水泥制品表面磨1～2h,待金刚石切削刃磨出后,再投入工作面作业。

(8)作业后,应切断电源,清洗各部位的泥浆,放置在干燥处,用防雨布遮盖。

5.3.17 混凝土切割机安全操作

(1)使用前,应检查并确认电动机、电缆线均正常,保护接地良好,防护装置安全有效,锯片选用符合要求,安装正确。

(2)启动后,应空载运转,检查并确认锯片运转方向正确,升降机构灵活,运转中无异常、异响,一切正常后,方可作业。

（3）操作人员应双手按紧工件，均匀送料，在推进切割机时，不得用力过猛。操作时不得戴手套。

（4）切割厚度应按机械出厂铭牌规定进行，不得超厚切割。

（5）加工件送到与锯片相距 300mm 处或切割小块料时，应使用专用工具送料，不得直接用手推料。

（6）作业中，当工件发生冲击、跳动及异常音响时，应立即停机检查，排除故障后，方可继续作业。

（7）严禁在运转中检查、维修各部件。锯台上和构件锯缝中的碎屑应采用专用工具及时清除，不得用手拣拾或抹拭。

（8）作业后，应清洗机身，擦干锯片，排放水箱中的余水，收回电缆线，并存放在干燥、通风处。

复习思考题

1.施工电梯遇到哪些情况时应停止运行？

2.塔式起重机中卷筒和滑轮在哪些情况下应予以报废？

3.起重机启动前重点检查的项目包括什么？

4.混凝土搅拌机作业前重点检查的项目包括什么？

情境 6
施工用电

学习要点

- 掌握电气安全基本常识
- 熟悉触电事故的特点及救援基本常识
- 熟悉临时用电管理
- 掌握临时用电设备的检查

6.1 施工现场用电管理

6.1.1 电气安全基本常识

1. 安全电压

安全电压是指为防止触电事故而采用的 50V 以下特定电源供电的电压系列。其分为 42V、36V、24V、12V 和 6V 五个等级,根据不同的作业条件,可以选用不同的安全电压等级。

以下特殊场所必须采用安全电压照明供电:

(1)使用行灯,必须采用小于或等于 36V 的安全电压供电。

(2)隧道、人防工程、有高温、导电灰尘或距离地面高度低于 2.4m 的照明等场所,电源电压应不大于 36V。

(3)在潮湿和易触及带电体场所的照明电源电压,应不大于 24V。

(4)在特别潮湿的场所,导电良好的地面、锅炉或金属容器内工作的照明电源电压不得大于 12V。

2. 电线的相色

电源线路可分工作相线(火线)、工作零线和专用保护零线,一般情况下,工作相线(火线)带电危险,工作零线和专用保护零线不带电(但在不正常情况下,工作零线也可以带电)。

一般相线(火线)分为 A、B、C 三相,分别为黄色、绿色、红色;工作零线为黑色;专用保护零线为黄绿双色线。

3. 插座的使用

(1)插座的分类。

常用的插座分为单相双孔、单相三孔和三相三孔、三相四孔等,如图 6-1 所示。

(2)正确选用与安装接线。

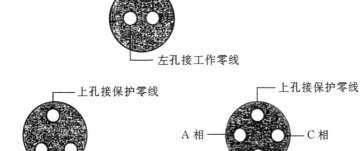

图6-1 插座接线示意

①三孔插座应选用"品字形"结构,不应选用等边三角形排列的结构,因为后者容易发生三孔互换而造成触电事故。

②插座在电箱中安装时,必须首先固定安装在安装板上,接地极与箱体一起作可靠的 PE 保护。

③三孔或四孔插座的接地孔(较粗的一个孔),必须置在顶部位置,不可倒置,两孔插座应水平并列安装,不准垂直并列安装。

④插座接线要求。

对于两孔插座,左孔接零线,右孔接相线;

对于三孔插座,左孔接零线,右孔接相线,上孔接保护零线;

对于四孔插座,上孔接保护零线,其他三孔分别接 A、B、C 三根相线。如图6-1所示。

关于接线可以记为"左零右火上接地"。

6.1.2 施工临时用电安全要求

为了保证施工现场用电安全,住建部修订颁发了《施工现场临时用电安全技术规范》(JGJ 46—2005)(以下简称《规范》)。根据《规范》要求和长期工作实践,一般施工现场工作人员必须了解以下安全用电要求:

(1)项目经理部应制定安全用电管理制度。

(2)项目经理应明确施工用电管理人员、电气工程技术人员和各分包单位的电气负责人。

(3)施工现场临时用电设备在 5 台及以上或设备总容量在 50kW 及以上者,应编制临时用电工程施工组织设计;临时用电设备在 5 台以下和设备总容量在 50kW 以下者,应制定安全用电技术措施和电气防火措施。

(4)地下工程使用 220V 以上电气设备和灯具时,应制定强电进入措施。

(5)工程项目每周应对临时用电工程至少进行一次安全检查,对检查中发现的问题及时整改。

(6)建筑施工现场的电工属于特殊作业工种,必须经有关部门技能培训考核合格后,持操作证上岗,无证人员不得从事电气设备及电气线路的安装、维修和拆除。

(7)电工作业应持有效证件,电工等级应与工程的难易度和技术复杂性相适应。电工作业由两人以上配合进行,并按规定穿绝缘鞋、戴绝缘手套、使用绝缘工具,严禁带电接线和带负荷插拔插头等。

(8)在建工程与外电线路的安全距离应符合《规范》第4.1.2条规定。

(9)施工现场的机动车道与外电架空线路交叉时,架空线路的最低点与路面的垂直距离应符合《规范》第4.1.3条规定。

(10)对达不到规范规定的最小距离时,必须采取防护措施,增设屏障、遮拦或停电后作业,并悬挂醒目的警告标识牌。

(11)不准在高压线下方搭设临建、堆放材料和进行施工作业。在高压线一侧作业时,必须保持6m以上的水平距离,达不到上述距离时,必须采取隔离防护措施。

(12)起重机不得在架空输电线下面工作,在通过架空输电线路时,应将起重臂落下,以免碰撞。

(13)在临近输电线路的建筑物上作业时,不能随便往下扔金属类杂物,更不能触摸、拉动电线或电线接触钢丝和电杆的拉线。

(14)移动金属梯子和操作平台时,要观察高处输电线路与移动物体的距离,确认有足够的安全距离,再进行作业。

(15)搬扛较长的金属物体,如钢筋、钢管等材料时,不要碰触到电线。

(16)在地面或楼面上运送材料时,不要踏在电线上。停放手推车,堆放钢模板、跳板、钢筋时不要压在电线上。

(17)在移动有电源线的机械设备,如电焊机、水泵、小型木工机械等时,必须先切断电源,不能带电搬动。

(18)当发现电线坠地或设备漏电时,切不可随意跑动或触摸金属物体,并保持10m以上距离。

6.1.3 非施工区域安全用电要求

(1)不准在宿舍工棚、仓库、办公室内用电饭锅、电水壶、电热杯等电器,如需使用应由管理部门指定地点。严禁使用电炉。

(2)不准在宿舍内乱拉乱接电源。只有专职电工可以接线、换保险丝,其他人不准私自进行,不准用其他金属丝代替熔丝(保险丝)。

(3)不准在潮湿的地上摆弄电器,不得用湿手接触电器,严禁不用插头而直接将电线的金属丝插入插座,以防触电。

(4)严禁在电线上晾衣服和挂其他东西。

(5)不要抓着电线来扯出插头,应用手拔出。

(6)如果发现有损坏的电线、插头、插座,要马上报告。专职安全员要贴上警告标识,以免其他人员使用。

6.2 触电事故

当人体接触电气设备或电气线路的带电部分,并有电流流经人体时,人体将会因电流刺激而产生危及生命的所谓医学效应,这种现象称为人体触电。

施工现场的触电事故主要分为电击和电伤两大类,也可分为低压触电事故和高压触电事故。

电击是人体直接接触带电部分,电流通过人体,如果电流达到某一定的数值就会使人体和带电部分相接触的肌肉发生痉挛(抽筋),呼吸困难,心脏停搏,直到死亡。电击是内伤,是最具有致命危险的触电伤害。

电伤是指皮肤局部的损伤,有灼伤、烙印和皮肤金属化等伤害。

6.2.1 触电事故的特点

人们常称电击伤为触电。电击伤是由电流通过人体所引起的损伤,大多数是人体直接接触带电体所引起。在电压较高或雷电击中时则为电弧放电而至损伤。由于触电事故的发生都很突然,并在相当短的时间内对人体造成严重损伤,故死亡率较高。根据事故统计,触电事故有如下特点:

(1)电压越高,危险性越大。

(2)触电事故的发生有明显的季节性。

一年中春、冬两季触电事故较少,每年的夏、秋两季,特别是六、七、八、九4个月中,触电事故较多。其主要原因不外乎气候炎热、多雷雨,空气中湿度大,这些因素降低了电气设备的绝缘性能,人体也因炎热多汗,皮肤接触电阻变小,衣着单薄,身体暴露部分较多,大大增加了触电的可能性。一旦发生触电时,便有较大强度的电流通过人体,产生严重的后果。

(3)低压设备触电事故较多。

据统计,此类事故占总数的90%以上。因为低压设备远较高压设备应用广泛,人们接触的机会较多,施工现场低压设备就较多,另外人们习惯称220V/380V的交流电源为"低压",好多人不够重视,丧失警惕,容易引起触电事故。

(4)发生在携带式设备和移动式设备上的触电事故多。

(5)在高温、潮湿、混乱或金属设备多的现场中触电事故多。

(6)缺乏安全用电知识或不遵守安全技术要求,违章操作和无知操作而触电的事故占绝大多数。因此,新工人、青年工人和非专职电工的事故占较大比重。

6.2.2 触电类型

一般按接触电源时情况不同,触电常分为两相触电、单相触电和"跨步电压"触电。

1. 两相触电

人体同时接触两根带电的导线(相线)时,因为人是导体,电线上的电流就会通过人体,从一根电线流到另一根电线,形成回路,使人触电,称为两相触电。人体所受到的电压是相线电压,因此触电的后果很严重。

2.单相触电

如果人站在大地上,接触到一根带电导线时,因为大地也能导电,而且和电力系统(发电机、变压器)的中性点相连接,人就等于接触了另一根电线(中性线),所以也会造成触电,称为单相触电。

目前触电死亡事故中大部分是这种触电,一般都是由于开关、灯头、导线及电动机有缺陷而造成的。

3."跨步电压"触电

当输电线路发生断线故障而使导线接地时,由于导线与大地构成回路,导线中有电流通过。电流经导线入地时,会在导线周围的地面形成一个相当强的电场,此电场的电位分布是不均匀的。如果以接地点为中心划许多同心圆,这些同心圆的圆周上,电位是各不相同的,同心圆的半径越大,圆周上电位越低,反之,半径越小,圆周上电位越高。如果人畜双脚分开站立,就会受到地面上不同点之间的电位差,此电位差就是跨步电压。如沿半径方向的双脚距离越大,则跨步电压越高。

当人体触及跨步电压时,电流也会流过人体。虽然没有通过人体的全部重要器官,仅沿着下半身流过。但当跨步电压较高时,就会发生双脚抽筋,跌倒在地上,这样就可能使电流通过人体的重要器官,而引起人身触电死亡事故。

除了输电线路断线会产生跨步电压外,当大电流(如雷电流)从接地装置流入大地时,接地电阻偏大也会产生跨步电压。

因此,安全工作规程要求人们在户外不要走近断线点 8m 以内的地段。在户内,不要走近断线点 4m 以内的地段,否则会发生人、畜触电事故,这种触电称为"跨步电压"触电。

"跨步电压"触电一般发生在高压线落地时,但是对低压电线也不可麻痹大意。据试验,当牛站在水田里,如果前后蹄之间的跨步电压达到 10V 左右,牛就会倒下,触电时间长了,牛会死亡。人、畜在同一地点发生跨步电压触电时,对牲畜的危害比较大(电流经过牲畜心脏),对人的危害较小(电流只通过人的两腿,不通过心脏),但当人的两脚抽筋以致跌倒时,触电的危险性就增加了。

6.2.3 触电事故的主要原因

触电事故发生的主要原因有:

(1)缺乏电气安全知识,自我保护意识淡薄。

(2)违反安全操作规程。

(3)电气设备安装不合格。

(4)电气设备缺乏正常检修和维护。

(5)偶然因素。

6.3 施工现场临时用电标准

电是施工现场不可缺少的能源。随着各种类型的电气装置和机械设备的不断增多,以及施工现场环境的特殊性及复杂性,使得现场临时用电的安全性受到了严重威胁,各种触电事故频频发生。因此,必须根据国家规范要求,采取可靠的安全防护措施和技术措施,以确保人身和机械设备的安全。施工现场临时用电的检查按照《建筑施工安全检查标准》(JGJ 59—2011)中的"施工用电检查评分表"进行。行业标准《规范》对防止触电事故的发生,保障施工现场安全用电作了具体的要求。下面结合二者对施工现场用电安全的要求进行阐述。

6.3.1 施工现场临时用电管理

1.临时用电施工组织设计

施工现场临时用电施工组织设计是施工现场临时用电安装、架设、使用、维修和管理的重要依据,指导和帮助供、用电人员准确按照用电施工组织设计的具体要求和措施执行确保施工现场临时用电的安全性和科学性。

《规范》规定:"施工现场临时用电设备在 5 台及以上或设备总容量在 50kW 及以上者,应编制用电组织设计。""临时用电设备在 5 台以下和设备总容量在 50kW 以下者,应制定安全用电措施和电气防火措施。"

(1)施工现场临时用电施工组织设计应包括的重要内容:

①现场勘测。

②确定电源进线、变电所或配电室、配电装置、用电设备位置及线路走向。

③进行负荷计算。

④选择变压器。

⑤设计配电系统:

a.设计配电线路,选择导线或电缆;

b.设计配电装置,选择电器;

c.设计接地装置;

d.绘制临时用电工程图纸,主要包括用电工程总平面图、配电装置布置图、配电系统接线图、接地装置设计图。

⑥设计防雷装置。

⑦确定防护措施。

⑧制定安全用电措施和电气防火措施。

(2)临时用电施工组织设计必须由电气工程技术人员组织编制,经相关部门审核及具有法人资格企业的技术负责人批准后实施。

(3)施工现场临时用电工程必须经编制、审核、批准部门和使用单位共同验收,合格后方可投入使用。

2.临时用电的档案管理

《规范》规定:"施工现场临时用电必须建立安全技术档案",其内容包括:

(1)用电组织设计的安全资料。

单独编制的施工现场临时用电施工组织设计及相关的审批手续。

(2)修改用电组织设计的资料。

临时用电施工组织设计及变更时,必须履行"编制、审核、批准"程序,变更用电施工组织设计时应补充有关图纸资料。

(3)用电技术交底资料。

电气工程技术人员向安装、维修电工和各种用电设备人员分别贯彻交底的文字资料,包括总体意图、具体技术要求、安全用电技术措施和电气防火措施等文字资料。交底内容必须有针对性和完整性,并有交底人员的签名及日期。

(4)用电工程检查验收表。

(5)电气设备的测试、检验凭单和调试记录。

电气设备的调试、测试和检验资料,主要是设备绝缘和性能的完好情况。

(6)接地电阻、绝缘电阻和漏电保护器漏电动作参数测定记录表。

接地电阻测定记录应包括电源变压器投入运行前其工作接地阻值和重复接地阻值。

(7)定期检(复)查表。

定期检查、复查接地电阻值和绝缘电阻值的测定记录等。

(8)电工安装、巡检、维修、拆除工作记录。

电工维修等工作记录是反映电工日常电气维修工作情况的资料,应尽可能记载详细,包括时间、地点、设备、部位、维修内容、技术措施、处理结果等。对于事故维修还要作出分析提出改进意见。

安全技术档案应由主管该现场的电气技术人员负责建立与管理。其中"电工安装、巡检、维修、拆除工作记录"可指定电工代管,每周由项目经理审核认可,并应在临时用电工程拆除后统一归档。

3. 人员管理

(1)对现场电工的要求。

①现场电工必须经过培训,经有关部门按国家现行标准考核合格后,方能持证上岗。

②安装、巡检、维修或拆除临时用电设备和线路,必须由现场电工完成,并应有人监护。

③现场电工的等级应同工程的难易程度和技术复杂性相适应。

(2)对各类用电人员的要求。

①必须通过相关教育培训和技术交底,考核合格后方可上岗工作。

②掌握安全用电的基本知识和所用设备的性能。

③使用电气设备前必须按规定穿戴和配备好相应的劳动防护用品,并应检查电气安全装置和保护设施是否完好,严禁设备带"缺陷"运转。

④保管和维护所用设备,发现问题及时报告解决。

⑤暂时停用设备的开关箱必须分断电源隔离开关,并应关门上锁。

⑥移动电气设备时,必须经电工切断电源并做妥善处理后进行。

6.3.2 外电线路及电气设备防护

1. 外电线路防护

外电线路主要指不为施工现场专用的原来已经存在的高压或低压配电线路,外电线路一般为架空线路,个别现场也会遇到地下电缆。由于外电线路位置已经固定,所以施工过程中必须与外电线路保持一定安全距离,当因受现场作业条件限制达不到安全距离时,必须采取屏护措施,防止发生因碰触造成的触电事故。

(1)《规范》规定,在建工程不得在外电架空线路正下方施工、搭设作业棚、建造生活设施或堆放构件、架具、材料及其他杂物等。

(2)当在架空线路一侧作业时,必须保持安全操作距离。

外电线路尤其是高压线路,由于周围存在的强电场的电感应所致,使附近的导体产生电感应,附近的空气也在电场中被极化,而且电压等级越高电极化就越强,所以必须保持一定安全距离,随电压等级增加,安全距离也相应加大。施工现场作业,特别是搭设脚手架,一般立杆、大横杆钢管长6.5m,如果距离太小,操作中的安全无法保障,所以这里的"安全距离"在施工现场就变成了"安全操作距离",除了必要的安全距离外,还要考虑作业条件的因素,所以距离相应加大了。

《规范》规定了各种情况下的最小安全操作距离,即与外电架空线路的边线之间必须保持的距离。

①在建工程(含脚手架)的周边与外电线路的边线之间的最小安全距离应符合《规范》第4.1.2条之规定。

②施工现场的机动车道与外电架空线路交叉时,架空线路的最低点与路面的最小垂直距离应符合《规范》第4.1.3条之规定。

③起重机的任何部位或被吊物边缘在最大偏斜时与架空线路边线的最小安全距离应符合《规范》第4.1.4条之规定。

④施工现场开挖沟槽边缘与外电埋地电缆沟槽边缘之间的距离不得小于0.5m。

(3)防护措施。

当达不到《规范》规定的最小距离时,必须采取绝缘隔离防护措施。

①增设屏障、遮栏或保护网,并悬挂醒目的警告标志。

②防护设施必须使用非导电材料,并考虑到防护棚本身的安全(防风、防大雨、防雪等)。

③特殊情况下无法采用防护设施,则应与有关部门协商,采取停电、迁移外电线路或改变工程位置等措施,未采取上述措施的严禁施工。

防护设施与外电线路之间的安全距离不应小于表6-1所列数值。

表6-1　防护设施与外电线路之间的最小安全距离

外电线路电压(kV)	≤10	35	110	220	330	500
最小安全距离(m)	1.7	2.0	2.5	4.0	5.0	6.0

架设防护设施时,必须经有关部门批准,采用线路暂时停电或其他可靠的安全技术措施,并应有电气工程技术人员和专职安全人员监护。

2.电气设备防护

(1)电气设备现场周围不得存放易燃易爆物、污源和腐蚀介质,否则应予清除或做防护处置,其防护等级必须与环境条件相适应。

(2)电气设备设置场所应能避免物体打击和机械损伤,否则应做防护处置。

6.3.3 接地与防雷

1.接地与接零保护系统

为了防止意外带电体上的触电事故,根据不同情况应采取保护措施。保护接地和保护接零是防止电气设备意外带电造成触电事故的基本技术措施。

(1)接地与接零的概念。

①接地。

所谓接地,即将电气设备的某一可导电部分与大地之间用导体作电气连接,简单地说,是设备与大地作金属性连接。

接地主要有四种类别:

a. 工作接地。在电力系统中,某些设备因运行的需要,直接或通过消弧线圈、电抗器、电阻等与大地金属连接,称为工作接地(例如三相供电系统中,电源中性点的接地)。阻值应不大于4Ω。有了这种接地,可以稳定系统的电压,能保证某些设备正常运行,可以使接地故障迅速切断。还可防止高压侧电源直接窜入低压侧,造成低压系统的电气设备被摧毁不能正常工作的情况发生。

b. 保护接地。因漏电保护需要,将电气设备正常运行情况下不带电的金属外壳和机械设备的金属构架(件)接地,称为保护接地。阻值应不大于4Ω。电气设备金属外壳正常运行时不带电而故障情况下就可能呈现危险的对地电压,所以这种接地可以保护人体接触设备漏电时的安全,防止发生触电事故。

c. 重复接地。在中性点直接接地的电力系统中,为了保证接地的作用和效果,除在中性点处直接接地外,在中性线上的一处或多处再作接地,称为重复接地。其阻值应不大于10Ω。重复接地可以起到保护零线断线后的补充保护作用,也可降低漏电设备的对地电压和缩短故障持续时间。在一个施工现场中,重复接地不能少于三处(始端、中间、末端)。

在设备比较集中地方如搅拌机棚、钢筋作业区等应做一组重复接地;在高大设备处如塔吊、外用电梯、物料提升机等也要作重复接地。

d. 防雷接地。防雷装置(避雷针、避雷器等)的接地,称为防雷接地。作防雷接地的电气设备,必须同时作重复接地。阻值应不大于30Ω。

②接零。

接零即电气设备与零线连接。接零分为:

a. 工作接零。电气设备因运行需要而与工作零线连接,称为工作接零。

b. 保护接零。电气设备正常情况不带电的金属外壳和机械设备的金属构架与保护零线连接,称为保护接零。保护接零是将设备的碰壳故障改变为单相短路故障,保护接零与保护切断相配合,由于单相短路电流很大,所以能迅速切断保险或自动开关跳闸,使设备与电源脱离,达到避免发生触电事故的目的。

城防、人防、隧道等潮湿或条件特别恶劣的施工现场的电气设备必须采用保护接零。

当施工现场与外电线路共用同一供电系统时,不得一部分设备作保护接零,另一部分作保护接地。

(2)"TT"与"TN"符号的含义。

TT——第一个字母 T,表示工作接地;第二个字母 T,表示采用保护接地。

TN——第一个字母 T,表示工作接地;第二个字母 N,表示采用保护接零。

TN-C——保护零线 PE 与工作零线 N 合一设置的接零保护系统(三相四线)。

TN-S——保护零线 PE 与工作零线 N 分开设置的接零保护系统(三相五线)。

TN-C-S——在同一电网内,一部分采用 TN-C,另一部分采用 TN-S。

（3）施工现场临时用电必须采用 TN-S 系统,不要采用 TN-C 系统。

《规范》规定,建筑施工现场临时用电工程专用的电源中性点直接接地的 220/380V 三相四线制低压电力系统,必须符合下列规定:

①采用三级配电系统;

②采用 TN-S 接零保护系统(即三相五线制接零保护系统);

③采用二级漏电保护系统。

电气设备的金属外壳必须与专用保护零线连接。专用保护零线(简称保护零线)应由工作接地线、配电室的零线或第一级漏电保护器电源侧的零线引出。

TN-C 系统有缺陷:如三相负载不平衡时,零线带电;零线断线时,单相设备的工作电流会导致电气设备外壳带电;对于接装漏电保护器带来困难等。而 TN-S 由于有专用保护零线,正常工作时不通过工作电流,三相不平衡也不会使保护零线带电。由于工作零线与保护零线分开,可以顺利接装漏电保护器等。由于 TN-S 具有的优点,克服了 TN-C 的缺陷,从而给施工用电安全提供了可靠保证。

（4）采用 TN 系统还是采用 TT 系统,依现场的电源情况而定。

在低压电网已做了工作接地时,应采用保护接零,不应采用保护接地。因为用电设备发生碰壳故障时,第一,采用保护接地时,故障点电流太小,对 1.5kW 以上的动力设备不能使熔断器快速熔断,设备外壳将长时间有 110V 的危险电压;而保护接零能获取大的短路电流,保证熔断器快速熔断,避免触电事故。第二,每台用电设备采用保护接地,其阻值达 4Ω,也是需要一定数量的钢材打入地下,费工费材料;而采用保护接零敷设的零线可以多次周转使用,从经济上也是比较合理的。

但是在同一个电网内,不允许一部分用电设备采用保护接地,而另外一部分设备采用保护接零,这样是相当危险的,如果采用保护接地的设备发生漏电碰壳时,将会导致采用保护接零的设备外壳同时带电。

《规范》规定:"当施工现场与外电线路共用同一供电系统时,电气设备的接地、接零保护应与原系统保护一致。不得一部分设备做保护接零,另一部分设备做保护接地。"

①当施工现场采用电业部门高压侧供电,自己设置变压器形成独立电网的,应做工作接地,必须采用 TN-S 系统。

②当施工现场有自备发电机组时,接地系统应独立设置,也应采用 TN-S 系统。

③当施工现场采用电业部门低压侧供电,与外电线路同一电网时,应按照当地供电部门的规定采用 TT 或采用 TN。

④当分包单位与总包单位共用同一供电系统时,分包单位应与总包单位的保护方式一致,不允许一个单位采用 TT 系统而另外一个单位采用 TN 系统。

（5）施工现场的电力系统严禁利用大地作相线或零线。

（6）工作零线与保护零线必须严格分设。在采用了 TN-S 系统后,如果发生工作零线与保护零线错接,将导致设备外壳带电的危险。

①保护零线应由工作接地线处引出,或由配电室(或总配电箱)电源侧的零线处引出。

②保护零线严禁穿过漏电保护器,工作零线必须穿过漏电保护器。

③电箱中应设两块端子板(工作零线 N 与保护零线 PE),保护零线端子板与金属电箱相连,工作零线端子板与金属电箱绝缘。

④保护零线必须做重复接地,工作零线禁止做重复接地。

(7)保护零线(PE)的设置要求。

①保护零线必须采用绝缘导线。

配电装置和电动机械相连接的 PE 线应为截面不小于 $2.5mm^2$ 的绝缘多股铜线。手持式电动工具的 PE 线应为截面不小于 $1.5mm^2$ 的绝缘多股铜线。

②PE 线上严禁装设开关或熔断器,严禁通过工作电流,且严禁断线。

③保护零线作为接零保护的专用线,必须独用,不能他用,电缆要用五芯电缆。

④保护零线除了从工作接地线(变压器)或总配电箱电源侧从零线引出外,在任何地方不得与工作零线有电气连接,特别注意电箱中防止经过铁质箱壳形成电气连接。

⑤保护零线的统一标志为绿/黄双色线;相线 L1(A)、L2(B)、L3(C)相序的绝缘颜色依次为黄、绿、红色;N 线的绝缘颜色为淡蓝色;任何情况下上述颜色标记严禁混用和互相代用。

⑥保护零线除必须在配电室或总配电箱处作重复接地外,还必须在配电线路的中间处及末端做重复接地,配电线路越长,重复接地的作用越明显,为使接地电阻更小,可适当多处重复接地。

⑦保护零线的截面积应不小于工作零线的截面积,同时必须满足机械强度的要求。

2. 防雷

(1)作防雷接地的电气设备,必须同时作重复接地。施工现场的电气设备和避雷装置可利用自然接地体接地,但应保证电气连接并校验自然接地体的热稳定。

(2)施工现场内的起重机、井字架、龙门架等机械设备,以及钢脚手架和正在施工的在建工程等的金属结构,应安装防雷设备,若在相邻建筑物、构筑物等设施的防雷装置接闪器的保护范围以外,则应安装防雷装置。

当最高机械设备上避雷针(接闪器)的保护范围能覆盖其他设备,且又最后退出于现场,则其他设备可不设防雷装置。

(3)施工现场内所有防雷装置的冲击接地电阻值不得大于 30Ω。

(4)塔式起重机的防雷装置应单独设置,不应借用架子或建筑物的防雷装置。

(5)各机械设备或设施的防雷引下线可利用该设备或设施的金属结构体,但应保证电气连接。

(6)机械设备上的避雷针(接闪器)长度应为 $1\sim2m$。

(7)安装避雷针(接闪器)的机械设备,所有固定的动力、控制、照明、信号及通信线路,宜采用钢管敷设。钢管与该机械设备的金属结构体应做电气连接。

6.3.4　配电室及自备电源

(1)配电室应靠近电源,并应设在灰尘少、潮气少、振动小、无腐蚀介质、无易燃易爆物及道路畅通的地方。

(2)配电室和控制室应能自然通风,并应采取防雨雪和防止动物出入的措施。

(3)成列的配电柜和控制柜两端应与重复接地线及保护零线做电气连接。

(4)配电柜应装设电源隔离开关及短路、过载、漏电保护电器。电源隔离开关分断时应有明显可见分断点。

(5)配电室应设值班人员,值班人员必须熟悉本岗位电气设备的性能及运行方式,并持操作证上岗值班。

（6）配电室内必须保持规定的操作和维修通道宽度。

（7）配电室的建筑物和构筑物的耐火等级应不低于3级,室内应配置砂箱和可用于扑灭电气火灾的灭火器。

（8）配电室内设置值班或检修室时,该室边缘距配电柜的水平距离大于1m,并采取屏障隔离。

（9）配电室的门应向外开,并配锁。

（10）配电室的照明分别设置正常照明和事故照明。

（11）配电室应保持整洁,不得堆放任何妨碍操作、维修的杂物。

（12）配电柜应装设电度表,并应装设电流、电压表。电流表与计费电度表不得共用一组电流互感器。

（13）配电柜应编号,并应有用途标记。

（14）配电柜或配电线路停电维修时,应挂接地线,并应悬挂"禁止合闸,有人工作"停电标志牌。停送电必须由专人负责。

（15）配电室内的母线涂刷有色油漆,以标志相序;以柜正面方向为基准,其涂色符合表6-2规定。

表6-2 母线涂色

相 别	颜 色	垂直排列	水平排列	引下排列
L_1（A）	黄	上	后	左
L_2（B）	绿	中	中	中
L_3（C）	红	下	前	右
N	淡蓝	—	—	—

（16）发电机组电源必须与外电线路电源连锁,严禁并列运行。

（17）发电机组应采用电源中性点直接接地的三相四线制供电系统和独立设置TN-S接零保护系统,其工作接地电阻值应符合《规范》第5.3.1条要求。

（18）发电机供电系统应设置电源隔离开关及短路、过载、漏电保护电器。电源隔离开关分断时应有明显可见分断点。

（19）发电机组并列运行时,必须装设同期装置,并在机组同步运行后再向负载供电。

（20）发电机组的排烟管道必须伸出室外。发电机组及其控制、配电室内必须配置可用于扑灭电气火灾的灭火器,严禁存放贮油桶。

（21）室外地上变压器应设围栏,悬挂警示牌,内设操作平台。变压器围栏内不得堆放任何杂物。

6.3.5 配电线路

施工现场的配电线路一般可分为室外和室内配电线路。室外配电线路又可分为架空配电线路和电缆配电线路。

《规范》规定:"架空线路必须采用绝缘导线","室内配线必须采用绝缘导线或电缆"。施工现场的危险性,决定了严禁使用裸线。导线和电缆是配电线路的主体,绝缘必须良好,是直接接触防护的必要措施,不允许有老化、破损现象,接头和包扎都必须符合规定。

1.导线和电缆

(1)架空线导线截面的选择应符合下列要求:

①导线中的计算负荷电流不大于其长期连续负荷允许载流量。

②线路末端电压偏移不大于其额定电压的 5%。

③三相四线制线路的 N 线和 PE 线截面不小于相线截面的 50%,单相线路的零线截面与相线截面相同。

④按机械强度要求,绝缘铜线截面不小于 $10mm^2$,绝缘铝线截面不小于 $16mm^2$;在跨越铁路、公路、河流、电力线路挡距内,绝缘铜线截面不小于 $16mm^2$,绝缘铝线截面不小于 $25\ mm^2$。

(2)电缆中必须包含全部工作芯线和用作保护零线或保护线的芯线。需要三相四线制配电的电线路必须采用五芯电缆。

五芯电缆必须包含淡蓝、绿/黄两种颜色绝缘芯线。淡蓝色芯线必须用作 N 线;绿/黄双色芯线必须用作 PE 线,严禁混用。

(3)电缆类型应根据敷设方式、环境条件选择。埋地敷设宜选用铠装电缆;当选用无铠装电缆时,应能防水、防腐。架空敷设宜选用无铠装电缆。

(4)电缆截面的选择应符合上述的规定,根据其长期连续负荷允许载流量和允许电压偏移确定。

(5)室内配线所用导线或电缆的截面应根据用电设备或线路的计算负荷确定,但铜线截面不应小于 $1.5mm^2$,铝线截面不应小于 $2.5mm^2$。

(6)长期连续负荷的电线电缆,其截面应按电力负荷的计算电流及国家有关规定条件选择。

(7)应满足长期运行温升的要求。

2.架空线路的敷设

(1)施工现场运电杆及人工立电杆时,应由专人指挥。

(2)电杆就位移动时,坑内不得有人。电杆立起后,必须先架好叉木,才能撤去吊钩。电杆坑填土夯实后才允许撤掉叉木、溜绳或横绳。

(3)架空线必须架设在专用电杆上,严禁架设在树木、脚手架及其他设施上。宜采用钢筋混凝土杆或木杆。钢筋混凝土杆不得有露筋、宽度大于 0.4mm 的裂纹和扭曲;木杆不得腐朽,其梢径不应小于 14mm。电杆的埋设深度为杆长的 1/10 加 0.6m,回填土应分层夯实。在松软土质处宜加大埋入深度或采用卡盘等加固。

(4)杆上作业时,禁止上下投掷料具。料具应放在工具袋内,上下传递料具的小绳应牢固可靠。递完料具后,要离开电杆 3m 以外。

(5)架空线路的挡距不得大于 35m,线间距不得小于 0.3m,靠近电杆的两导线的间距不得小于 0.5m。

(6)架空线路横担间的最小垂直距离,横担选材、选型,绝缘子类型选择,拉线、撑杆的设置等均应符合规范要求。

(7)架空线路与邻近线路或固定物的距离应符合表 6-3 的规定。

除此之外,还应考虑施工各方面情况,如场地的变化,建筑物的变化,防止先架设好的架空线,与后施工的外脚手架、结构挑檐、外墙装饰等距离太近而达不到要求。

表 6-3 架空线路与邻近线路或固定物的距离

项 目	距 离 类 别					
最小净空距离(mm)	架空线路的过引线、接下线下邻线		架空线与架空线电杆外缘		架空线与摆动最大时树梢	
	0.13		0.05		0.50	
最小垂直距离(m)	架空线同杆架设下方的通信、广播线路	架空线最大弧垂与地面			架空线最大弧垂与暂设工程顶端	架空线与邻近电力线路交叉
		施工现场	机动车道	铁路轨道		1kV 以下 / 1~10kV
	1.0	4.0	6.0	7.5	2.5	1.2 / 2.5
最小水平距离(m)	架空线电杆与路基边缘	架空线电杆与铁路轨道边缘		架空线边线与建筑物凸出部分		
	1.0	杆高(m)+3.0		1.0		

(8)架空线路必须有短路保护和过载保护。

(9)大雨、大雪及 6 级以上强风天,停止蹬杆作业。

3. 电缆线路的敷设

电缆干线应采用埋地或架空敷设,严禁沿地面明敷设,并应避免机械损伤和介质腐蚀。埋地电缆路径应设方位标志。

(1)埋地敷设。

①电缆在室外直接埋地敷设时,必须按电缆埋设图敷设,埋地敷设的深度不应小于 0.7m,并应在电缆紧邻上、下、左、右侧均匀敷设不小于 50mm 厚的细砂,然后覆盖砖或混凝土板等硬质保护层。

②埋地电缆在穿越建筑物、构筑物、道路、易受机械损伤、介质体育馆场所及引出地面从 2.0m 高到地下 0.2m 处,必须加设防护套管,防护套管内径不应小于电缆外径的 1.5 倍。

③埋地电缆与其附近外电电缆和管沟的平行间距不得小于 2m,交叉间距不得小于 1m。

④埋地电缆的接头应设在地面上的接线盒内,接线盒应能防水、防尘、防机械损伤,并应远离易燃、易爆、易腐蚀场所。

⑤施工现场埋设电缆时,应尽量避免碰到下列场地:经常积、存水的地方,地下埋设物较复杂的地方,时常挖掘的地方,预定建设建筑物的地方,散发腐蚀性气体或溶液的地方,以及制造和贮存易燃易爆或燃烧的危险物质场所。

⑥应有专人负责管理埋设电缆的标志,不得将物料堆放在电缆埋设的上方。

(2)架空敷设。

①架空电缆应沿电杆、支架或墙壁敷设,并采用绝缘子固定,绑扎线必须采用绝缘线,固定点间距应保证电缆能承受自重所带来的荷载,敷设高度应符合架空线路敷设高度的要求,但沿墙壁敷设时最大弧垂距地不得小于 2.0m。

②架空电缆严禁沿脚手架、树木或其他设施敷设。

（3）在建工程内的电缆线路必须采用电缆埋地引入，严禁穿越脚手架引入。电缆垂直敷设应充分利用在建工程的竖井、垂直洞等，并宜靠近用电负荷中心，固定点楼层不得少于一处。电缆水平敷设宜沿墙或门口刚性固定，最大弧垂距地不得小于 2.0m。

（4）装饰装修工程或其他特殊阶段，应补充编制单项施工用电方案。电源线可沿墙角、地面敷设，但应采取防机械损伤和电火措施。

（5）电缆线路必须有短路保护和过载保护，短路保护和过载保护电器与电缆的选配应符合规范要求。

4. 室内配电线路

（1）室内配线应根据配线类型采用瓷瓶、瓷（塑料）灭、嵌绝缘槽、穿管或钢索敷设。明敷主干线距地面高度不得小于 2.5m。

（2）潮湿场所或埋地非电缆配线必须穿管敷设，管口和管接头应密封；当采用金属管敷设时，金属管必须做等电位连接，且必须与 PE 线相连接。

（3）架空进户线的室外端应采用绝缘子固定，过墙处应穿管保护，距地面高度不得小于 2.5m，并应采取防雨措施。

（4）钢索配线的吊架间距不宜大于 12m。采用瓷夹固定导线时，导线间距不应小于 35mm，瓷夹间距不应大于 800mm；采用瓷瓶固定导线时，导线间距不应小于 100mm，瓷瓶间距不应大于 1.5m；采用护套绝缘导线或电缆时，可直接敷设于钢索上。

（5）室内配线必须有短路保护和过载保护，短路保护和过载保护电器与绝缘导线、电缆的选配应符合规范要求。对穿管敷设的绝缘导线线路，其短路保护熔断器的熔体额定电流不应大于穿管绝缘导线长期连续负荷允许载流量的 2.5 倍。

6.3.6　配电箱及开关箱

施工现场的配电箱是电源与用电设备之间的中枢环节，而开关箱是配电系统的末端，是用电设备的直接控制装置，它们的设置和运用直接影响着施工现场的用电安全。

1. 三级配电、两级保护

《规范》规定："配电系统应设置配电柜或总配电箱、分配电箱、开关箱，实行三级配电。"这样，配电层次清楚，既便于管理又便于查找故障。"总配电箱以下可设若干分配电箱；分配电箱以下可设若干开关箱。"

同时要求，"动力配电箱与照明配电箱宜分别设置。当合并设置为同一配电箱时，动力和照明应分路配电；动力开关箱与照明开关箱必须分设。"使动力和照明自成独立系统，不致因动力停电影响照明。

"两级保护"主要指采用漏电保护措施，除在末级开关箱内加装漏电保护器外，还要在上一级分配电箱或总配电箱中再加装一级漏电保护器，即将电网的干线与分支线路作为第一级，线路末端作为第二级。总体上形成两级保护。

2. 一机一闸一漏一箱

这个规定主要是针对开关箱而言的。《规范》规定："每台用电设备必须有各自专用的开关箱"，这就是一箱，不允许将两台用电设备的电气控制装置合置在一个开关箱内，避免发生误操作等事故。

《规范》规定："开关箱必须装设隔离开关、断路器或熔断器，以及漏电保护器"，这就是一漏。因为《规范》规定每台用电设备都要加装漏电保护器，所以不能有一个漏电保护器保护两台或多台用电设备的情况，否则容易发生误动作和影响保护效果。另外，还应避免发生直接用漏电保护器兼作电器控制开关的现象，由于将漏电保护器频繁动作，将导致损坏或影响灵敏度失去保护功能（漏电保护器与空气开关组装在一起的电器装置除外）。

《规范》规定："严禁用同一个开关箱直接控制两台及两台以上用电设备（含插座）"，这就是通常所说的"一机一闸"，不允许一闸多机或一闸控制多个插座的情况，主要也是防止误操作等事故发生。

3.配电箱及开关箱的电气技术要求

（1）材质要求。

①配电箱、开关箱应采用冷轧钢板或阻燃绝缘材料制作，钢板厚度应为1.2～2.0mm，其中开关箱箱体钢板厚度不得小于1.2mm，配电箱箱体钢板厚度不得小于1.5mm，箱体表面应做防腐处理。

②不得采用木质配电箱、开关箱、配电板。

（2）制作要求。

①配电箱、开关箱外形结构应能防雨、防尘，箱体应端正、牢固。箱门开、关松紧适当，便于开关。

②必须有门锁。

③配电箱、开关箱的箱体尺寸应与箱内电器的数量和尺寸相适应。

（3）安装位置要求。

①总配电箱应设在靠近电源的区域，分配电箱应设在用电设备或负荷相对集中的区域，分配电箱与开关箱的距离不得超过30m，开关箱与其控制的固定式用电设备的水平距离不宜超过3m。分配电箱与手持电动工具的距离不宜大于5m。

②动力配电箱与照明配电箱宜分别设置。当合并设置为同一配电箱时，动力和照明应分路配电；动力开关箱与照明开关箱必须分设。

③配电箱、开关箱应装设在干燥、通风及常温场所，不得装设在有严重损伤作用的瓦斯、烟气、潮气及其他有害介质中，亦不得装设在易受外来固体物撞击、强烈振动、液体浸溅及热源烘烤场所。否则，应予清除或做防护处理。

④配电箱、开关箱周围应有足够2人同时工作的空间和通道，不得堆放任何妨碍操作、维修的物品，不得有灌木、杂草。

⑤固定式配电箱、开关箱的中心点与地面的垂直距离应为1.4～1.6m。移动式配电箱、开关箱应装设在坚固、稳定的支架上，其中心点与地面的垂直距离宜为0.8～1.6m。携带式开关箱应有100～200mm的箱腿。配电柜下方应砌台或立于固定支架上。

⑥开关箱必须立放，禁止倒放，箱门不得采用上下开启式，并防止碰触箱内电器。

（4）内部开关电器安装要求。

①箱内电器安装常规是左大右小，大容量的控制开关、熔断器在左面，右面安装小容量的开关电器。

②箱内所有的开关电器应安装端正、牢固，不得有任何的松动、歪斜。

③配电箱、开关箱内的电器（含插座）应按其规定位置先紧固安装在金属或非木质阻燃绝

缘电器安装板上,然后方可整体紧固在配电箱、开关箱箱体内。

④配电箱的电器安装板上必须分设并标明N线端子板和PE线端子板,一般放在箱内配电板下部或箱内底侧边。N线端子板必须与金属电安装板绝缘;PE线端子板必须与金属电器安装板做电气连接。

进出线中的N线必须通过N线端子板连接;PE线必须通过PE线端子板连接。

⑤箱内电器安装板板面电器元件之间的距离和与箱体之间的距离可按照表6-4确定。

表6-4 配电箱、开关箱内电器安装尺寸选择值

间距名称	最小净距(mm)
并列电路(含单极熔断器)间	30
电器进、出线瓷管(塑料管)孔与电器边沿间	15A,30 20~30A,50 60A及以上,80
上、下排电器进出线瓷管(塑料管)孔间	25
电器进、出线瓷管(塑料管)孔至板边	40
电器至板边	40

⑥配电箱、开关箱的金属箱体、金属电器安装板以及内部开关电器正常不带电的金属底座、外壳等必须通过PE线端子板与PE线做电气连接,金属箱门与金属箱必须通过采用编织软铜线做电气连接。

(5)配电箱、开关箱内接连导线要求。

①配电箱、开关箱内的连接线必须采用铜芯绝缘导线。铝线接头万一松动,造成接触不良,产生电火花和高温,使接头绝缘烧毁,导致对地短路故障。因此为了保证可靠的电气连接,保护零线应采用绝缘铜线。

②导线绝缘的颜色配置正确并排列整齐。

③配电箱、开关箱内导线分支接头不得采用螺栓压接,应采用焊接并做绝缘包扎,不得有外露带电部分。

(6)配电箱、开关箱导线进出口处要求。

①配电箱、开关箱中导线的进线口和出线口应设在箱体的下底面,即"下进下出",不能设在上面、后面、侧面,更不应当从箱门缝隙中引进和引出导线。

②配电箱、开关箱的进、出线口应配置固定线卡,进出线应加绝缘护套并成束卡在箱体上,不得与箱体直接接触。

移动式配电箱、开关箱的进、出线应采用橡皮护套绝缘电缆,不得有接头。

4. 配电箱、开关箱的使用和维护

(1)配电箱、开关箱应有名称、用途、分路标记及系统接线图,由专人管理。

(2)配电箱、开关箱必须按照下列顺序操作:

①送电操作顺序为:总配电箱→分配电箱→开关箱;

②停电操作顺序为:开关箱→分配电箱→总配电箱。

但出现电气故障的紧急情况可除外。

（3）开关箱的操作人员必须按《规范》第 3.2.3 条规定操作。

（4）施工现场停止作业 1 小时以上时，应将动力开关箱断电上锁。

（5）配电箱、开关箱应定期检查、维修。检查、维修人员必须是专业电工。检查、维修时必须按规定穿、戴绝缘鞋、手套，必须使用电工绝缘工具，并应做检查、维修工作记录。

（6）对配电箱、开关箱进行定期维修、检查时，必须将其前一级相应的电源隔离开关分闸断电，并悬挂"禁止合闸、有人工作"停电标志牌，严禁带电作业。

（7）配电箱、开关箱内不得放置任何杂物，不得随意挂接其他用电设备，并应保持整洁。

（8）配电箱、开关箱内的电器配置和接线严禁随意改动。

（9）配电箱、开关箱的进线和出线严禁承受外力，严禁与金属尖锐断口、强腐蚀介质和易燃易爆物接触。

（10）配电箱、开关箱箱体应外涂安全色标、级别标志和统一编号。

6.3.7　电器装置

配电箱、开关箱内常用的电器装置有隔离开关、断路器或熔断器以及漏电保护器，它们都是开闭电路的开关设备。

1.常用电器装置介绍

（1）隔离开关。

隔离开关一般多用于高压变配电装置中，是一种没有灭弧装置的开关设备。隔离开关的主要作用是在设备或线路检修时隔离电压，以保证安全。

隔离开关在分闸状态时有明显可见的断口，以便检修人员能清晰判断隔离开关处于分闸位置，保证其他电气设备的安全检修。在合闸状态时能可靠地通过正常负荷电流及短路故障电流。隔离开关只能切断空载的电气线路，不能切断负荷电流，更不能切断短路电流，应与断路器配合使用。因此，绝不可以带负荷拉合闸，否则，触头间所形成的电弧，不仅会烧毁隔离开关和其他相邻的电气设备，而且也可能引起相间或对地弧光造成事故。所以在停电时应先拉断路器后拉隔离开关，送电时应先合隔离开关后合断路器。如果误操作将引起设备损坏和人身伤亡。

隔离开关一般可采用刀开关（刀闸）、刀形转换开关以及熔断器。刀开关和刀形转换开关可用于空载接通和分断电路的电源隔离开关，也可用于直接控制照明和不大于 3.0kW 的动力电路。

当施工现场的某台用电设备或某配电支路发生故障，需要检修时，在不影响其他设备或配电支路的正常运行情况下，为保障检修人员的安全，必须使开关箱或配电箱内的开关电器，能在任何情况下，都可以使用电设备实行电源隔离。为此，《规范》规定了配电箱及开关箱内必须装设隔离开关。

另外，要注意空气开关不能用作隔离开关。自动空气断路器简称空气开关或自动开关，是一种自动切断线路故障用的保护电器，可用在电动机主电路上作为短路、过载和欠压保护作用，但不能用作电源隔离开关。这主要由于空气开关没有明显可见的断开点、手柄开关位置有时不明确，壳内金属触头有时易发生黏合现象，再加上本身体积小、结构紧凑，断开点之间距离小有被击穿的可能等因素，因此，单独使用空气开关难以实现可靠的电源隔离，无法确保线路及用电设备的安全。它必须与隔离开关配合才能用于控制 3.0kW 以上的动力电路。

隔离开关分为户内用和户外用两类。隔离开关按结构形式有单柱式、双柱式和三柱式三种;按运动方式可分为瓷柱转动、瓷柱摆动和瓷柱移动三种;按闸刀的合闸方式又可分为闸刀垂直运动和闸刀水平运动两种。

隔离开关的主要技术参数有:

①额定电压。额定电压指隔离开关正常工作时,允许施加的电压等级。

②最高工作电压。由于输电线路存在电压损失,电源端的实际电压总是高于额定电压,因此,要求隔离开关能够在高于额定电压的情况下长期工作,在设计制造时就给隔离开关确定了一个最高工作电压。

③额定电流。额定电流指隔离开关可以长期通过的最大工作电流。隔离开关长期通过额定电流时,其各部分的发热温度不超过允许值。

④动稳定电流。动稳定电流指隔离开关承受冲击短路电流所产生电动力的能力。它是生产厂家在设计制造时确定的,一般以额定电流幅值的倍数表示。

⑤热稳定电流。热稳定电流指隔离开关承受短路电流热效应的能力。它是由制造厂家给定的某规定时间(1s 或 4s)内,使隔离开关各部件的温度不超过短时最高允许温度的最大短路电流。

⑥接线端子额定静拉力。接线端子额定静拉力指绝缘子承受机械载荷的能力,分为纵向和横向。

(2)低压断路器。

低压断路器(又称自动空气开关)是一种不仅可以接通和分断正常负荷电流和过负荷电流,还可以接通和分断短路电流的开关电器。低压断路器在电路中除起控制作用外,还具有一定的保护功能,如过负荷、短路、欠压和漏电保护等。低压断路器可以手动直接操作和电动操作,也可以远方遥控操作。断路器和熔断器在使用时一般只选择一个即可。

低压断路器容量范围很大,最小为 4A,而最大可达 5000A。低压断路器广泛应用于低压配电系统各级馈出线,各种机械设备的电源控制和用电终端的控制和保护。

①低压断路器分类。

按使用类别分,有选择型(保护装置参数可调)和非选择型(保护装置参数不可调)断路器;

按结构型式分,有万能式(又称框架式)和塑壳式(又称装置式)断路器;

按灭弧介质分,有空气式和真空式(目前国产多为空气式)断路器;

按操作方式分,有手动操作、电动操作和弹簧储能机械操作断路器;

按极数分,可分为单极、二极、三极和四极式断路器;

按安装方式分,有固定式、插入式、抽屉式和嵌入式等断路器。

②低压断路器的结构。

低压断路器的主要结构元件有:触头系统、灭弧系统、操作机构和保护装置。

触头系统的作用是实现电路的接通和分断。

灭弧系统的作用是用以熄灭触头在切断电路时产生的电弧。

操作机构是用来操纵触头闭合与断开。

保护装置的作用是,当电路出现故障时,使触头断开、分断电路。

③常用低压断路器。

常用的低压断路器有万能式断路器(标准型式为 DW 系列)和塑壳式断路器(标准型式为

DZ 系列)两大类。

④低压断路器的主要特性及技术参数。

我国低压电器标准规定低压断路器应有下列特性参数：

a. 型式。

断路器型式包括相数、极数、额定频率、灭弧介质、闭合方式和分断方式。

b. 主电路额定值。

主电路额定值有：额定工作电压；额定电流；额定短时接通能力；额定短时受电流。万能式断路器的额定电流还分主电路的额定电流和框架等级的额定电流。

c. 额定工作制。

断路器的额定工作制可分为 8h 工作制和长期工作制两种。

d. 辅助电路参数。

断路器辅助电路参数主要为辅助接点特性参数。万能式断路器一般具有常开接点、常闭接点各 3 对，供信号装置及控制回路用；塑壳式断路器一般不具备辅助接点。

e. 其他。

断路器特性参数除上述各项外，还包括脱扣器型式及特性、使用类别等。

⑤断路器的选用。

额定电流在 600A 以下，且短路电流不大时，可选用塑壳断路器；额定电流较大，短路电流亦较大时，应选用万能式断路器。

一般选用原则为：

a. 断路器额定电流≥负载工作电流；

b. 断路器额定电压≥电源和负载的额定电压；

c. 断路器脱扣器额定电流≥负载工作电流；

d. 断路器极限通断能力≥电路最大短路电流；

e. 线路末端单相对地短路电流/断路器瞬时(或短路时)脱扣器额定电流≥1.25A；

f. 断路器欠电压脱扣器额定电压＝线路额定电压。

(3)高压断路器。

高压断路器在高压开关设备中是一种最复杂、最重要的电器。它是一种能够实现控制与保护双重作用的高压电器。

①控制作用。在规定的使用条件下，根据电力系统运行的需要，将部分或全部电气设备以及线路投入或退出运行。

②保护作用。当电力系统某一部分发生故障时，在继电保护装置的作用下，自动地将该故障部分从系统中迅速切除，防止事故扩大，保护系统中各类电气设备不受损坏，保证系统安全运行。

高压断路器的种类很多，按照其安装场所不同，可分为户内式和户外式断路器。按照其灭弧介质的不同，主要有以下几类：

①油断路器(分为多油断路器和少油断路器)，指触头在变压器油中开断，利用变压器油为灭弧介质的断路器。

②压缩空气断路器，是指利用高压力的空气来吹弧的断路器。

③真空断路器，指触头在真空中开断，以真空为灭弧介质和绝缘介质的断路器。

④六氟化硫(SF₆)断路器,指利用高压力的 SF₆ 来吹弧的断路器。

⑤磁吹断路器,指在空气中由磁场将电弧吹入灭弧栅中使之拉长,冷却而熄灭的断路器。

⑥固体产气断路器,利用固体产气物质在电弧高温作用下分解出的气体来熄灭电弧的断路器。

高压断路器的主要技术参数有:额定电压、额定电流、额定开断电流、额定遮断容量、动稳定电流、热稳定电流、合闸时间、分闸时间等。

(4)熔断器。

熔断器(俗称保险丝)是一种简单的保护电器,当电气设备和电路发生短路和过载时,能自动切断电路,避免电器设备损坏,防止事故蔓延,从而对电气设备和电路起到安全保护作用。熔断器熔断时间和通过的电流大小有关,通常是电流越大,熔断时间越短。熔断器主要用作电路的短路保护,也可作为电源隔离开关使用。

熔断器由绝缘底座(或支持件)、触头、熔体等组成。熔体是熔断器的主要工作部分,熔体相当于串联在电路中的一段特殊的导线,当电路发生短路或过载时,电流过大,熔体因过热而熔化,从而切断电路。熔体常做成丝状、栅状或片状。熔体材料具有相对熔点低、特性稳定、易于熔断的特点,一般采用铅锡合金、镀银铜片、锌、银等金属。

在熔体熔断切断电路的过程中会产生电弧,为了安全有效地熄灭电弧,一般均将熔体安装在熔断器壳体内,采取措施,快速熄灭电弧。

熔断器选择的主要内容是:熔断器的型式、熔体的额定电流、熔体动作选择性配合,确定熔断器额定电压和额定电流的等级。

①熔断器的类型。

熔断器分为高压熔断器、低压熔断器。高压熔断器又有户外式、户内式,低压熔断器又有填料式、密闭式、螺旋式、瓷插式等。

a. 按结构分:开启式、半封闭式和封闭式熔断器。

开启式熔断器在熔体熔化时没有限制电弧火焰和金属熔化粒子喷出的装置。

半封闭式熔断器的熔体装于管内,端部开启,使熔体熔化时的电弧火焰和金属熔化粒子的喷出有一定的方向。

封闭式熔断器的熔体完全封闭在壳体内,没有电弧和金属熔化粒子的喷出。

b. 按安装方式分:瓷插式熔断器、螺旋式熔断器、管式熔断器。

螺旋式熔断器 RL:在熔断管装有石英砂,熔体埋于其中,熔体熔断时,电弧喷向石英砂及其缝隙,可迅速降温而熄灭。为了便于监视,熔断器一端装有色点,不同的颜色表示不同的熔体电流,熔体熔断时,色点被反作用弹簧弹出后自动脱落,通过瓷帽上的玻璃窗口可看见。螺旋式熔断器额定电流为 5~200A,主要用于短路电流大的分支电路或有易燃气体的场所。常用的型号有 RL1、RL7 等系列。

瓷插式熔断器 RC:具有结构简单、价格低廉、外形小、更换熔丝方便等优点,广泛用于中小型控制系统中。常用的型号有 RC1A 系列。

瓷插式熔断器中要用标准的标有额定电流值的易熔铜片,尤其 60A、100A、200A 的电路,必须使用易熔铜片熔丝。30A 以下用软铅,也要注意不要太大,尤其一些 1.5kW、2.5kW 的三相小马达用家用保险丝即可。

管式熔断器按有无填料分:有填料密封管式、无填料管式熔断器。

有填料管式熔断器 RT:有填料管式熔断器是一种有限流作用的熔断器,由填有石英砂的瓷熔管、触点和镀银铜栅状熔体组成。有填料管式熔断器均装在特别的底座上,如带隔离刀闸的底座或以熔断器为隔离刀的底座上,通过手动机构操作。有填料管式熔断器额定电流为50~1000A,主要用于短路电流大的电路或有易燃气体的场所。常用的型号有 RT12、RL14、RL15、RL17 等。

无填料管式熔断器 RM:无填料管式熔断器的熔丝管由纤维物制成。使用的熔体为变截面的锌合金片。熔体熔断时,纤维熔管的部分纤维物因受热而分解,产生高压气体,使电弧很快熄灭。无填料管式熔断器具有结构简单、保护性能好、使用方便等特点,一般均与刀开关组成熔断器刀开关组合使用。

有填料封闭管式快速熔断器 RS:有填料封闭管式快速熔断器是一种快速动作型的熔断器,由熔断管、触点底座、动作指示器和熔体组成。熔体为银质窄截面或网状形式,熔体为一次性使用,不能自行更换。由于其具有快速动作性,一般作为半导体整流元件保护用。

工地中配电箱常选用 RC 型和 RM 型。RC1 系列瓷插式熔断器已淘汰,目前以 RC1A 系列代替。需注意的是,RC1A 型熔断器必须上进下出,垂直安装,不准水平安装,更不准下进上出。RL1 螺旋式熔断器安装应注意,底座中心进,边缘螺旋出。

②熔断器熔体额定电流的确定。

熔体额定电流不等于熔断器额定电流,熔体额定电流按被保护设备的负荷电流选择,熔断器额定电流应大于熔体额定电流,与主电器配合确定。

由于各种电气设备都具有一定的过载能力,允许在一定条件下较长时间运行;而当负载超过允许值时,就要求保护熔体在一定时间内熔断。还有一些设备启动电流很大,但启动时间很短,所以要求这些设备的保护特性要适应设备运行的需要,要求熔断器在电机启动时不熔断,在短路电流作用下和超过允许过负荷电流时,能可靠熔断,起到保护作用。熔体额定电流选择偏大,负载在短路或长期过负荷时不能及时熔断;选择过小,可能在正常负载电流作用下就会熔断,影响正常运行,为保证设备正常运行,必须根据负载性质合理地选择熔体额定电流,不宜过大,够用即可。既要能够在线路过负荷时或短路时起到保护作用(熔断),又要在线路正常工作状态(包括正常的尖峰电流)下不动作(不熔断)。

a.熔体额定电流应不小于线路计算电流,以使熔体在线路正常运行时不致熔断。

b.熔体额定电流还应躲过线路的尖峰电流,以使熔体在线路出现正常的尖峰电流时也不致熔断。

以下是对于尖峰电流的考虑:

对于照明和电热设备电路:电路上总熔体的额定电流,等于电度表额定电流的 0.9~1 倍;支路上熔体的额定电流,等于支路上所有电气设备额定电流总和的 1~1.1 倍。

对于交流电动机电路:单台电动机电路中熔体的额定电流,等于该电动机额定电流的 1.5~2.5 倍,这是因为考虑到电动机的启动电流是电动机额定电流的 5~8 倍,熔断器在电动机启动时不应熔断;多台电动机电路上总熔体的额定电流,等于电路中功率最大一台电动机额定电流的 1.5~2.5 倍,再加上其他电动机额定电流的总和。

系数 1.5~2.5 可以这样选取,若电动机是空载或轻载启动,或不经常启动且启动时间不长,则系数取小些,反之则取大些。

③熔断器熔体熔断时间与启动设备动作时间的配合。

为了可靠地分断短路电流,特别是当短路电流超过启动设备的极限遮断电流时,要求熔断器熔断时间小于启动设备的释放动作时间。

a.熔断器与熔断器之间的配合。为保证前、后级熔断器动作的选择性,一般要求前级熔断器的熔体额定电流为后级的额定电流的2~3倍。

b.熔断器与电缆、导线截面的配合。为保证熔断器对线路的保护作用,熔断器熔体的额定电流应小于电缆、导线的安全载流量。

④熔断器额定电压与额定电流等级的确定。

a.熔断器的额定电压,应按线路的额定电压选择,即熔断器的额定电压大于线路的额定电压。

b.熔断器的额定电流等级应按熔体的额定电流确定,在确定熔断器的额定电流等级时,还应考虑到熔断器的最大分断电流,熔断器的最大分断电流应大于线路上的冲击电流有效值。

(5)漏电保护器。

漏电电流动作保护器,简称漏电保护器,也叫漏电保护开关,包括漏电开关和漏电继电器,是一种新型的电气安全装置,主要用于当用电设备(或线路)发生漏电故障,并达到限定值时,能够自动切断电源,以免伤及人身和烧毁设备。

当漏电保护装置与空气开关组装在一起时,这种新型的电源开关具备短路保护、过载保护、漏电保护和欠压保护的效能。

①作用。

a.当人员触电时尚未达到受伤害的电流和时间即跳闸断电,防止由于电气设备和电气线路漏电引起的触电事故。

b.设备线路漏电故障发生时,人虽未触及即先跳闸,避免设备长期存在带电隐患,以便及时发现并排除故障(因未排除故障无法合闸送电)。

c.及时切断电气设备运行中的单相接地故障,可以防止因漏电而引起的火灾或损坏设备等事故。

d.防止用电过程中的单相触电事故。

②漏电保护器的工作原理。

漏电保护器的工作原理是依靠检测漏电或人体触电时的电源导线上的电流在剩余电流互感器上产生不平衡磁通,当漏电电流或人体触电电流达到某动作额定值时,其开关触头分断,切断电源,实现触电保护。如图6-2所示。

③漏电保护器的类型。

a.按工作原理分为:电压型漏电保护开关、电流型漏电保护开关(有电磁式、电子式及中性点接地式之分)、电流型漏电继电器。

b.按极数和线数来分:有单极二线、二极二线、三极三线、三极四线、四极四线等数种漏电保护开关。

c.按脱扣器方式分为:电磁型与电子型漏电保护开关。

d.按漏电动作的电流值分为:高灵敏度型漏电开关(额定漏电动作电流为 5~30mA);中灵敏度型漏电开关(额定漏电动作电流为 30~1000mA);低灵敏度型漏电开关(额定漏电动作电流为 1000mA 以上)。

e.按动作时间分为:高速型(额定漏电动作电流下的动作时间小于 0.1s);延时型(额定漏

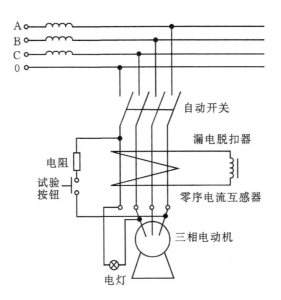

图 6-2 漏电保护开关原理

电动作电流下的动作时间为 0.1～0.2s);反时限型(额定漏电动作电流下的动作时间为 0.2～1s)。1.4 倍额定漏电动作电流下为 0.1～0.5s;4.4 倍额定漏电动作电流下的动作时间小于0.05s。

④漏电保护器的基本结构。

漏电保护器有电流动作型和电压动作型两种,由于电压动作型漏电保护器性能不够稳定,已很少使用。

电流动作型漏电保护器的基本结构组成主要包括三个部分:检测元件、中间环节、执行机构。其中检测元件为一零序互感器,用以检测漏电电流,并发出信号;中间环节包括比较器、放大器,用以交换和比较信号;执行机构为一带有脱扣机构的主开关,由中间环节发出指令动作,用以切断电源。

⑤漏电保护器的主要参数。

漏电保护器的主要动作性能参数有:额定漏电动作电流、额定漏电不动作电流、额定漏电动作时间等,其他参数还有:电源频率、额定电压、额定电流等。

a.额定漏电动作电流。

在规定的条件下,使漏电保护器动作的电流值。

b.额定漏电不动作电流。

在规定的条件下,漏电保护器不动作的电流值,一般应选漏电动作电流值的 1/2,即漏电电流在此值和此值以下时,保护器不应动作。

c.额定漏电动作时间。

额定漏电动作时间是指从突然施加漏电动作电流起,到保护电路被切断为止的时间。

d.额定电压及额定电流与被保护线路和负载相适应。

⑥漏电保护器的连接方法。

漏电保护器的正确接线方法应按表 6-5 选用。

表 6-5 漏电保护器接线方法

系 统		接 线
三相 220/380V 接零 保护 系统	专用变压器供电 TN-S 系统	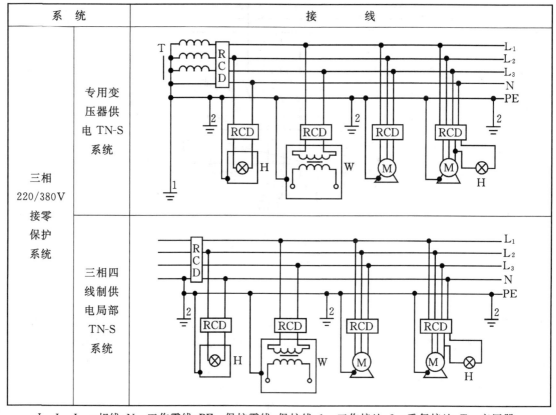
	三相四线制供电局部 TN-S 系统	

L_1,L_2,L_3—相线；N—工作零线；PE—保护零线、保护线；1—工作接地；2—重复接地；T—变压器；RCD—漏电保护器；H—照明器；W—电焊机；M—电动机

⑦漏电保护器的选用。

漏电保护器是按照动作特性来选择的，按照用于干线、支线和线路末端，应选用不同灵敏度和动作时间的漏电保护器，以达到协调配合。一般在线路的末级（开关箱内），应安装高灵敏度、快速型的漏电保护器；在干线（总配电箱内）或分支线（分配电箱内），应安装中灵敏度、快速型或延时型（总配电箱）漏电保护器，以形成分级保护。

按《规范》规定，施工现场漏电保护器的选用应遵循以下几点：

a. 开关箱中漏电保护器的额定漏电动作电流不应大于 30mA，额定漏电动作时间不应大于 0.1s。

b. 使用于潮湿或有腐蚀介质场所的漏电保护器应采用防溅型产品，防溅型漏电保护器的额定漏电动作电流不应大于 15mA，额定漏电动作时间不应大于 0.1s。

c. Ⅱ类手持电动工具应装设防溅型漏电保护器。

装设漏电保护器只能是防止人身触电伤亡事故的一种有效安全技术措施，绝对不宜过分夸大其作用。所以，必须有供电线路的维护及其他安全措施的紧密配合。

⑧两级漏电保护器要匹配。

当采用二级保护时，可将干线与分支线路作为第一级，线路末端作为第二级。

第一级漏电保护区域较大，停电后影响也大，漏电保护器灵敏度不要求太高，其漏电动作

电流和动作时间应大于后面的第二级保护,这一级保护主要提供间接保护和防止漏电火灾,如果选用参数过小就会导致误动作影响正常生产。

在电路末端安装漏电动作电流小于30mA的高速动作型漏电保护器,这样形成分级分段保护,使每台用电设备均有两级保护措施。

分级保护时,各级保护范围之间应相互配合,应在末端发生事故时,保护器不会越级动作和当下级漏电保护器发生故障时,上级漏电保护器动作以补救下级失灵的意外情况。

A. 第一级漏电保护。

a. 总配电箱设置漏电保护器时。

设置在总配电箱内对干线也能保护,漏电保护范围大,跳闸后影响范围也大。总配电箱一般不宜采用漏电跳闸型,总电箱电源一经切断将影响整个低压电网用电,使生产和生活遭受影响,所以保护器灵敏度不能太高,这一级主要提供间接接触保护和防止漏电火灾为主。漏电动作电流应按干线实测泄漏电流2倍选用,一般可选择漏电动作电流0.2~0.5A(照明线路小,动力线路大)的中灵敏度漏电报警和延时型(≥ 0.2s)的漏电保护器。

b. 分配电箱设置漏电保护器时。

将第一级漏电保护器设置在分配电箱内,虽然较设在总配电箱内保护范围小,但停电范围影响也小,一般都可满足现场安全运行需要。分配电箱装设漏电保护器不但对线路和用电设备有监视作用,同时还可以对开关箱起补充保护作用。分配电箱漏电保护器主要提供间接保护作用,参数选择不能过于接近开关箱,应形成分级分段保护功能,当选择参数太大会影响保护效果,但选择参数太小会形成越级跳闸,分配电箱先于开关箱跳闸。

人体对电击的承受能力,除了和通过人体的电流大小有关外,还与电流在人体中持续的时间有关。根据这一理论,国际上把设计漏电保护器的安全限值定为30mA·s。即使电流达到100mA,只要漏电保护器在0.3s之内动作切断电源,人体尚不会引起致命的危险。这个值也是提供间接接触保护的依据。

漏电保护器按支线上实测泄漏电流值的2.5倍选用,一般可选漏电动作电流值为100~200mA、漏电动作时间0.1s(不应超过30mA·s限值)。

B. 第二级(末级)漏电保护。

开关箱是分级配电的末级,使用频繁且危险性大,应提供间接接触防护和直接接触防护,保护区域小,主要用来对有致命危险的人身触电事故防护。这一级是将漏电保护器设置在线路末端用电设备的电源进线处(开关箱内),要求设置高灵敏度、快速型的漏电保护器。应按作业条件和《规范》规定选择漏电保护器,当用电设备容量较大时(如钢筋对焊机等),为避免保护器的误动作,可选择50mA×0.1s的漏电保护器。

虽然设计漏电保护器的安全界限值为30mA×0.1s,但当人体和相线直接接触时,通过人体的触电电流与所选择的漏电保护器的动作电流无关,它完全由人体的触电电压和人体在触电时的人体电阻所决定(人体阻抗随接触电压的变化而变化),由于这种触电的危险程度往往比间接触电的情况严重,所以临电规范及国标都从动作电流和动作时间两个方面进行限制,由此用于直接接触防护漏电保护器的参数选择即为30mA×0.1s=3mA·s。这是在发生直接接触触电事故时,从电流值考虑应不大于摆脱电流;从通过人体电流的持续时间上,小于一个心搏周期,而不会导致心室颤动。当在潮湿条件下,由于人体电阻的降低,所以又规定了漏电动作电流不应大于15mA。

2.电器装置选择的一般规定

(1)配电箱、开关箱内的电器必须可靠、完好，严禁使用破损、不合格的电器。

(2)总配电箱的电器应具备电源隔离，正常接通与分断电路，以及短路、过载、漏电保护功能。电器设置应符合下列原则：

①当总路设置总漏电保护器时，还应装设总隔离开关、分路隔离开关以及总断路器、分路断路器或总熔断器、分路熔断器。当所设总漏电保护器是同时具备短路、过载、漏电保护功能的漏电断路器时，可不设总断路器或总熔断器。

②当各分路设置分路漏电保护器时，还应装设总隔离开关、分路隔离开关以及总断路器、分路断路器或总熔断器、分路熔断器。当分路所设漏电保护器是同时具备短路、过载、漏电保护功能的漏电断路器时，可不设分路断路器或分路熔断器。

③隔离开关应设置于电源进线端，应采用分断时具有可见分断点，并能同时断开电源所有极的隔离电器。如采用分断时具有可见分断点的断路器，可不另设隔离开关。

④熔断器应选用具有可靠灭弧分断功能的产品。

⑤总开关电器的额定值、动作整定应与分路开关电器的额定值、动作整定值相适应。

(3)总配电箱应装设电压表、总电流表、电度表及其他需要的仪表。专用电能计量仪表的装设应符合当地供用电管理部门的要求。

装设电流互感器时，其二次回路必须与保护零线有一个连接点，且严禁断开电路。

(4)分配电箱应装设总隔离开关、分路隔离开关以及总断路器、分路断路器或总熔断器、分路熔断器。其设置和选择应符合《规范》要求。

(5)开关箱必须装设隔离开关、断路器或熔断器，以及漏电保护器。当漏电保护器是同时具有短路、过载、漏电保护功能的漏电断路器时，可不装设断路器或熔断器。隔离开关应采用分断时具有可见分断点，能同时断开电源所有极的隔离电器，并应设置于电源进线端。当断路器是具有可见分断点时，可不另设隔离开关。

(6)开关箱中的隔离开关只可直接控制照明电路和容量不大于3.0kW的动力电路，但不应频繁操作。容量大于3.0kW的动力电路应采用断路器控制，操作频繁时还应附设接触器或其他启动控制装置。

(7)开关箱中各种开关电器的额定值和动作整定值应与其控制用电设备的额定值和特性相适应。通用电动机开关箱中电器的规格可按《规范》选配。

(8)漏电保护器应装设在总配电箱、开关箱靠近负荷的一侧，且不得用于启动电气设备的操作。

(9)总配电箱中漏电保护器的额定漏电动作电流应大于30mA，额定漏电动作时间应大于0.1s，但其额定漏电动作电流与额定漏电动作时间的乘积不应大于3mA·s(30mA·0.1s)。

(10)总配电箱和开关箱中漏电保护器的极数和线数必须与其负荷侧负荷的相数和线数一致。

(11)配电箱、开关箱中的漏电保护器宜选用无辅助电源型(电磁式)产品，或选用辅助电源故障时能自动断开的辅助电源型(电子式)产品。当选用辅助电源故障时不能自动断开的辅助电源型(电子式)产品时，应同时设置缺相保护。

(12)漏电保护器应按产品说明书安装、使用。对搁置已久重新使用或连续使用的漏电保护器应每月检测其特性，发现问题应及时修理或更换。

（13）配电箱、开关箱的电源进线端严禁采用插头和插座做活动连接。

6.3.8 施工照明

（1）施工现场的一般场所宜选用额定电压为 220V 的照明器。施工现场照明应采用高光效、长寿命的照明光源。为便于作业和活动,在一个工作场所内,不得只装设局部照明。停电时,必须有自备电源的应急照明。

（2）照明器使用的环境条件。

①正常湿度的一般场所,选用开启式照明器;

②潮湿或特别潮湿场所,选用密闭型防水照明器或配有防水灯头的开启式照明器;

③含有大量尘埃但无爆炸和火灾危险的场所,应选用防尘型照明器;

④对有爆炸和火灾危险的场所,按危险场所等级选用相应的防爆型照明器;

⑤存在较强振动的场所,应选用防振型照明器;

⑥有酸碱等强腐蚀介质场所,选用耐酸碱型照明器。

（3）特殊场所应使用安全特低电压照明器。

①隧道、人防工程、高温、有导电灰尘、比较潮湿或灯具离地面高度低于 2.5m 等场所的照明,电源电压不应大于 36V;

②潮湿和易触及带电体场所的照明,电源电压不得大于 24V;

③特别潮湿场所、导电良好的地面、锅炉或金属容器内的照明,电源电压不得大于 12V。

（4）行灯使用的要求。

①电源电压不大于 36V;

②灯体与手柄应坚固、绝缘良好并耐热耐潮湿;

③灯头与灯体结合牢固,灯头无开关;

④灯泡外部有金属保护网;

⑤金属网、反光罩、悬吊挂钩固定在灯具的绝缘部位上。

在特别潮湿、导电良好的地面、锅炉或金属容器内工作的照明灯具,其电源电压不得大于 12V。

（5）施工现场照明线路的引出处,一般从总配电箱处单独设置照明配电箱。为了保证三相负荷平衡,照明干线应采用三相线与工作零线同时引出的方式。或者根据当地供电部门的要求以及施工现场具体情况,照明线路也可从配电箱内引出,但必须装设照明分路开关,并注意各分配电箱引出的单相照明应分相接设,尽量做到三相负荷平衡。

（6）照明变压器必须使用双绕组型安全隔离变压器,严禁使用自耦变压器。二次线圈、铁芯、金属外壳必须有可靠保护接零,并必须有防雨、防砸措施。携带式变压器的一次侧电源线应采用橡皮护套或塑料护套铜芯软电缆,中间不得有接头,长度不宜超过 3m,电源插销应有保护触头。

（7）照明线路不得拴在金属脚手架、龙门架上,严禁在地面上乱拉、乱拖。灯具需要安装在金属脚手架、龙门架上时,线路和灯具必须用绝缘物与其隔离开,且距离工作面高度在 3m 以上。控制刀闸应配有熔断器和防雨措施。

（8）每路照明支线上,灯具和插座数量不宜超过 25 个,负荷电流不宜超过 15A。

（9）对夜间影响飞机或车辆通行的在建工程及机械设备,必须设置醒目的红色信号灯,其电源应设在施工现场总电源开关的前侧,并应设置外电线路停止供电时的应急自备电源。

(10)照明装置。

①照明灯具的金属外壳必须与 PE 线相连接,照明开关箱内必须装设隔离开关、短路与过载保护电器和漏电保护器。

②对于需要大面积照明的场所,应采用高压汞灯、高压钠灯或混光用的卤钨灯。流动性碘钨灯采用金属支架安装时,支架应稳固,灯具与金属支架之间必须用不小于 0.2m 的绝缘材料隔离。

③室外 220V 灯具距地面不得低于 3m,室内 220V 灯具距地面不得低于 2.5m。普通灯具与易燃物距离不宜小于 300mm;聚光灯、碘钨灯等高热灯具与易燃物距离不宜小于 500mm,且不得直接照射易燃物。达不到规定安全距离时,应采取隔热措施。

④任何灯具的相线必须经开关控制,不得将相线直接引入灯具。灯具内的接线必须牢固,灯具外的接线必须做可靠的防水绝缘包扎。

⑤施工照明灯具露天装设时,应采用防水式灯具,距地面高度不得低于 3m。

⑥碘钨灯及钠、铊、铟等金属卤化物灯具的安装高度宜在 3m 以上,灯线应固定在接线柱上,不得靠近灯具表面。

⑦投光灯的底座应安装牢固,应按需要的光轴方向将枢轴拧紧固定。

⑧路灯的每个灯具应单独装设熔断器保护。灯头线应做防水弯。

⑨荧光灯管应采用管座固定或用吊链悬挂,荧光灯的镇流器不得安装在易燃的结构物上。

⑩一般施工场所不得使用带开关的灯头,应选用螺口灯头。相线接在与中心触头相连的一端,零线接在与螺纹口相连的一端。灯头的绝缘外壳不得有损伤和漏电。

⑪暂设工程的照明灯具宜采用拉线开关控制,开关安装位置宜符合下列要求:

a.拉线开关距地面高度为 2~3m,与出入口的水平距离为 0.15~0.2m,拉线的出口向下;

b.其他开关距地面高度为 1.3m,与出入口的水平距离为 0.15~0.2m。

⑫施工现场的照明灯具应采用分组控制或单灯控制。

6.3.9 用电设备

施工现场的电动建筑机械和手持电动工具主要有起重机械、施工电梯、混凝土搅拌机、蛙式打夯机、焊机、手电钻等,这些用电设备在使用过程中容易发生导致人体触电的事故。常见的有起重机械施工中碰触电力线路,造成断路、线路漏电;设备绝缘老化、破损、受潮造成设备金属外壳漏电等,因此必须加强施工现场用电设备的用电安全管理,消除触电事故隐患。

1.基本安全要求

(1)施工现场的电动建筑机械、手持电动工具及其用电安全装置必须符合相应的国家标准、专业标准、安全技术规程和现行有关强制性标准的规定,并应有产品合格证和使用说明书。

(2)所有电动建筑机械、手持电动工具均应实行专人专机负责制,并定期检查和维修保养,确保设备可靠运行。

(3)所有电气设备的外露导电部分,均应做保护接零。对产生振动的设备,其保护零线的连接点不少于两处。

(4)各类电气设备均必须装设漏电保护器并应符合规范要求。

(5)塔式起重机、外用电梯、滑升模板的金属操作平台和需要设置避雷装置的物料提升机等,除应连接 PE 线外,还应做重复接地。设备的金属结构构件之间应保证电气连接。

(6)塔式起重机、外用电梯等设备由于制造原因无法采用 TB-S 保护系统时,其电源应引自总配电柜,其配电线路应按规定单独敷设,专用配电箱不得与其他设备混用。

(7)电动建筑机械和手持式电动工具的负荷线应按其计算负荷选用无接头的橡皮护套铜芯软电缆,其性能应符合现行国家标准《额定电压 450/750V 及以下橡皮绝缘电缆》(GB 5013—2008)中第 1 部分(一般要求)和第 4 部分(软线和软电缆)的要求。截面按《规范》选配。

(8)使用 I 类手持电动工具以及打夯机、磨石机、无齿锯等移动式电气设备时必须戴绝缘手套。

(9)手持式电动工具中的塑料外壳 II 类工具和一般场所手持式电动工具中的 III 类工具可不连接 PE 线。

(10)所有用电设备拆、修或挪动时必须断电后方可进行。

2. 起重机械

(1)塔式起重机的电气设备应符合现行国家标准《塔式起重机安全规程》(GB 5144—2006)中的要求。

(2)塔式起重机与外电线路的安全距离,应符合《规范》要求。

(3)塔式起重机应按《规范》要求做重复接地和防雷接地。轨道式塔式起重机应在轨道两端各设一组接地装置,两条轨道应作环形电气连接,轨道的接头处应做电气连接。对较长的轨道,每隔不大于 30m 加一组接地装置,并符合《规范》要求。

(4)塔式起重机的供电电缆垂直敷设时应设固定点,距离不得超过 10m,并避免机械损伤。轨道式塔式起重机的电缆不得拖地行走。

(5)需要夜间工作的塔式起重机,应设置正对工作面的投光灯。塔身高于 30m 时,应在塔顶和臂架端部装设红色信号灯。

(6)在强电磁波源附近工作的塔式起重机,操作人员应戴绝缘手套和穿绝缘鞋,并应在吊钩与机体间采取绝缘隔离措施,或在吊钩吊装地面物体时,在吊钩上挂接临时接地装置。

(7)外用电梯的电源控制开关应用空气自动开关,不得使用铁壳开关或胶盖闸。空气自动开关必须装入箱内,停用时上锁。

(8)外用电梯梯笼内、外均应安装紧急停止开关。

(9)外用电梯和物料提升机的上、下极限位置应设置限位开关。

(10)外用电梯和物料提升机在每日工作前必须对行程开关、限位开关、紧急停止开关、驱动机构和制动器等进行空载检查,正常后方可使用。检查时必须有防坠落措施。

3. 桩工机械

(1)潜水式钻孔机电机的密封性能应符合现行国家标准《外壳防护等级(IP 代码)》(GB 4208—2008)中的 IP68 级的规定。

(2)潜水电机的负荷线应采用防水橡皮护套铜芯软电缆,长度应不小于 1.5m,且不得承受外力。

(3)潜水式钻孔机开关箱应装设防溅型漏电保护器,其额定漏电动作电流不应大于 15mA,额定漏电动作时间不应大于 0.1s。

4.夯土机械

(1)夯土机械必须装设防溅型漏电保护器,其额定漏电动作电流不应大于15mA,额定漏电动作时间应不小于0.1s。

(2)夯土机械PE线的连接点不得少于2处。

(3)夯土机械的负荷线应采用耐气候型的橡皮护套铜芯软电缆,中间不得有接头。

(4)使用夯土机械必须按规定穿戴绝缘用品,使用过程应有专人调整电缆。电缆线长度应不大于50m,严禁电缆缠绕、扭结和被夯土机械跨越。

(5)夯土机械的操作手柄必须绝缘。

(6)多台夯土机械并列工作时,其间距不得小于5m;前后工作时,其间距不得小于10m。

5.焊接机械

(1)电焊机应放置在防雨、防砸、干燥和通风良好的地点,下方不得有堆土和积水。周围不得堆放易燃易爆物品及其他杂物。

(2)电焊机应单独设开关,装设漏电保护装置并符合《规范》规定。交流电焊机械应配装防二次侧触电保护器。

(3)交流电焊机一次线长度不应大于5m,二次线长度不应大于30m,两侧接线应压接牢固,并安装可靠防护罩,焊机二次线应采用防水型橡皮护套铜芯软电缆,中间不得超过一处接头,接头及破皮处应用绝缘胶布包扎严密。

(4)发电机式直流电焊机的换向器应经常检查和维护,应消除可能产生的异常电火花。

(5)焊机把线和回路零线必须双线到位,不得借用金属管道、金属脚手架、轨道、钢盘等作回路地线。二次线不得泡在水中,不得压在物料下方。

(6)焊工必须按规定穿戴防护用品,持证上岗。

6.手持式电动工具

(1)空气湿度小于75%的一般场所可选用Ⅰ类或Ⅱ类手持式电动工具,其金属外壳与PE线的连接点不得少于2处。除塑料外壳Ⅱ类工具外,相关开关箱中漏电保护器的额定漏电动作电流不应大于15mA,额定漏电动作时间不应大于0.1s,其负荷线插头应具备专用的保护触头。所用插座和插头在结构上应保持一致,避免导电触头和保护触头混用。

(2)在潮湿场所和金属构架上操作时,严禁使用Ⅰ类手持式电动工具,必须选用Ⅱ类或由安全隔离变压器供电的Ⅲ类手持式电动工具。金属外壳Ⅱ类手持式电动工具使用时,必须符合上一条要求。开关箱和控制箱应设置在作业场所外面。

(3)在锅炉、金属容器、地沟或管道中等狭窄场所必须选用由安全隔离变压器供电的Ⅲ类手持式电动工具,其开关箱和安全隔离变压器均应设置在狭窄场所外面,并连接PE线。开关箱应装设防溅型漏电保护器,并符合规范要求。操作过程中,应有人在外面监护。

(4)手持式电动工具的负荷线应采用耐气候型的橡皮护套铜芯软电缆,并不得有接头。

(5)手持式电动工具的外壳、手柄、插头、开关、负荷线等必须完好无损,使用前必须做绝缘检查和空载检查,在绝缘合格、空载运转正常后方可使用。绝缘电阻不应小于表6-6规定的数值。

表 6-6 手持式电动工具绝缘电阻限制

表 6-6　手持式电动工具绝缘电阻限制

测量部位	绝缘电阻（MΩ）		
	Ⅰ类	Ⅱ类	Ⅲ类
带电零件与外壳之间	2	7	1

注：绝缘电阻用 500V 兆欧表测量。

（6）使用手持式电动工具时，必须按规定穿、戴绝缘防护用品。

7. 其他电动建筑机械

（1）施工现场消防泵的电源，必须引自现场电源总闸的外侧，其电源线宜暗敷设。

（2）混凝土搅拌机、插入式振动器、平板振动器、地面抹光机、水磨石机、钢筋加工机械、木工机械、盾构机构、水泵等设备的漏电保护应符合《规范》要求。

（3）混凝土搅拌机、插入式振动器、平板振动器、地面抹光机、水磨石机、钢筋加工机械、木工机械、盾构机械的负荷线必须采用耐气候型橡皮护套铜芯软电缆，并不得有任何破损和接头。

水泵的负荷线必须采用防水橡皮护套铜芯软电缆，严禁有任何破损和接头，并不得承受任何外力。

盾构机械的负荷线必须固定牢固，距地高度不得小于 2.5m。

（4）对混凝土搅拌机、钢筋加工机械、木工机械、盾构机械等设备进行清理、检查、维修时，必须首先将其开关箱分闸断电，呈现可见电源分断点，并关门上锁。

（5）施工现场使用的鼓风机外壳必须作保护接零。鼓风机应采用胶盖闸控制，并应装设漏电保护器和熔断器，其电源线应防止受损伤和火烤。禁止使用拉线开关控制鼓风机。

（6）移动式电气设备和手持式电动工具应配好插头，插头和插座应完好无损，并不得带负荷插接。

6.4　施工临时用电设施检查验收

1. 架空线路检查验收

（1）导线型号、截面应符合图纸要求；

（2）导线接头符合工艺标准；

（3）电杆材质、规格符合设计要求；

（4）进户线高度、导线弧垂距地高度，符合规范要求。

2. 电缆线路检查验收

（1）电缆敷设方式符合《施工现场临时用电安全技术规范》（JGJ 46—2005）中规定，与图纸相符；

（2）电线穿过建筑物、道路，易损部位是否加套管保护；

（3）架空电缆绑扎、最大弧垂距地面高度；

（4）电缆接头应符合规范。

3. 室内配线检查验收

（1）导线型号及规格、距地高度；

(2)室内敷设导线是否采用瓷瓶、瓷夹；

(3)导线截面应满足规范标准。

4.设备安装检查验收

(1)配电箱、开关箱位置是否合适；

(2)动力、照明系统是否分开设置；

(3)箱内开关、电器固定,箱内接线；

(4)保护零线与工作零线的端子是否分开设置；

(5)检查漏电保护器工作是否有效。

5.接地接零检查验收

(1)保护接地、重复接地、防雷接地的装置是否符合要求；

(2)各种接地电阻的电阻值；

(3)机械设备的接地螺栓是否紧固；

(4)高大井架、防雷接地的引下线与接地装置的做法是否符合规定。

6.电气防护检查验收

(1)高低压线下方有无障碍；

(2)架子与架空线路的距离；

(3)塔吊旋转部位或被吊物边缘与架空线路距离是否符合要求。

7.照明装置检查验收

(1)照明箱内有无漏电保护器,是否工作有效；

(2)零线截面及室内导线型号、截面；

(3)室内外灯具距地高度；

(4)螺口灯接线、开关断线是否是相线；

(5)开关灯具的位置是否合适。

复习思考题

1.简述建筑施工现场临时用电的三项技术(三项基本原则)。

2.施工现场临时用电组织设计内容应包括哪些?

3.简述对外电线路防护的基本措施。

4.接地主要有哪四种类别?

5.简述三级配电、两级保护。

6.简述漏电保护器的工作原理。

情境 7

文明施工

学习要点

- 掌握建筑施工对环境的影响
- 熟悉施工现场平面布置要求
- 掌握建筑施工临时用电、用水的管理要求
- 掌握施工现场相关防火要求

7.1 建筑工程职业健康与环境保护控制

7.1.1 施工现场环境保护

施工企业应提高环境保护意识,加强现场环境保护,做到施工与环境和谐健康发展。

1.建筑工程施工环境影响因素的识别与评价

(1)建筑工程施工应从噪声排放、粉尘排放、有毒有害物质排放、废水排放、固体废弃物处置、潜在的油品化学品泄漏、潜在的火灾爆炸和能源浪费等方面着手进行环境影响因素的识别。

(2)建筑工程施工应根据环境影响的规模、严重程度、发生的频率、持续的时间、社区关注程度和法规限定等情况对识别出的环境影响因素进行分析和评价,找出对环境有重大影响或潜在重大影响的因素,采取切实可行的措施进行控制,减少有害的环境影响,降低工程建造成本,提高环保效益。

2.建筑工程施工对环境的常见影响

(1)施工机械作业,模板支拆、清理与修复作业,脚手架安装与拆除作业等产生的噪声排放。

(2)施工场地平整作业,土、灰、砂、石搬运及存放,混凝土搅拌作业等产生的粉尘排放。

(3)现场渣土、商品混凝土、生活垃圾、建筑垃圾、原材料运输等过程中产生的遗洒。

(4)现场油品、化学品库房、作业点产生的油品、化学品泄漏。

(5)现场废弃的涂料桶、油桶、油手套、机械维修保养废液废渣等产生的有毒有害废弃物排放。

(6)城区施工现场夜间照明造成的光污染。

(7)现场生活区、库房、作业点等处发生的火灾、爆炸。

(8)现场食堂、厕所、搅拌站、洗车点等处产生的生活、生产污水排放。

（9）现场钢材、木材等主要建筑材料的消耗。

（10）现场用水、用电等的消耗。

3.建筑工程施工现场环境保护

（1）施工现场必须建立环境保护、环境卫生管理和检查制度，并应做好检查记录。对施工现场作业人员的教育培训、考核应包括环境保护、环境卫生等有关法律、法规的内容。

（2）在城市市区范围内从事建筑工程施工，项目必须在工程开工十五日以前向工程所在地县级以上地方人民政府环境保护管理部门申报登记。

（3）施工期间应遵照《中华人民共和国建筑施工场界噪声限值》制定降噪措施。确需夜间施工的，应办理夜间施工许可证明，并公告附近社区居民。

（4）尽量避免或减少施工过程中的光污染。夜间室外照明灯应加设灯罩，透光方向集中在施工范围。电焊作业采取遮挡措施，避免电焊弧光外泄。

（5）施工现场污水排放要与所在地县级以上人民政府市政管理部门签署污水排放许可协议，申领"临时排水许可证"。雨水排入市政雨水管网，污水经沉淀处理后二次使用或排入市政污水管网。施工现场泥浆、污水未经处理不得直接排入城市排水设施和河流、湖泊、池塘。

（6）施工现场存放化学品等有毒材料、油料，必须对库房进行防渗漏处理，储存和使用都要采取措施，防止渗漏，污染土壤水体。施工现场设置的食堂，用餐人数在100人以上的，应设置简易有效的隔油池，加强管理，专人负责定期除油。

（7）施工现场产生的固体废弃物应在所在地县级以上地方人民政府环卫部门申报登记，分类存放。建筑垃圾和生活垃圾应与所在地垃圾消纳中心签署环保协议，及时清运处置。有毒有害废弃物应运送到专门的有毒有害废弃物中心消纳。

（8）施工现场的主要道路必须进行硬化处理，土方应集中堆放。裸露的场地和集中堆放的土方应采取覆盖、固化或绿化等措施。施工现场土方作业应采取防止扬尘措施。

（9）拆除建筑物、构筑物时，应采用隔离、洒水等措施，并应在规定期限内将废弃物清理完毕。建筑物内施工垃圾的清运，必须采用相应的容器或管道运输，严禁凌空抛掷。

（10）施工现场使用的水泥和其他易飞扬的细颗粒建筑材料应密闭存放或采取覆盖等措施。混凝土搅拌场所应采取封闭、降尘措施。

（11）除有符合规定的装置外，施工现场内严禁焚烧各类废弃物，禁止将有毒有害废弃物作土方回填。

（12）在居民和单位密集区域进行爆破、打桩等施工作业前，项目经理部除按规定报告申请批准外，还应将作业计划、影响范围、程度及有关措施等情况，向有关的居民和单位通报说明，取得协作和配合；对施工机械的噪声与振动扰民，应有相应的措施予以控制。

（13）经过施工现场的地下管线，应由发包人在施工前通知承包人，标出位置，加以保护。

（14）施工时发现文物、古迹、爆炸物、电缆等，应当停止施工，保护好现场，及时向有关部门报告，按照有关规定处理后方可继续施工。

（15）施工中需要停水、停电、封路而影响环境时，必须经有关部门批准，事先告示，并设有标志。

7.1.2　施工现场卫生与防疫

施工企业应加强现场的卫生与防疫工作，改善作业人员的工作环境与生活条件，防止施工过程中各类疾病的发生,保障作业人员的身体健康和生命安全。

1.施工现场卫生与防疫的基本要求

(1)施工企业应根据法律、法规的规定,制定施工现场的公共卫生突发事件应急预案。

(2)施工现场应配备常用药品及绷带、止血带、颈托、担架等急救器材。

(3)施工现场应结合季节特点,做好作业人员的饮食卫生和防暑降温、防寒取暖、防煤气中毒、防疫等各项工作。

(4)施工现场应设专职或兼职保洁员,负责现场日常的卫生清扫和保洁工作。现场办公区和生活区应采取灭鼠、灭蚊、灭蝇、灭蟑螂等措施,并应定期投放和喷洒灭虫、消毒药物。

(5)施工现场办公室内布局应合理,文件资料宜归类存放,并应保持室内清洁卫生。

(6)施工现场生活区内应设置开水炉、电热水器或饮用水保温桶,施工区应配备流动保温水桶,水质应符合饮用水安全卫生要求。

2.现场宿舍的管理

(1)现场宿舍必须设置可开启式窗户,宿舍内的床铺不得超过2层,严禁使用通铺。

(2)现场宿舍内应保证有充足的空间,室内净高不得小于2.4m,通道宽度不得小于0.9m,每间宿舍居住人员不得超过16人。

(3)现场宿舍内应设置生活用品专柜,门口应设置垃圾桶。

(4)现场生活区内应提供为作业人员晾晒衣物的场地。

3.现场食堂的管理

(1)现场食堂应设置在远离厕所、垃圾站、有毒有害场所等污染源的地方。

(2)现场食堂应设置独立的制作间、储藏间,门扇下方应设不低于0.2m的防鼠挡板,配备必要的排风设施和冷藏设施,燃气罐应单独设置存放间,存放间应通风良好并严禁存放其他物品。

(3)现场食堂的制作间灶台及其周边应铺贴瓷砖,所贴瓷砖高度不宜小于1.5m,地面应作硬化和防滑处理,炊具宜存放在封闭的橱柜内,刀、盆、案板等炊具应生熟分开,炊具、餐具和公用饮水器具必须清洗消毒。

(4)现场食堂储藏室的粮食存放台距墙和地面应大于0.2m,食品应有遮盖,遮盖物品应有正反面标识,各种作料和副食应存放在密闭器皿内,并应有标识。

(5)现场食堂外应设置密闭式泔水桶,并应及时清运。

(6)现场食堂必须办理卫生许可证,炊事人员必须持身体健康证上岗,上岗应穿戴洁净的工作服、工作帽和口罩,应保持个人卫生,不得穿工作服出食堂,非炊事人员不得随意进入制作间。

4.现场厕所的管理

(1)现场应设置水冲式或移动式厕所,厕所大小应根据作业人员的数量设置。

(2)现场厕所地面应硬化,门窗应齐全。

(3)现场厕所应设专人负责清扫、消毒,化粪池应及时清掏。

5.现场淋浴间的管理

淋浴间内应设置满足需要的淋浴喷头,盥洗设施应设置满足作业人员使用的盥洗池,并应使用节水器具。

6.现场文体活动室的管理

文体活动室应配备电视机、书报、杂志等文体活动设施、用品。

7.现场食品卫生与防疫

(1)施工现场应加强食品、原料的进货管理,食堂严禁购买和出售变质食品。

(2)施工作业人员如发生法定传染病、食物中毒或急性职业中毒时,必须要在2h内向施工现场所在地建设行政主管部门和卫生防疫等部门进行报告,并应积极配合调查处理。

(3)施工作业人员如患有法定传染病时,应及时进行隔离,并由卫生防疫部门进行处置。

7.1.3 建筑工程文明施工

建筑工程施工现场是企业对外的"窗口",直接关系到企业和城市的文明与形象。施工现场应当实现科学管理,安全生产,文明有序施工。

1.现场文明施工管理的主要内容

(1)抓好项目文化建设。

(2)规范场容,保持作业环境整洁卫生。

(3)创造文明有序安全生产的条件。

(4)减少对居民和环境的不利影响。

2.现场文明施工管理的基本要求

(1)建筑工程施工现场应当做到围挡、大门、标牌标准化,材料码放整齐化(按照平面布置图确定的位置集中码放),安全设施规范化,生活设施整洁化,职工行为文明化,工作生活秩序化。

(2)建筑工程施工要做到工完场清、施工不扰民、现场不扬尘、运输无遗洒、垃圾不乱弃,努力营造良好的施工作业环境。

3.现场文明施工管理的控制要点

(1)施工现场出入口应标有企业名称或企业标识,主要出入口明显处应设置工程概况牌,大门内应设置施工现场总平面图和安全生产、消防保卫、环境保护、文明施工和管理人员名单及监督电话牌等制度牌。

(2)施工现场必须实施封闭管理,现场出入口应设门卫室,场地四周必须采用封闭围挡,围挡要坚固、整洁、美观,并沿场地四周连续设置。一般路段的围挡高度不得低于1.8m,市区主要路段的围挡高度不得低于2.5m。

(3)施工现场的场容管理应建立在施工平面图设计的合理安排和物料器具定位管理标准化的基础上,项目经理部应根据施工条件,按照施工总平面图、施工方案和施工进度计划的要求,进行所负责区域的施工平面图的规划、设计、布置、使用和管理。

(4)施工现场的主要机械设备、脚手架、密目式安全网与围挡、模具、施工临时道路、各种管线、施工材料制品堆场及仓库、土方及建筑垃圾堆放区、变配电间、消火栓、警卫室、现场的办公、生产和临时设施等的布置,均应符合施工平面图的要求。

(5)施工现场的施工区域应与办公、生活区划分清晰,并应采取相应的隔离防护措施。施工现场的临时用房应选址合理,并应符合安全、消防要求和国家有关规定。在建工程内严禁住人。

(6)施工现场应设置办公室、宿舍、食堂、厕所、淋浴间、开水房、文体活动室、密闭式垃圾站(或容器)及盥洗设施等临时设施,临时设施所用建筑材料应符合环保、消防要求。

(7)施工现场应设置畅通的排水沟渠系统,保持场地道路的干燥坚实,泥浆和污水未经处理不得直接排放。施工场地应硬化处理,有条件时,可对施工现场进行绿化布置。

(8)施工现场应建立现场防火制度和火灾应急响应机制,落实防火措施,配备防火器材。明火作业应严格执行动火审批手续和动火监护制度。高层建筑要设置专用的消防水源和消防立管,每层留设消防水源接口。

(9)施工现场应设宣传栏、报刊栏,悬挂安全标语和安全警示标志牌,加强安全文明施工宣传。

(10)施工现场应加强治安综合治理和社区服务工作,建立现场治安保卫制度,落实好治安防范措施,避免失盗事件和扰民事件的发生。

7.1.4 建筑工程职业病防范

1.建筑工程施工主要职业危害种类

(1)粉尘危害。

(2)噪声危害。

(3)高温危害。

(4)振动危害。

(5)密闭空间危害。

(6)化学毒物危害。

(7)其他因素危害。

2.建筑工程施工易发的职业病类型

(1)矽尘肺。例如:碎石设备作业、爆破作业。

(2)水泥尘肺。例如:水泥搬运、投料、拌和。

(3)电焊尘肺。例如:手工电弧焊、气焊作业。

(4)锰及其化合物中毒。例如:手工电弧焊作业。

(5)氮氧化物中毒。例如:手工电弧焊、电渣焊、气割、气焊作业。

(6)一氧化碳中毒。例如:手工电弧焊、电渣焊、气割、气焊作业。

(7)苯中毒。例如:油漆作业、防腐作业。

(8)甲苯中毒。例如:油漆作业、防水作业、防腐作业。

(9)兰甲苯中毒。例如:油漆作业、防水作业、防腐作业。

(10)中暑。例如:高温作业。

(11)手臂振动病。例如:操作混凝土振动棒、风镐作业。

(12)接触性皮炎。例如:混凝土搅拌机械作业、油漆作业、防腐作业。

(13)电光性皮炎。例如:手工电弧焊、电渣焊、气割作业。

(14)电光性眼炎。例如:手工电弧焊、电渣焊、气割作业。

(15)噪声致聋。例如:木工圆锯、平刨操作,无齿锯切割作业,卷扬机操作,混凝土振捣作业。

(16)苯致白血病。例如:油漆作业、防腐作业。

3.职业病的预防

(1)工作场所的职业卫生防护与管理要求。

①危害因素的强度或者浓度应符合国家职业卫生标准。

②有与职业病危害防护相适应的设施。

③现场施工布局合理,符合有害与无害作业分开的原则。

④有配套的卫生保健设施。

⑤设备、工具、用具等设施符合保护劳动者生理、心理健康的要求。

⑥法律、法规和国务院卫生行政主管部门关于保护劳动者健康的其他要求。

(2)生产过程中的职业卫生防护与管理要求。

①要建立健全职业病防治管理措施。

②要采取有效的职业病防护设施,为劳动者提供个人使用的职业病防护用具、用品。防护用具、用品必须符合防治职业病的要求,不符合要求的,不得使用。

③应优先采用有利于防治职业病和保护劳动者健康的新技术、新工艺、新材料、新设备,不得使用国家明令禁止使用的可能产生职业病危害的设备或材料。

④应书面告知劳动者工作场所或工作岗位所产生或者可能产生的职业病危害因素、危害后果和应采取的职业病防护措施。

⑤应对劳动者进行上岗前的职业卫生培训和在岗期间的定期职业卫生培训。

⑥对从事接触职业病危害作业的劳动者,应当组织在上岗前、在岗期间和离岗时的职业健康检查。

⑦不得安排未经上岗前职业健康检查的劳动者从事接触职业病危害的作业,不得安排有职业禁忌的劳动者从事其所禁忌的作业。

⑧不得安排未成年工从事接触职业病危害的作业,不得安排孕期、哺乳期的女职工从事对本人和胎儿、婴儿有危害的作业。

⑨用于预防和治理职业病危害、工作场所卫生检测、健康监护和职业卫生培训等费用,按照国家有关规定,应在生产成本中据实列支,专款专用。

(3)劳动者享有的职业卫生保护权利。

①有获得职业卫生教育、培训的权利。

②有获得职业健康检查、职业病诊疗、康复等职业病防治服务的权利。

③有了解工作场所产生或者可能产生的职业病危害因素、危害后果和应当采取的职业病防护措施的权利。

④有要求用人单位提供符合防治职业病要求的职业病防护设施和个人使用的职业病防护用具、用品,改善工作条件的权利。

⑤对违反职业病防治法律、法规以及危及生命健康的行为有提出批评、检举和控告的权利。

⑥有拒绝违章指挥和强令进行没有职业病防护措施作业的权利。

⑦参与用人单位职业卫生工作的民主管理,对职业病防治工作有提出意见和建议的权利。

7.1.5 绿色建筑与绿色施工

绿色建筑是指在建筑的全寿命周期内,最大限度地节约资源(节能、节地、节水、节材)、保护环境和减少污染,为人们提供健康、适用和高效的使用空间,与自然和谐共生的建筑。

绿色施工是指工程建设中,在保证质量、安全等基本要求的前提下,通过科学管理和技术进步,最大限度地节约资源(节材、节水、节能、节地)与减少对环境负面影响的施工活动。

1.绿色建筑评价标准

(1)《绿色建筑评价标准》(GB/T 50378—2014)的特点。

①它是我国第一部多目标、多层次的绿色建筑综合评价标准。

a.多目标——节能、节地、节水、节材、环境、运营;

b.多层次——控制项、一般项、优选项,一级指标、二级指标;

c.综合性——最终定级是在分别考虑各目标的基础上综合制定,集成了规划、建筑、结构、暖通空调、给水排水、建材、智能、环保、景观绿化等多专业知识和技术。

②适用范围。

本标准适用于新建、扩建与改建的住宅建筑和公共建筑中的办公建筑、商场建筑和旅馆建筑,目前已发展至对学校、医院、场馆乃至工业建筑绿色建筑标识的评定。

③评定时段。

绿色建筑定义中突出全寿命周期,含规划、设计、施工、运营、维修、拆解及废弃物处理各过程,评价标准提出了对规划、设计与施工阶段进行过程控制。

实际操作是按不同工程进展阶段分为"绿色建筑设计评价标识"(评价处于规划设计阶段与施工阶段的住宅与公共建筑)、"绿色建筑评价标识"(评价已竣工并投入使用1年以上的住宅与公共建筑)。

④适用性。

发展绿色建筑的初衷是针对面大量广的建筑,而不是高端建筑,所以标准强调的是适用技术、常规产品,造就的绿色建筑不是高科技的堆砌,涉及的成本增量是有限的。如节能设计就注重被动设计,强调建筑朝向、体型、窗墙比,再生能源注意太阳能与地热的利用;节水强调节水器具、设备和非传统水源(雨水和中水)的利用;节材强调利用商品混凝土、高强度钢、高性能混凝土、建筑垃圾等。

⑤指标体系。

绿色建筑评价指标体系由节地与室外环境、节能与能源利用、节水与水资源利用、节材与材料资源利用、室内环境质量和运营管理六类指标组成。每类指标包括控制项、一般项与优选项。绿色建筑评价的必备条件应为全部满足《绿色建筑评价标准》(GB/T 50378—2014)控制项要求。按满足一般项数和优选项数的程度,绿色建筑划分为三个等级。

⑥评价方法。

通过条数计数法,评出最后的等级。方法简单易用,六大指标相对独立,不能串用。评价结果体现出在六个基本绿色性能方面一定的均衡性。具体要求见表7-1和表7-2。

表 7-1　划分绿色建筑等级的项数要求(住宅建筑)

等级	一般项数(共 40 项)						优选项数(共 6 项)
	节地与室外环境(共 9 项)	节能与能源利用(共 5 项)	节水与水资源利用(共 7 项)	节材与材料资源利用(共 6 项)	室内环境质量(共 5 项)	运营管理(共 8 项)	
★	4	2	3	3	2	5	—
★★	6	3	4	4	3	6	2
★★★	7	4	6	5	4	7	4

表 7-2　划分绿色建筑等级的项数要求(公共建筑)

等级	一般项数(共 43 项)						优选项数(共 6 项)
	节地与室外环境(共 8 项)	节能与能源利用(共 10 项)	节水与水资源利用(共 6 项)	节材与材料资源利用(共 5 项)	室内环境质量(共 7 项)	运营管理(共 7 项)	
★	3	5	2	2	2	3	—
★★	5	6	3	3	4	4	6
★★★	7	8	4	4	6	6	13

⑦定性定量相结合。

本标准条文定性多,定量少。碍于基础研究的薄弱或内涵的约束,较多的条文限于定性判别,有些内容已有经验数据和测试依据,可做定量规定。基于工程技术人员习惯于定量标准为可操作性强的需求,今后努力增加定量内容。

⑧因地制宜。

因地制宜是绿色建筑的灵魂,即要根据本土的气候、环境、资源、经济和文化五大要素,按照评价标准来制定切实可行的技术措施和选用产品。如在少水和缺水地区就不要求雨水利用,对日照时间短、太阳能辐射强度差的地区就不强调太阳能利用,对夏热冬暖地区就不考虑采暖的相关要求。具体做法是该条文可不参与评价,参评的总项数相应减少,等级划分时对项数的要求可按原比例调整确定。

(2)绿色建筑的发展动向。

①扩大原标准的适用范围,已从原定的住宅、公建(办公、商厦、宾馆)开始推广到学校、医院、体育场馆、科技馆、展览中心等建筑。

②从早期的新建建筑发展到既有建筑的改造均提出申报绿色建筑的要求。

③从原有的普通建筑到现在发展势头较快的超高层建筑(有些还是城市的标志工程)。

④从原有的民用建筑已拓展到工业建筑(已编制完成绿色工业建筑评价导则并开始试评)。

⑤100 个左右获得住房和城乡建设部认可的绿色建筑设计标识的项目逐步开始运营标识的认定。

⑥对部分公共建筑不仅获得绿色建筑标识,还要实施能效标识。

⑦绿色建筑已从"四节一环保"发展到建筑碳排放计量分析。

2. 绿色施工要点

绿色施工应对整个施工过程实施动态管理,加强对施工策划、施工准备、材料采购、现场施工、工程验收等各阶段的管理和监督。

(1)环境保护技术要点。

国家环保部门认为建筑施工产生的尘埃占城市尘埃总量的30%以上,此外建筑施工还在噪声、水污染、土污染等方面带来较大的负面影响,所以环保是绿色施工中显著的一个问题。应采取有效措施,降低环境负荷,保护地下设施和文物等资源。

(2)节材与材料资源利用技术要点。

节材是四节的重点,是针对我国工程界的现状而必须实施的重点问题。

①审核节材与材料资源利用的相关内容,降低材料损耗率;合理安排材料的采购、进场时间和批次,减少库存;应就地取材,装卸方法得当,防止损坏和遗撒;避免和减少二次搬运。

②推广使用商品混凝土和预拌砂浆、高强钢筋和高性能混凝土,减少资源消耗。推广钢筋专业化加工和配送,优化钢结构制作和安装方案,装饰贴面类材料在施工前,应进行总体排版策划,减少资源损耗。采用非木质的新材料或人造板材代替木质板材。

③门窗、屋面、外墙等围护结构选用耐候性及耐久性良好的材料,施工确保密封性、防水性和保温隔热性,并减少材料浪费。

④应选用耐用、维护与拆卸方便的周转材料和机具。模板应以节约自然资源为原则,推广采用外墙保温板替代混凝土施工模板的技术。

⑤现场办公和生活用房采用周转式活动房。现场围挡应最大限度地利用已有围墙,或采用装配式可重复使用围挡封闭。力争工地临时用房、临时围挡材料的可重复使用率达到70%。

(3)节水与水资源利用的技术要点。

①施工中采用先进的节水施工工艺。

②现场搅拌用水、养护用水应采取有效的节水措施,严禁无措施浇水养护混凝土。现场机具、设备、车辆冲洗用水必须设立循环用水装置。

③项目临时用水应使用节水型产品,对生活用水与工程用水确定用水定额指标,并分别计量管理。

④现场机具、设备、车辆冲洗、喷洒路面、绿化浇灌等用水,优先采用非传统水源,尽量不使用市政自来水。力争施工中非传统水源和循环水的再利用量大于30%。

⑤保护地下水环境。采用隔水性能好的边坡支护技术。在缺水地区或地下水位持续下降的地区,基坑降水尽可能少地抽取地下水;当基坑开挖抽水量大于50万 m^3 时,应进行地下水回灌,并避免地下水被污染。

(4)节能与能源利用的技术要点。

①确定合理施工能耗指标,提高施工能源利用率。根据当地气候和自然资源条件,充分利用太阳能、地热等可再生能源。

②优先使用国家、行业推荐的节能、高效、环保的施工设备和机具。合理安排工序,提高各种机械的使用率和满载率,降低各种设备的单位耗能。优先考虑耗用电能或其他能耗较少的

施工工艺。

③临时设施宜采用节能材料,墙体、屋面使用隔热性能好的材料,减少夏天空调、冬天取暖设备的使用时间及耗能量。

④临时用电优先选用节能电线和节能灯具,照明设计以满足最低照度为原则,照度不应超过最低照度的 20%。合理配置采暖、空调、风扇数量,规定使用时间,实行分段分时使用,节约用电。

⑤施工现场分别设定生产、生活、办公和施工设备的用电控制指标,定期进行计量、核算、对比分析,并有预防与纠正措施。

(5)节地与施工用地保护的技术要点。

①临时设施的占地面积应按用地指标所需的最低面积设计。要求平面布置合理、紧凑,在满足环境、职业健康与安全及文明施工要求的前提下尽可能减少废弃地和死角,临时设施占地面积有效利用率大于 90%。

②应对深基坑施工方案进行优化,减少土方开挖和回填量,最大限度地减少对土地的扰动,保护周边自然生态环境。

③红线外临时占地应尽量使用荒地、废地,少占用农田和耕地。利用和保护施工用地范围内原有的绿色植被。

④施工总平面布置应做到科学、合理,充分利用原有建筑物、构筑物、道路、管线为施工服务。

⑤施工现场道路按照永久道路和临时道路相结合的原则布置。施工现场内形成环形通路,减少道路占用土地。

(6)发展绿色施工的新技术、新设备、新材料与新工艺。

①施工方案应建立推广、限制、淘汰公布制度和管理办法。发展适合绿色施工的资源利用与环境保护技术,对落后的施工方案进行限制或淘汰,鼓励绿色施工技术的发展,推动绿色施工技术的创新。

②大力发展现场监测技术、低噪声的施工技术、现场环境参数检测技术、自密实混凝土施工技术、清水混凝土施工技术、建筑固体废弃物再生产品在墙体材料中的应用技术、新型模板及脚手架技术的研究与应用。

③加强信息技术应用,如绿色施工的虚拟现实技术、三维建筑模型的工程量自动统计、绿色施工组织设计数据库建立与应用系统、数字化工地、基于电子商务的建筑工程材料、设备与物流管理系统等。通过应用信息技术,进行精密规划、设计、精心建造和优化集成,实现与提高绿色施工的各项指标。

7.2 建筑工程施工现场平面布置

7.2.1 施工平面图设计

根据项目总体施工部署,绘制现场不同施工阶段(期)总平面布置图,通常有基础工程施工总平面、主体结构工程施工总平面、装饰工程施工总平面等。

1. 施工总平面图的设计内容

(1)项目施工用地范围内的地形状况。

(2)全部拟建建(构)筑物和其他基础设施的位置。

(3)项目施工用地范围内的加工设施、运输设施、存储设施、供电设施、供水供热设施、排水排污设施、临时施工道路和办公用房、生活用房。

(4)施工现场必备的安全、消防、保卫和环保设施。

(5)相邻的地上、地下既有建(构)筑物及相关环境。

2. 施工总平面图设计原则

(1)平面布置科学合理,施工场地占用面积少。

(2)合理组织运输,减少二次搬运。

(3)施工区域的划分和场地的临时占用应符合总体施工部署和施工流程的要求,减少相互干扰。

(4)充分利用既有建(构)筑物和既有设施为项目施工服务,降低临时设施的建造费用。

(5)临时设施应方便生产和生活,办公区、生活区、生产区宜分离设置。

(6)符合节能、环保、安全和消防等要求。

(7)遵守当地主管部门和建设单位关于施工现场安全文明施工的相关规定。

3. 施工总平面图设计要点

(1)设置大门,引入场外道路。

施工现场宜考虑设置两个以上大门。大门应考虑周边路网情况、转弯半径和坡度限制,大门的高度和宽度应满足车辆运输需要,应尽可能与加工场地、仓库的位置要求一致。

(2)布置大型机械设备。

布置塔吊时,应考虑其覆盖范围、可吊物件的运输和堆放;布置混凝土泵的位置时,应考虑泵管的输送距离、混凝土罐车行走方便。

(3)布置仓库、堆场。

一般应接近使用地点,其纵向宜与交通线路平行,货物装卸时间长的仓库应远离路边。

(4)布置加工厂。

总的指导思想是应使材料和构件的运输量小,有关联的加工厂适当集中。

(5)布置内部临时运输道路。

施工现场的主要道路必须进行硬化处理。主干道应有排水措施。临时道路要把仓库、加工厂、堆场和施工点贯穿起来,按货运量大小设计双行干道或单行循环道满足运输和消防要求。主干道宽度,单行道不小于4m,双行道不小于6m。木材场两侧应有6m宽通道,端头处应有12m×12m回车场,消防车道不小于4m,载重车转弯半径不宜小于15m。

(6)布置临时房屋。

①尽可能利用已建的永久性房屋为施工服务,如不足,再修建临时房屋。临时房屋应尽量利用可装拆的活动房屋。有条件的应使生活办公区和施工区相对独立。宿舍内应保证有必要的生活空间,室内净高不得小于2.4m,通道宽度不得小于0.9m,每间宿舍居住人员不得超过16人。

②办公用房宜设在工地入口处。

③作业人员宿舍一般宜设在场外,并避免设在不利于健康的地方。作业人员用的生活福利设施,宜设在人员较集中的地方,或设在出入必经之处。

④食堂宜布置在生活区,也可视条件设在施工区与生活区之间。为减少临时建筑,也可采用送餐制。

(7)布置临时水电管管网和其他动力设施。

临时总变电站应设在高压线进入工地处,尽量避免高压线穿过工地。

临时水池、水塔应设在用水中心和地势较高处。管网一般沿道路布置,供电线路应避免与其他管道设在同一侧。要将支线引到所有使用地点。

正式施工总平面图按正式绘图规则、比例、规定代号和规定线条绘制,把设计的各类内容一一标绘在图上,标明图名、图例、比例尺、方向标记、必要的文字说明。

7.2.2 施工平面图管理

1.流程化管理

施工总平面图应随施工组织设计内容一起报批。

2.施工平面图现场管理要点

(1)目的。

使场容美观、整洁,道路畅通,材料放置有序,施工有条不紊,安全有效,利益相关者都满意,赢得广泛的社会信誉,现场各种活动得以良好开展,贯彻相关法律法规,处理好各相关方的工作关系。

(2)总体要求。

文明施工、安全有序、整洁卫生、不扰民、不损害公众利益。

(3)出入口管理。

现场大门应设置警卫岗亭,安排警卫人员24h值班,查人员出入证、材料运输单、安全管理等。根据《建筑施工现场环境与卫生标准》(JGJ 146—2013)规定,施工现场出入口应标有企业名称或企业标识,主要出入口明显处应设置工程概况牌,大门内应有施工现场总平面图和安全生产、消防保卫、环境保护、文明施工等制度牌。

(4)规范场容。

①施工平面图设计的科学合理化、物料堆放与机械设备定位标准化,保证施工现场场容规范化。

②在施工现场周边按规范要求设置临时维护设施。

③现场内沿路设置畅通的排水系统。

④现场道路主要场地做硬化处理。

⑤设专人清扫办公区和生活区,并对施工作业区和临时道路洒水和清扫。

⑥建筑物内施工垃圾的清运,必须采用相配容器或管道运输,严禁凌空抛掷。

(5)环境保护。

工程施工可能对环境造成的影响有:大气污染、室内空气污染、水污染、土壤污染、噪声污染、光污染、垃圾污染等,对这些污染均应按有关环境保护的法规和相关规定进行防治。

(6)消防保卫。

①必须按照《中华人民共和国消防法》的规定,建立和执行消防管理制度;

②现场道路应符合施工期间消防要求;

③设置符合要求的防火报警系统;

④在火灾易发生地区施工和储存、使用易燃易爆器材,应采取特殊消防安全措施;

⑤现场严禁吸烟;

⑥施工现场严禁焚烧各类废弃物。

(7)卫生防疫管理。

①加强对工地食堂、炊事人员和炊具的管理。食堂必须有卫生许可证,炊事人员必须持身体健康证上岗。炊事人员上岗应穿戴洁净的工作服、工作帽和口罩。不得穿工作服出食堂,非炊事人员不得随意进入制作间和成品间。确保卫生防疫,杜绝传染病和食物中毒事故的发生。

②根据需要制定和执行防暑、降温、消毒、防病措施。

7.3 建筑工程施工临时用电

7.3.1 临时用电管理

1.建筑施工临时用电管理

(1)施工现场操作电工必须经过按国家现行标准考核合格后,持证上岗工作,必须持原所在地地(市)级以上劳动保护安全监察机关核发的特种作业证明。非电工严禁进行电气作业。

(2)各类用电人员必须通过相关安全教育培训和技术交底,掌握安全用电基本知识和所用设备的性能,考核合格后方可上岗工作,电工接受施工现场暂设电气安装任务后,必须认真领会落实临时用电安全施工组织设计(施工方案)和安全技术措施交底的内容,施工用电线路架设必须按施工图规定进行,凡临时用电使用超过六个月(含六个月)以上的,应按正式线路架设,改变安全施工组织设计规定,必须经原审批单位领导同意签字,未经同意不得改变。

(3)安装、巡检、维修或拆除临时用电设备和线路,必须由电工完成,并应有人监护,电工作业时,必须穿绝缘鞋、戴绝缘手套,酒后不准操作。

(4)临时用电组织设计规定如下:

①施工现场临时用电设备在5台及以上或设备总容量在50kW及以上者,应编制用电组织设计。

②装饰装修工程或其他特殊施工阶段,应补充编制单项施工用电方案。

(5)临时用电组织设计及变更必须由电气工程技术人员编制,相关部门审核,具有法人资格企业的技术负责人批准,经现场监理签认后实施。

(6)临时用电工程必须经编制、审核、批准部门和使用单位共同验收,合格后方可投入使用。

(7)临时用电工程定期检查应按分部、分项工程进行,对安全隐患必须及时处理,并应履行复查验收手续。

(8)所有绝缘、检测工具应妥善保管,严禁他用,并应定期检查、校验。保证正确可靠接地或接零。所有接地或接零处,必须保证可靠电气连接。

(9)电气设备的设置、安装、防护、使用、维修必须符合《规范》的要求。

(10)在施工现场专用的中性点直接接地的电力系统中,必须采用 TN-S 接零保护。

(11)电气设备不带电的金属外壳、框架、部件、管道、金属操作台和移动式碘钨灯的金属柱等,均应做保护接零。

(12)定期和不定期对临时用电工程的接地、设备绝缘和漏电保护开关进行检测、维修,发现隐患及时消除,并建立检测维修记录。

(13)建筑工程竣工后,临时用电工程拆除,应按顺序先断电源,后拆除,不得留有隐患。

2.《规范》的强制性条文

(1)施工现场临时用电工程电源中性点直接接地的 220/380V 三相四线制低压电力系统,必须符合下列规定:采用三级配电系统;采用 TN-S 接零保护系统;采用二级漏电保护系统。

(2)当采用专用变压器、TN-S 接零保护供电系统的施工现场,电气设备的金属外壳必须与保护零线连接。保护零线应由工作接地线、配电室(总配电箱)电源侧零线或总漏电保护器电源侧零线处引出。

(3)当施工现场与外电线路共用同一供电系统时,电气设备的接地、接零保护应与原系统保持一致,不得一部分设备做保护接零,另一部分设备做保护接地。

(4)TN 系统中的保护零线除必须在配电室或总配电箱处做重复接地外,还必须在配电系统的中间处和末端处做重复接地。

(5)配电柜应装设电源隔离开关及短路、过载、漏电保护器。电源隔离开关分断时,应有明显可见的分断点。

(6)配电箱的电器安装板上必须分设 N 线端子板和 PE 线端子板。N 线端子板必须与金属电器安装板绝缘;PE 线端子板必须与金属电器安装板做电气连接。

(7)配电箱、开关箱的电源进线端严禁采用插头和插座做活动连接。

(8)对混凝土搅拌机、钢筋加工机械、木工机械、质构机械等设备进行清理、检查、维修时,必须将其开关箱分闸断电,呈现可见电源分断点,并关门上锁。

(9)下列特殊场所应使用安全特低电压照明器:

①隧道、人防工程、高温、有导电灰尘、比较潮湿或灯具离地面高度低于 2.5m 等场所的照明,电源电压不应大于 36V;

②潮湿和易触及带电体场所的照明,电源电压不得大于 24V;

③特别潮湿场所、导电良好的地面、锅炉或金属容器内的照明,电源电压不得大于 12V。

(10)照明变压器必须使用双绕组型安全隔离变压器,严禁使用自耦变压器。

(11)对夜间影响飞机或车辆通行的在建工程及机械设备,必须设置醒目的红色信号灯,其电源应设在施工现场总电源开关的前侧,并应设置外电线路停止供电时的应急自备电源。

3.三级配电两级保护

(1)三级配电。配电箱根据其用途和功能的不同,一般可分为三级:

①总配电箱(又称固定式配电箱)。总配电箱用符号"A"表示。总配电箱是控制施工现场全部供电的集中点,应设置在靠近电源地区。电源由施工现场用电变压器低压侧引出的电缆线接入,并装设电流互感器、有功电度表、无功电度表、电流表、电压表及总开关、分开关。总配电箱内的开关均应采用自动空气开关(或漏电保护开关)。引入、引出线应穿管并有防水弯。

②分配电箱(又称移动式配电箱)。分配电箱用符号"B"表示,其中 1、2、3 表示序号。分

配电箱是总配电箱的一个分支,控制施工现场某个范围的用电集中点,应设在用电设备负荷相对集中的地区。箱内应设总开关和分开关。总开关应采用自动空气开关,分开关可采用漏电开关或刀闸开关并配备熔断器。

③开关箱。开关箱是直接控制用电设备。开关箱与所控制的固定式用电设备的水平距离不得大于3m,与分配电箱的距离不得大于30m。开关箱内安装漏电开关、熔断器及插座。电源线采用橡皮套软电缆线,从分配电箱引出,接入开关箱上闸口。

配电箱在使用过程中需注意以下几个方面:

①配电箱及其内部开关、器件的安装应端正牢固。安装在建筑物或构筑物上的配电箱为固定式配电箱,其箱底距地面的垂直距离应大于1.3m,小于1.5m。移动式配电箱不得置于地面上随意拖拉,应固定在支架上,其箱底与地面的垂直距离应大于0.6m,小于1.5m。

②配电箱内的开关、电器,应安装在金属或非木质的绝缘电器安装板上,然后整体紧固在配电箱体内,金属箱体、金属电器安装板以及箱内电器不带电的金属底座、外壳等,必须做保护接零。保护零线必须通过零线端子板连接。

③配电箱和开关箱的进出线口,应设在箱体的下面,并加护套保护。进、出线应分路成束,不得承受外力,并做好防水弯。导线束不得与箱体进、出线口直接接触。

④配电箱内的开关及仪表等电器排列整齐,配线绝缘良好,绑扎成束。熔丝及保护装置按设备容量合理选择,三相设备的熔丝大小应一致。三个及其以上回路的配电箱应设总开关,分开关应标有回路名称。三相开关只能作为断路开关使用,不得装设熔丝,应另加熔断器。各开关、触点应动作灵活、接触良好。配电箱的操作盘面不得有带电体明露。箱内应整洁,不得放置工具等杂物,箱门应有锁,并用红色油漆喷上警示标语和危险标志,喷写配电箱分类编号。箱内应设有线路图。下班后必须拉闸断电、锁好箱门。

⑤配电箱周围2m内不得堆放杂物。电工应经常巡视检查开关、熔断器的接点处是否过热,各接点是否牢固,配线绝缘有无破损,仪表指示是否正常等,发现隐患立即排除。配电箱应经常清扫除尘。

⑥每台用电设备应有各自专用的开关箱,必须实行"一机一闸一漏一箱"制,严禁同一个开关电器直接控制两台及两台以上用电设备(含插座)。

(2)两级漏电保护。总配电箱和开关箱中两级漏电保护器的额定漏电动作电流和额定漏电动作时应合理配合,使之具有分级、分段保护的功能。

施工现场的漏电保护开关在总配电箱、分配电箱上安装的漏电保护开关的漏电动作电流应为50~100mA,保护该线路;开关箱安装漏电保护开关的漏电动作电流应为30mA以下。

漏电保护开关不得随意拆卸和调换零部件,以免改变原有技术参数。并应经常检查试验,发现异常,必须立即查明原因,严禁"带病"使用。

4.施工照明

(1)施工现场照明应采用高光效、长寿命的照明光源。工作场所不得只装设局部照明,对于需要大面积的照明场所,应采用高压汞灯、高压钠灯或碘钨灯,灯头与易燃物的净距离不小于0.3m。流动性碘钨灯采用金属支架安装时,支架应稳固,灯具与金属支架之间必须用不小于0.2m的绝缘材料隔离。

(2)施工照明灯具露天装设时,应采用防水式灯具,距地面高度不得低于3m。工作棚、场地的照明灯具,可分路控制,每路照明支线上连接灯数不得超过10盏,若超过10盏时,每个灯具上应装设熔断器。

（3）室内照明灯具距地面不得低于 2.4m。每路照明支线上灯具和插座数不宜超过 25 个，额定电流不得大于 15A，并用熔断器或自动开关保护。

（4）一般施工场所宜选用额定电压为 220V 的照明灯具，不得使用带开关的灯头，应选用螺口灯头。相线接在与中心触头相连的一端，零线接在与螺纹口相连的一端。灯头的绝缘外壳不得有损伤和漏电，照明灯具的金属外壳必须做保护接零。单项回路的照明开关箱内必须装设漏电保护开关。

（5）现场局部照明用的工作灯，在室内抹灰、水磨石地面等潮湿的作业环境中，照明电源电压应不大于 36V。在特别潮湿，导电良好的地面、锅炉或金属容器内工作的照明灯具，其电源电压不得大于 12V。工作手灯应用胶把和网罩保护。

（6）36V 的照明变压器，必须使用双绕组型，二次线圈、铁芯、金属外壳必须有可靠保护接零。一、二次侧应分别装设熔断器，一次线长度不应超过 3m。照明变压器必须有防雨、防砸措施。

（7）照明线路不得拴在金属脚手架、龙门架上，严禁在地面上乱拉、乱拖。灯具需要安装在金属脚手架、龙门架上时，线路和灯具必须用绝缘物与其隔离开，且距离工作面高度在 3m 以上。控制刀闸应配有熔断器和防雨措施。

（8）施工现场的照明灯具应采用分组控制或单灯控制。

7.3.2 配电线路布置

1. 架空线路敷设基本要求

（1）施工现场架空线必须采用绝缘导线，施工现场运电杆时，应由专人指挥。小车搬运，必须绑扎牢固，防止滚动。人抬时，前后要响应，协调一致，电杆不得离地过高，防止一侧受力扭伤。

（2）导线长期连续负荷电流应小于导线计算负荷电流。

（3）三相四线制线路的 N 线和 PE 线截面不小于相线截面的 50%，单相线路的零线截面与相线截面相同。

（4）架空线路必须有短路保护。采用熔断器做短路保护时，其熔体额定电流应小于等于明敷绝缘导线长期连续负荷允许载流量的 1.5 倍。

（5）架空线路必须有过载保护。采用熔断器或断路器做过载保护时，绝缘导线长期连续负荷允许载流量不应小于熔断器熔体额定电流或断路器长延时过流脱扣器脱扣电流整定值的 1.25 倍。

（6）人工立电杆时，应有专人指挥。立杆前检查工具是否牢固可靠（如木杆无伤痕，链子合适，溜绳、横绳、钢丝绳无伤痕）。地锚钎子要牢固可靠，溜绳各方向吃力应均匀。操作时，互相配合，听从指挥，用力均衡。机械立杆，吊车臂下不准站人，上空（吊车起重臂杆回转半径内）所有带电线路必须停电。

（7）电杆就位移动时，坑内不得有人。电杆立起后，必须先架好叉木，才能撤去吊钩。电杆坑填土夯实后才允许撤掉叉木、溜绳或横绳。

（8）电杆的梢径不小于 13cm，埋入地下深度为杆长的 1/10 再加上 0.6m。木质杆不得劈裂、腐朽，根部应刷沥青防腐。水泥杆不得有露筋、环向裂纹、扭曲等现象。

①登杆组装横担时,活板子开口要合适,不得用力过猛。

②登杆脚扣规格应与杆径相适应。使用脚踏板,钩子应向上。使用的机具、护具应完好无损。操作时系好安全带,并拴在安全可靠处,扣环扣牢,严禁将安全带拴在瓷瓶或横担上。

③杆上作业时,禁止上下投掷料具。料具应放在工具袋内,上下传递料具的小绳应牢固可靠。递完料具后,要离开电杆 3m 以外。

(9)架空线路的干线架设(380/220V)应采用铁横担、瓷瓶水平架设,档距不大于 35m,线间距离不小于 0.3m。

①架空线路必须采用绝缘导线。架空绝缘铜芯导线截面积不小于 $10mm^2$,架空绝缘铝芯导线截面积不小于 $16mm^2$,在跨越铁路、管道的挡距内,铜芯导线截面积不小于 $16mm^2$,铝芯导线截面积不小于 $35mm^2$。导线不得有接头。

②架空线路距地面一般不低于 4m,过路线的最下一层不低于 6m。多层排列时,上、下层的间距不小于 0.6m。高压线在上方,低压线在中间,广播线、电话线在下方。

③干线的架空零线应不小于相线截面的 1/2。导线截面积在 $10mm^2$ 以下时,零线和相线截面积相同。支线零线是指干线到闸箱的零线,应采用与相线大小相同的截面。

④架空线路最大弧垂点至地面的最小距离见表 7-3。

表 7-3 架空线路最大弧垂点至地面的最小距离(m)

架空线路地区	线 路 负 荷	
	1kV 以下	1～10kV
居民区	6	6.5
交通要道(路口)	6	7
建筑物顶端	2.5	3
特殊管道	1.5	3

⑤架空线路摆动最大时与各种设施的最小距离。外侧边线与建筑物凸出部分的最小距离:1kV 以下时,为 1m,1～10kV 时,为 1.5m。在建工程(含脚手架)的外侧边缘与外电架空线路的边线之间的最小距离:1kV 以下时,为 4m;1～10kV 时,为 6m。

(10)杆上紧线应侧向操作,并将夹紧螺栓拧紧;紧有角度的导线时,操作人员应在外侧作业。紧线时装设的临时脚踏支架应牢固。如用大竹梯,必须用绳将梯子与电杆绑扎牢固。调整拉线时,杆上不得有人。

(11)紧绳用的铅(铁)丝或钢丝绳,应能承受全部拉力,与电线连接必须牢固。紧线时导线下方不得有人。终端紧线时,反方向应设置临时拉线。

(12)大雨、大雪及六级以上强风天,停止登杆作业。

2.电缆线路敷设基本要求

(1)电缆中必须包含全部工作芯线和作保护零线的芯线,即五芯电缆。

(2)五芯电缆必须包含淡蓝、绿/黄两种颜色绝缘芯线。淡蓝色芯线必须用作 N 线,绿/黄双色芯线必须用作 PE 线,严禁混用。

(3)电缆线路应采用埋地或架空敷设,严禁沿地面明设,并应避免机械损伤和介质腐蚀。

(4)直接埋地敷设的电缆过墙、过道、过临建设施时,应套钢管保护。

(5)电缆线路必须有短路保护和过载保护。

(6)电缆在室外直接埋地敷设时,必须按电缆埋设图敷设,并应砌砖槽防护,埋设深度不得小于 0.6m。

(7)电缆的上下各均匀铺设不小于 5cm 厚的细砂,上盖电缆盖板或红机砖作为电缆的保护层。

(8)地面上应有埋设电缆的标志,并应有专人负责管理。不得将物料堆放在电缆埋设的上方。

(9)有接头的电缆不准埋在地下,接头处应露出地面,并配有电缆接线盒(箱)。电缆接线盒(箱)应防雨、防尘、防机械损伤,并远离易燃、易爆、易腐蚀场所。

(10)电缆穿越建筑物、构筑物、道路、易受机械损伤的场所及引出地面从 2m 高度至地下 0.2m 处,必须加设防护套管。

(11)电缆线路与其附近热力管道的平行间距不得小于 2m,交叉间距不得小于 1m。

(12)橡套电缆架空敷设时,应沿着墙壁或电杆设置,并用绝缘子固定,严禁使用金属裸线作绑线。电缆间距大于 10m 时,必须采用铅丝或钢丝绳吊绑,以减轻电缆自重,最大弧垂距地面不小于 2.5m。电缆接头处应牢固可靠,做好绝缘包扎,保证绝缘强度,不得承受外力。

(13)在施建筑的临时电缆配电,必须采用电缆埋地引入。电缆垂直敷设时,位置应充分利用竖井、垂直孔洞。其固定点每楼层不得少于一处。水平敷设应沿墙或门口固定,最大弧垂距离地面不得小于 1.8m。

3.室内配线要求

(1)室内配线必须采用绝缘导线或电缆。

(2)室内非埋地明敷主干线距地面高度不得小于 2.5m。

(3)室内配线必须有短路保护和过载保护。

【案例 7-1】

1.背景

某建筑面积为 23000m² 的 18 层住宅工程,施工现场供、配电干线采用架空线路敷设,支线及进楼电源采用铠装电缆直埋。

2.问题

(1)该背景中明敷绝缘导线长期连续负荷允许载流量为 215A,架空线路短路保护采用熔体额定电流 200A 的熔断器,该方案是否可行?为什么?

(2)材料部门采购了四芯铠装电缆到现场,技术部门为了保证 TN-S 三相五线制供电,决定采用四芯铠装电缆外敷一根塑铜线(BV)方式敷设,是否可行?

(3)电工接线时,绿/黄双色芯线用作 N 线使用,此种做法,是否正确?

3.分析与答案

(1)应采用额定电流为 322A 熔体做短路保护。采用熔断器做短路保护时,其熔体额定电流应小于等于明敷绝缘导线长期连续负荷允许载流量的 1.5 倍。

(2)电缆中必须包含全部工作芯线和保护零线的芯线,即五芯电缆。

(3)绿/黄双色芯线必须用作 PE 线,严禁混用。

7.3.3 配电箱与开关箱的设置

(1)配电系统应采用配电柜或总配电箱、分配电箱、开关箱三级配电方式。

(2)总配电箱应设在靠近电源的区域,分配电箱应设在用电设备或负荷相对集中的区域,分配电箱与开关箱的距离不得超过30m,开关箱与其控制的固定式用电设备的水平距离不宜超过3m。

(3)每台用电设备必须有各自专用的开关箱,严禁用同一个开关箱直接控制2台及2台以上用电设备(含插座)。

(4)配电箱、开关箱应装设端正、牢固。固定式配电箱、开关箱的中心点与地面的垂直距离应为1.4～1.6m。移动式配电箱、开关箱应装设在坚固、稳定的支架上,其中心点与地面的垂直距离宜为0.8～1.6m。

(5)配电箱的电器安装板上必须分设N线端子板和PE线端子板。N线端子板必须与金属电器安装板绝缘;PE线端子板必须与金属电器安装板做电气连接。进出线中的N线必须通过N线端子板连接,PE线必须通过PE线端子板连接。

(6)配电箱、开关箱的金属箱体、金属电器安装板以及电器正常不带电的金属底座、外壳等,必须通过PE线端子板与PE线做电气连接,金属箱门与金属箱体必须采用编织软铜线做电气连接。

【案例7-2】

1.背景

某住宅工程现场钢筋加工厂,配电系统采用TN-S接零保护系统,用电设备有钢筋切断机4台、钢筋弯钩机4台、抻直机1台等。

2.问题

(1)背景中各开关箱分别控制5m处的钢筋切断机、钢筋弯钩机、抻直机,问存在什么问题?

(2)PE线由分配电箱安装板固定螺栓引出至用电设备,做法正确吗?

(3)由于2台钢筋切断机相距较近,电工工长让电工在开关箱内设置两个漏电保护器,分别控制2台钢筋切断机。这种设置是否可以?

3.分析与答案

(1)开关箱与被控制用电设备间距不符合规定,规范规定开关箱与其控制的固定式用电设备的水平距离不宜超过3m。

(2)分配电箱安装板固定螺栓不能代替PE线端子板,固定机件的紧固螺栓不允许代替PE线端子板。违反了配电箱的电器安装板上必须设PE线端子板,PE线端子板必须与金属电器安装板做电气连接,PE线必须通过PE线端子板连接的规定。

(3)每台用电设备必须有各自专用的开关箱,严禁用同一个开关箱直接控制2台及2台以上用电设备。

7.4 建筑工程施工临时用水

7.4.1 临时用水管理

项目应贯彻执行绿色施工规范,采取合理的节水措施并加强临时用水管理。

1.施工临时用水管理的内容

(1)计算临时用水的数量。临时用水量包括:现场施工用水量、施工机械用水量、施工现场生活用水量、生活区生活用水量、消防用水量。在分别计算了以上各项用水量之后,才能确定总用水量。

(2)确定供水系统。供水系统包括:取水设施、净水设施、贮水构筑物、输水管和配水管管网。

以上内容均需要经过科学计算和设计。

2.配水设施

(1)配水管网布置的原则如下:在保证不间断供水的情况下,管道铺设越短越好;考虑施工期间各段管网具有移动的可能性;主要供水管线采用环状,孤立点可设枝状;尽量利用已有的或提前修建的永久管道,管径要经过计算确定。

(2)管线穿路处均要套以铁管,并埋入地下 0.6m 处,以防重压。

(3)过冬的临时水管须埋在冰冻线以下或采取保温措施。

(4)排水沟沿道路布置,纵坡不小于 0.2%,过路处须设涵管,在山地建设时应有防洪设施。

(5)消火栓间距不大于120m,距拟建房屋不小于5m,不大于25m,距路边不大于2m。

(6)各种管道间距应符合规定要求。

7.4.2 临时用水计算

1.用水量的计算

(1)现场施工用水量可按下式计算:

$$q_1 = K_1 \cdot \sum \frac{Q_1 \cdot N_1}{T \cdot t} \cdot \frac{K_2}{8 \times 3600}$$

式中　q_1——施工用水量(L/s);

　　　K_1——未预计的施工用水系数(可取 1.05～1.15);

　　　Q_1——年(季)度工程量;

　　　N_1——施工用水定额(浇筑混凝土耗水量 2400L/s、砌筑耗水量 250L/s);

　　　T——年(季)度有效作业日(d);

　　　t——每天工作班数;

　　　K_2——用水不均衡系数(现场施工用水取 1.5)。

(2)施工机械用水量可按下式计算:

$$q_2 = K_1 \cdot \sum Q_2 \cdot N_2 \cdot \frac{K_3}{8 \times 3600}$$

式中　q_2——机械用水量（L/s）；

　　　Q_2——同一种机械台数（台）；

　　　N_2——施工机械台班用水定额；

　　　K_3——施工机械用水不均衡系数（可取 2.0）。

（3）施工现场生活用水量可按下式计算：

$$q_3 = \frac{P_1 \cdot N_3 \cdot K_4}{t \times 8 \times 3600}$$

式中　q_3——施工现场生活用水量（L/s）；

　　　P_1——施工现场高峰昼夜人数（人）；

　　　N_3——施工现场生活用水定额，一般为 20～60L/（人·班），主要需视当地气候而定；

　　　K_4——施工现场用水不均衡系数（可取 1.3～1.5）；

　　　t——每天工作班数（班）。

（4）生活区生活用水量可按下式计算：

$$q_4 = \frac{P_2 \cdot N_4 \cdot K_5}{24 \times 3600}$$

式中　q_4——生活区生活用水（L/s）；

　　　P_2——生活区居民人数（人）；

　　　N_4——生活区昼夜全部生活用水定额；

　　　K_5——生活区用水不均衡系数（可取 2.0～2.5）。

（5）消防用水量（q_5）：最小 10L/s，施工现场在 25ha（250000m²）以内时，不大于 15L/s。

（6）总用水量（Q）可按下式计算：

①当（$q_1+q_2+q_3+q_4$）≤q_5 时，则 $Q=q_5+\dfrac{(q_1+q_2+q_3+q_4)}{2}$；

②当（$q_1+q_2+q_3+q_4$）>q_5 时，则 $Q=q_1+q_2+q_3+q_4$；

③当工地面积小于 5ha，而且（$q_1+q_2+q_3+q_4$）<q_5 时，则 $Q=q_5$。

最后计算出总用水量（以上各项相加）后，还应增加 10% 的漏水损失。

【案例 7-3】

1. 背景

某工程，建筑面积为 16122m²，占地面积为 4000m²。地下 1 层，地上 8 层。筏形基础，现浇混凝土框架—剪力墙结构，填充墙空心砌块隔墙。水源从现场北侧引入，要求保证施工生产、生活及消防用水。

2. 问题

（1）当施工用水系数 $K_1=1.15$，年混凝土浇筑量 11639m³，施工用水定额 2400L/m³，年持续有效工作日为 150d，两班作业，用水不均衡系数 $K_2=1.5$。要求计算现场施工用水。

（2）施工机械主要是混凝土搅拌机，共 4 台，包括混凝土输送泵的清洗用水、进出施工现场运输车辆冲洗等，用水定额平均 $N_2=300$L/台。未预计用水系数 $K_1=1.15$，施工不均衡系数 $K_3=2.0$，求施工机械用水量。

（3）设现场生活高峰人数 $P_1=350$ 人，施工现场生活用水定额 $N_3=40$L/班，施工现场生活用水不均衡系数 $K_4=1.5$，每天用水 2 个班，要求计算施工现场生活用水量。

(4)请根据现场占地面积设定消防用水量。

(5)计算总用水量。

3.分析与答案

(1)计算现场施工用水量：

$$q_1 = K_1 \sum \frac{Q_1 \times N_1}{T_1 \times t} \cdot \frac{K_2}{8 \times 3600} = 1.15 \times \frac{11639 \times 2400}{150 \times 2} \times \frac{1.8}{8 \times 3600} = 5.577(\text{L/s})$$

(2)求施工机械用水量：

$$q_2 = K_1 \sum Q_2 N_2 \cdot \frac{K_3}{8 \times 3600} = 1.15 \times 4 \times 300 \times \frac{2.0}{8 \times 3600} = 0.0958(\text{L/s})$$

(3)计算施工现场生活用水量：

$$q_3 = \frac{P_1 \cdot N_3 \cdot K_4}{t \times 8 \times 3600} = \frac{350 \times 40 \times 1.5}{2 \times 8 \times 3600} = 0.365(\text{L/s})$$

(4)设定消防用水量：

由于施工占地面积远远小于 250000m^2，故按最小消防用水量选用，为 $q_5 = 10\text{L/s}$。

(5)总用水量确定：

$q_1 + q_2 + q_3 = 5.577 + 0.0958 + 0.365 = 6.0378\text{L/s} < q_5$，故总用水量接消防用水量考虑，即总用水量 $Q = q_5 = 10\text{L/s}$。若考虑 10% 的漏水损失，则总用水量 $Q = (1 + 10\%) \times 10 = 11$ (L/s)。

2.临时用水管径计算

供水管径是在计算总用水量的基础上按公式计算的。如果已知用水量，按规定设定水流速度，就可以进行计算。计算公式如下：

$$d = \sqrt{\frac{4Q}{\pi \times v \times 1000}}$$

式中　　d——配水管直径(m)；

Q——耗水量(L/s)；

v——管网中水流速度(1.5～2m/s)。

【案例 7-4】

1.背景

某项目经理部施工的某机械加工车间，位于城市的远郊区，结构为单层排架结构厂房，钢筋混凝土独立基础，建筑面积为 5500m^2。总用水量为 12L/s，水管中水的流速为 1.5m/s。干管采用钢管，埋入地下 800mm 处，每 30m 设一个接头供接支管使用。

2.问题

(1)计算本供水管径。

(2)按经验选用支管的管径。

3.分析与答案

(1)供水管径计算如下：

$$d = \sqrt{\frac{4Q}{\pi \times v \times 1000}} = \sqrt{\frac{4 \times 12}{3.14 \times 1.5 \times 1000}} = 0.101(\text{m})$$

按钢管管径规定系列选用,最靠近101mm的规格是100mm,故本工程临时给水干管选用 ϕ100mm 管径。

(2)按经验,支管可选用40mm管径。

7.5 建筑工程施工现场防火

7.5.1 施工现场防火要求

1.建立防火制度

(1)施工现场都要建立健全防火检查制度。

(2)建立义务消防队,人数不少于施工总人数的10%。

(3)建立动用明火审批制度。

2.消防器材的配备

(1)临时搭设的建筑物区域内每100m² 配备2只10L灭火器。

(2)大型临时设施总面积超过1200m²,应配有专供消防用的太平桶、积水桶(池)、黄砂池,且周围不得堆放易燃物品。

(3)临时木工间、油漆间、木机具间等,每25m² 配备一只灭火器。油库、危险品库应配备数量与种类合适的灭火器、高压水泵。

(4)应有足够的消防水源,其进水口一般不应小于两处。

(5)室外消火栓应沿消防车道或堆料场内交通道路的边缘设置,消火栓之间的距离不应大于120m;消防箱内消防水管长度不小于25m。

3.灭火器设置要求

(1)灭火器应设置在明显的地点,如房间出入口、通道、走廊、门厅及楼梯等部位。

(2)灭火器的铭牌必须朝外,以方便人们直接看到灭火器的主要性能指标。

(3)手提式灭火器设置在挂钩、托架上或灭火器箱内,其顶部离地面高度应小于1.50m,底部离地面高度不宜小于0.15m。这一要求的目的是:

①便于人们对灭火器进行保管和维护;

②让扑救人能安全、方便取用;

③防止潮湿的地面对灭火器的影响和便于平时打扫卫生。

(4)设置的挂钩、托架上或灭火器箱内的手提式灭火器要竖直向上设置。

(5)对于那些环境条件较好的场所,手提式灭火器可直接放在地面上。

(6)对于设置在灭火器箱内的手提式灭火器,可直接放在灭火器箱的底面上,但灭火器箱离地面高度不宜小于0.15m。

(7)灭火器不得设置在环境温度超出其使用温度范围的地点。

(8)从灭火器出厂日期算起,达到灭火器报废年限的,必须报废。

4.施工现场防火要求

(1)施工组织设计中的施工平面图、施工方案均要符合消防安全要求。

（2）施工现场明确划分作业区、易燃可燃材料堆场、仓库、易燃废品集中站和生活区。

（3）施工现场夜间应有照明设施，保持车辆畅通，值班巡逻。

（4）不得在高压线下搭设临时性建筑物或堆放可燃物品。

（5）施工现场应配备足够的消防器材，设专人维护、管理，定期更新，保证完整好用。

（6）在土建施工时，应先将消防器材和设施配备好，有条件的室外敷设好消防水管和消火栓。

（7）危险物品的距离不得少于 10m，危险物品与易燃易爆品距离不得少于 3m。

（8）乙炔发生器和氧气瓶存放间距不得小于 2m，使用时距离不得小于 5m。

（9）氧气瓶、乙炔发生器等焊割设备上的安全附件应完整有效，否则不准使用。

（10）施工现场的焊、割作业，必须符合防火要求。

（11）冬期施工采用保温加热措施时，应符合规定要求。

（12）施工现场动火作业必须执行审批制度。

7.5.2 施工现场消防管理

施工现场的消防工作，应遵照国家有关法律、法规，以及所在地政府关于施工现场消防安全规定等规章、规定开展消防安全工作。施工现场必须成立消防领导机构，建立健全消防制度，落实各种消防安全职责，包括消防安全制度、消防安全操作规程、消防应急预案及演练、消防组织机构、消防设施平面布置、组织义务消防队等。

1. 施工阶段的消防管理

施工组织设计要有消防方案及防火设施平面图，并按照有关规定报公安监督机关审批或备案。

（1）施工现场使用的电气设备必须符合防火要求。临时用电必须安装过载保护装置，电闸箱内不准使用易燃、可燃材料。严禁超负荷使用电气设备。施工现场存放易燃、可燃材料的库房、木工加工场所、油漆配料房及防水作业场所不得使用明露高热强光源灯具。

（2）电焊工、气焊工从事电气设备安装和电、气焊切割作业，要有操作证和动火证。动火前，要对易燃、可燃物清除，采取隔离等措施，配备看火人员和灭火器具，作业后必须确认无火源隐患后方可离去。动火证当日有效，动火地点变换，要重新办理动火证手续。

（3）氧气瓶、乙炔瓶工作间距不小于 5m，氧气瓶、乙炔瓶与明火作业距离不小于 10m。建筑工程内禁止氧气瓶、乙炔瓶存放，禁止使用液化石油气"钢瓶"。

（4）从事油漆粉刷或防水等危险作业时，要有具体的防火要求，必要时派专人看护。

（5）施工现场严禁吸烟。不得在建设工程内设置宿舍。

（6）施工现场使用的安全网、密目式安全网、密目式防坠网、保温材料，必须符合消防安全规定，不得使用易燃、可燃材料。使用时，施工企业保卫部门必须严格审核，凡是不符合规定的材料，不得进入施工现场使用。

（7）施工现场应根据工程规模，对其项目建立相应的消防组织，配备足够的消防人员。

（8）施工现场动火作业必须执行审批制度。

2. 重点部位的防火要求

（1）易燃仓库的防火要求。

①易着火的仓库应设在水源充足、消防车能驶到的地方,并应设在下风方向。

②易燃露天仓库四周内,应有宽度不小于6m的平坦空地作为消防通道,通道上禁止堆放障碍物。

③贮量大的易燃仓库,应设两个以上的大门,并应将生活区、生活辅助区和堆场分开布置。

④有明火的生产辅助区和生活用房与易燃堆垛之间,至少应保持30m的防火间距。有飞火的烟囱应布置在仓库的下风地带。

⑤易燃仓库堆料场与其他建筑物、铁路、道路、架高电线的防火间距,应按现行《建筑设计防火规范》(GB 50016—2014)的有关规定执行。

⑥易燃仓库堆料场应分堆垛和分组设置,每个堆垛面积为:木材(板材)不得大于300m²;锯末不得大于200m²;垛与堆垛之间应留4m宽的消防通道。

⑦对易引起火灾的仓库,应将库房内、外按每500m²区域分段设立防火墙,把建筑平面划分为若干个防火单元。

⑧对贮存的易燃货物应经常进行防火安全检查,应保持良好通风。

⑨在仓库或堆料场内进行吊装作业时,其机械设备必须符合防火要求,严防产生火星,引起火灾。

⑩装过化学危险物品的车,必须在清洗干净后方准装运易燃物和可燃物。

⑪仓库或堆料场内电缆一般应埋入地下;若有困难需设置架空电力线时,架空电力线与露天易燃物堆垛的最小水平距离,不应小于电杆高度的1.5倍。

⑫仓库或堆料场所使用的照明灯与易燃堆垛间至少应保持1m的距离。

⑬安装的开关箱、接线盒,应距离堆垛外缘不小于1.5m,不准乱拉临时电气线路。

⑭仓库或堆料场严禁使用碘钨灯,以防电气设备起火。

⑮对仓库或堆料场内的电气设备,应经常检查维修和管理,贮存大量易燃品的仓库场地应设置独立的避雷装置。

(2)电焊、气割场所的防火要求。

①焊、割作业点与氧气瓶、电石桶和乙炔发生器等危险物品的距离不得少于10m,与易燃易爆物品的距离不得少于30m。

②乙炔发生器和氧气瓶之间的存放距离不得少于2m,使用时两者的距离不得少于5m。

③氧气瓶、乙炔发生器等焊割设备上的安全附件应完整而有效,否则严禁使用。

④施工现场的焊、割作业,必须符合防火要求,严格执行"十不烧"规定:

a.焊工必须持证上岗,无证者不准进行焊、割作业;

b.属一、二、三级动火范围的焊、割作业,未经办理动火审批手续,不准进行焊、割;

c.焊工不了解焊、割现场的周围情况,不得进行焊、割;

d.焊工不了解焊件内部是否有易燃、易爆物时,不得进行焊、割;

e.各种装过可燃气体、易燃液体和有毒物质的容器,未经彻底清洗,或未排除危险之前,不准进行焊、割;

f.用可燃材料保温层、冷却层、隔声、隔热设备的部位,或火星能飞溅到的地方,在未采取切实可靠的安全措施之前,不准焊、割;

g.有压力或密闭的管道、容器,不准焊、割;

h.焊、割部位附近有易燃易爆物品,在未作清理或未采取有效的安全防护措施前,不准

焊、割;

i.附近有与明火作业相抵触的工种在作业时,不准焊、割;

j.与外单位相连的部位,在没有弄清有无险情,或明知存在危险而未采取有效的措施之前,不准焊、剖。

(3)油漆料库与调料间的防火要求。

①油漆料库与调料间应分开设置,油漆料库和调料间应与散发火花的场所保持一定的防火间距。

②性质相抵触、灭火方法不同的品种,应分库存放。

③涂料和稀释剂的存放和管理,应符合《仓库防火安全管理规则》的要求。

④调料间应有良好的通风,并应采用防爆电器设备,室内禁止一切火源,调料间不能兼做更衣室和休息室。

⑤调料人员应穿不易产生静电的工作服,不带钉子的鞋。使用开启涂料和稀释剂包装的工具,应采用不易产生火花型的工具。

⑥调料人员应严格遵守操作规程,调料间内不应存放超过当日加工所用的原料。

(4)木工操作间的防火要求。

①操作间建筑应采用阻燃材料搭建。

②操作间应设消防水箱和消防水桶,储存消防用水。

③操作间冬季宜采用暖气(水暖)供暖,如用火炉取暖时,必须在四周采取挡火措施;不应用燃烧劈柴、刨花代煤取暖。每个火炉都要有专人负责,下班时要将余火彻底熄灭。

④电气设备的安装要符合要求。抛光、电锯等部位的电气设备应采用密封式或防爆式。刨花、锯末较多部位的电动机,应安装防尘罩。

⑤操作间内严禁吸烟和用明火作业。

⑥操作间只能存放当班的用料,成品及半成品要及时运走。木工应做到活完场地清,刨花、锯末每班都打扫干净,倒在指定地点。

⑦严格遵守操作规程,对旧木料一定要经过检查,起出铁钉等金属后,方可上锯锯料。

⑧配电盘、刀闸下方不能堆放成品、半成品及废料。

⑨工作完毕应拉闸断电,并经检查确无火险后方可离开。

【案例 7－5】

1.背景

某办公楼工程,建筑面积为 218220m²,占地面积为 45000m²。地下 3 层,地上 46 层。筏形基础、型钢混凝土组合结构,单元式幕墙,4mm SBS 卷材防水屋面,卫生间采用 3mm 聚氨酯涂膜防水。

在安装 38 层楼梯扶手电焊作业时,电焊火花引燃了 33 层楼梯间的装有聚氨酯涂料的废桶,火灾造成 30 层以上装饰工程全部烧毁,7 人死亡。事后查明:火灾是由无证电焊工违章作业引起的。

2.问题

(1)分析事故的主要原因是什么?

(2)预防同类火灾事故的主要措施有哪些?

3. 分析与答案

(1)事故的主要原因是由无证电焊工违章作业引起的。

(2)预防同类火灾事故的主要措施有：

①电焊工持证上岗；

②办理动火证；

③配备看火人员；

④配备足够的灭火器具；

⑤焊工了解焊、割现场的周围情况；

⑥对火星能飞溅到的可燃材料或装过易燃液体的容器或装有聚氨酯涂料的废桶,采取隔离措施(或清理干净)；

⑦电焊作业点与易燃易爆物品之间应有足够的安全距离；

⑧24m高度以上高层建筑的施工现场,消防用水设置符合消防安全要求；

⑨施工现场必须成立消防领导机构,建立健全消防制度,落实各种消防安全职责,包括消防安全制度、消防安全操作规程、消防应急预案及演练、消防组织机构、消防设施平面布置、组织义务消防队等。

复习思考题

1. 简述建筑施工对环境的常见影响。

2. 列举使用安全特低电压照明器的场所。

3. 简述施工总平面布置图的设计要点。

4. 简述木工操作间的防火要求。

5. 简述施工现场的消防器材配备要求。

情境 8

职业危害预防和管理

学习要点

- 掌握职业卫生管理的职责
- 掌握职业病危害因素及防护的相关知识
- 熟悉职业健康监护的相关知识

8.1 职业健康管理职责

国家安全生产监督管理总局发布的《工作场所职业卫生监督管理规定》对用人单位职业卫生管理职责作出了明确的规定：

(1)职业病危害严重的用人单位,应当设置或者指定职业卫生管理机构或者组织、配备专职职业卫生管理人员。其他存在职业病危害的用人单位,劳动者超过100人的,应当设置或者指定职业卫生管理机构或者组织、配备专职职业卫生管理人员;劳动者在100人以下的,应当配备专职或者兼职的职业卫生管理人员,负责本单位的职业病防治工作。

(2)用人单位的主要负责人和职业卫生管理人员应当具备与本单位所从事的生产经营活动相适应的职业卫生知识和管理能力,并接受职业卫生培训。

(3)存在职业病危害的用人单位应当制定职业病危害防治计划和实施方案,建立、健全下列职业卫生管理制度和操作规程：

①职业病危害防治责任制度；

②职业病危害警示与告知制度；

③职业病危害项目申报制度；

④职业病防治宣传教育培训制度；

⑤职业病防护设施维护检修制度；

⑥职业病防护用品管理制度；

⑦职业病危害监测及评价管理制度：

⑧建设项目职业卫生"三同时"管理制度

⑨劳动者职业健康监护及其档案管理制度；

⑩职业病危害事故处理与报告制度；

⑪职业病危害应急救援与管理制度；

⑫岗位职业卫生操作规程；

⑬法律、法规、规章规定的其他职业病防治制度。

(4)产生职业病危害的用人单位的工作场所应当符合下列基本要求：

①生产布局合理,有害作业与无害作业分开;

②工作场所与生活场所分开,工作场所不得住人;

③有与职业病防治工作相适应的有效防护设施;

④职业病危害因素的强度或者浓度符合国家职业标准;

⑤有配套的更衣间、洗浴间、孕妇休息间等卫生设施;

⑥设备、工具、用具等设施符合保护劳动者生理、心理健康的要求;

⑦法律、法规、规章和国家职业卫生标准的其他规定。

(5)用人单位工作场所存在职业病目录所列职业病的危害因素的,应当按照《职业病危害项目申报办法》的规定,及时、如实向所在地安全生产监督管理部门申报职业病危害项目,并接受安全生产监督管理部门的监督检查。

(6)新建、改建、扩建的工程建设项目和技术改造、技术引进项目(以下统称建设项目)可能产生职业病危害的,建设单位应当按照《建设项目职业卫生"三同时"监督管理暂行办法》的规定,向安全生产监督管理部门申请备案、审核、审查和竣工验收。

(7)产生职业病危害的用人单位,应当在醒目位置设置公告栏,公布有关职业病防治的规章制度、操作规程、职业病危害事故应急救援措施和工作场所职业病危害因素检测结果。

存在或者产生职业病危害的工作场所、作业岗位、设备、设施,应当按照《工作场所职业病危害警示标识》(GBZ 158—2003)的规定,在醒目位置设置图形、警示线、警示语句等警示标识和中文警示说明。警示说明应当载明产生职业病危害的种类、后果、预防和应急处置措施等内容。

(8)用人单位应当为劳动者提供符合国家职业卫生标准的职业病防护用品,并督促、指导劳动者按照使用规则正确佩戴、使用,不得发放钱物替代发放职业病防护用品。

用人单位应当对职业病防护用品进行经常性的维护、保养,确保防护用品有效,不得使用不符合国家职业卫生标准或者已经失效的职业病防护用品。

(9)用人单位应当对职业病防护设备、应急救援设施进行经常性的维护、检修和保养,定期检测其性能和效果,确保其处于正常状态,不得擅自拆除或者停止使用。

(10)存在职业病危害的用人单位,应当实施由专人负责的工作场所职业病危害因素日常监测,确保监测系统处于正常工作状态。

8.2 职业病危害因素及防护

8.2.1 职业危害因素的种类

职业危害因素是指职业活动中存在的不良因素,既包括生产过程中存在的有害因素,也包括劳动过程和生产环境中存在的有害因素。

1.生产过程中的有害因素

生产过程是指按生产工艺要求的各项生产设备进行的连续生产作业,随着生产技术、机器设备、使用材料和工艺流程的变化不同而发生变化,与生产过程的原材料、工业毒物、粉尘、噪声、振动、高温、辐射及生物性因素有关。

(1)化学因素。生产过程中使用和接触到的原料、中间产品、成品以及在生产过程中产生的废气、废水和废渣等,都有可能对作业人员产生危害,主要包括工业毒物、粉尘等。

(2)物理因素。物理因素是生产过程中的主要危害因素,不良的物理因素都可能对作业人员造成职业危害。主要包括高温、低温、潮湿、气压过高或过低等异常的气象条件、噪声、振动、辐射等。

(3)生物因素。生产过程中使用的原料、辅料以及在作业环境中可能存在某些致病微生物和寄生虫,如炭疽杆菌、布氏杆菌、森林脑炎病毒和真菌等。

2.劳动过程中的有害因素

劳动过程是指从业人员在物质资料生产中从事的有价值的活动过程,它涉及劳动力、劳动对象、生产工具三个要素,主要与生产工艺的劳动组织情况、生产设备工具、生产制度、作业人员体位和方式以及智能化程度有关。

(1)劳动组织和劳动制度的不合理。如劳动时间过长、劳动休息制度不健全或不合理等。

(2)劳动中紧张度过高。如精神过度紧张,长期固定姿势造成个别器官与系统的过度紧张,单调或较长时间的重复操作,光线不足引起的视力紧张等。

(3)劳动强度过大或劳动安排不当。如安排的作业与从业人员的生理状况不适应,生产定额过高,超负荷的加班加点,妇女经期、孕期、哺乳期安排不适宜的工作等。

(4)不良工作体位。长时间处于某种不良的体位,如可以坐着工作但安排站立,或使用不合理的工具、设备等,如微机操作台与座椅的高低比例不合适,低煤层挖煤工人的匍匐式作业等。

3.生产环境中的有害因素

生产环境主要指作业环境,包括生产场地的厂房建筑结构、空气流动情况、通风条件以及采光、照明等,这些环境因素都会对作业人员产生影响。

(1)生产场所设计或安装不符合卫生要求或卫生标准。如厂房矮小、狭窄,门窗设计不合理等。

(2)车间布局不合理。如噪音较大工序安排在办公、住宿区域,有毒工序同无毒工序安排在同一车间内,有毒、粉尘工序安排在低洼处等。

(3)通风。通风条件不符合卫生要求,或缺乏必要的通风换气设备。

(4)照明。车间照明、采光不符合卫生要求。

(5)防尘、防毒、防暑降温。车间内缺乏必要的防尘、防毒、防暑降温措施、设备,或已经安装但不能正常使用等。

(6)安全防护。安全防护措施或个人防护用品有缺陷或配备不足,造成操作者长期处于有毒有害环境中。

8.2.2 职业危害因素的危害

职业性有害因素可能对人体造成有害影响。有害影响的产生及其大小,根据其强度(剂量)、人体与其接触机会及程度、从业人员个体因素、环境因素以及几种有害因素相互作用等条件的不同而有所不同。当有害作用不大时,人体的反应仍处于生理变化范围以内。若职业性有害因素对人体的作用超过一定的限度并持续较长时间,则可能产生由轻到重的不同后果。

1. 出现职业特征

有害因素引起身体的外表改变,称为职业特征,如皮肤色素沉着、起老茧子等。这在一定程度上可以看作是机体对环境因素的代偿性反应。

2. 抗病能力下降

有害因素极可能引起人体内发生暂时性的机能改变或者出现人体抵抗力下降,较一般人群更容易患某些疾病,表现为患病率增高和病情加重。

3. 引发职业病

有害因素的作用如果达到一定程度,持续一定时间,在防护不好的情况下,将造成特定功能和器质性病理改变,引发职业病,并且可能在不同程度上影响人的劳动能力。

8.2.3 职业病和法定职业病

1. 概念

职业病是指企业、事业单位和个体经济组织等用人单位的劳动者在职业活动中,因接触粉尘、放射性物质或其他有毒、有害因素而引起的疾病。在法律意义上,职业病有一定的范围,即指政府主管部门列入"职业病名单"中的职业病,也就是法定职业病,它是由政府主管部门所规定的特定职业病。法定职业病诊断、确诊、报告等必须按《中华人民共和国职业病防治法》的有关规定执行。只有被依法确定为法定职业病的人员,才能享受工伤保险待遇。《职业病目录》中规定的职业病有十大类132种。其中:

(1)职业性尘肺病及其他呼吸系统疾病19种;

(2)职业性放射性疾病11种;

(3)职业性化学中毒60种;

(4)物理因素所致职业病7种;

(5)职业性传染病5种;

(6)职业性皮肤病9种;

(7)职业性眼病3种;

(8)职业性耳鼻喉口腔疾病4种;

(9)职业性肿瘤11种;

(10)其他职业病3种。

2. 职业病的特点

(1)病因明确。病因即职业危害因素,在控制病因或作用条件后,可予消除或减少发病。

(2)所接触的病因大多是可以检测的,而且需要达到一定程度,才能使劳动者致病。

(3)在接触同样因素的人群中常有一定的发病率,很少出现个别病人。

(4)职业病是可以预防的。如能早期诊断,进行合理治疗,预后较好,康复较易。

8.3 职业病及防治

8.3.1 生产性粉尘的危害与防治

1. 生产性粉尘对人体的危害

生产性粉尘进入人体后，根据其性质、沉积的部位和数量的不同，可引起不同的病变。

(1)尘肺。

长期吸入一定量的某些粉尘可引起尘肺，这是生产性粉尘引起的最严重的危害。

(2)粉尘沉着症。

吸入某些金属粉尘，如铁、钡、锡等，达到一定量时，对人体会造成危害。

(3)有机粉尘可引起变态性病变。

某些有机粉尘，如发霉的稻草、羽毛等可引起间质性肺炎、外源性过敏性肺泡炎以及过敏性鼻炎、皮炎、湿疹或支气管哮喘。

(4)呼吸系统肿瘤。

有些粉尘已被确定为致癌物，如放射性粉尘、石棉、镍、铬、砷等。

(5)局部作用。

粉尘作用可使呼吸道黏膜受损。经常接触粉尘还可引起皮肤、耳、眼的疾病。粉尘堵塞皮脂腺可使皮肤干燥，引起毛囊炎、脓皮病等。金属和磨料粉尘可引起角膜损伤，导致角膜浑浊。沥青在日光下可引起光感性皮炎。

(6)中毒作用。

吸入的铅、砷、锰等有毒粉尘，能在支气管和肺泡壁上溶解后被吸收，引起中毒。

2. 粉尘综合治理的八字方针

综合防尘措施可概括为八个字，即"革、水、密、风、管、教、护、检"。

(1)"革"：工艺改革。以低粉尘、无粉尘物料代替高粉尘物料，以不产尘设备、低产尘设备代替高产尘设备，这是减少或消除粉尘污染的根本措施。

(2)"水"：湿式作业可以有效地防止粉尘飞扬。例如，矿山开采的湿式凿岩、铸造业的湿砂造型等。

(3)"密"：密闭尘源。使用密闭的生产设备或者将敞口设备改成密闭设备。这是防止和减少粉尘外逸，治理作业场所空气污染的重要措施。

(4)"风"：通风排尘。受生产条件限制，设备无法密闭或密闭后仍有粉尘外逸时，要采取通风措施，将产尘点的含尘气体直接抽走，确保作业场所空气中的粉尘浓度符合国家卫生标准。

(5)"管"：领导要重视防尘工作，防尘设施要改善，维护管理要加强，确保设备的良好、高效运行。

(6)"教"：加强防尘工作的宣传教育，普及防尘知识，使接尘者对粉尘危害有充分的了解和认识。

(7)"护"：受生产条件限制，在粉尘无法控制呈高浓度粉尘条件下作业，必须合理、正确地使用防尘口罩、防尘服等个人防护用品。

(8)"检"：定期对接尘人员进行体检；对从事特殊作业的人员应发放保健津贴；有作业禁忌证的人员，不得从事接尘作业。

8.3.2　生产性毒物的危害和防治

1.生产性毒物对人体的危害

由于接触生产性毒物引起的中毒，称为职业中毒。生产性毒物可作用于人体的多个系统，表现在以下几个方面：

(1)神经系统。

铅、锰中毒可损伤运动神经、感觉神经，引起周围神经炎，震颤常见于锰中毒或急性一氧化碳中毒后遗症。重症中毒时可发生脑水肿。

(2)呼吸系统。

一次性大量吸入高浓度的有毒气体可引起窒息；长期吸入刺激性气体能引起慢性呼吸道炎症，可出现鼻炎、咽炎、支气管炎等上呼吸道炎症；长期吸入大量刺激性气体可引起严重的呼吸道病变，如化学性肺水肿和肺炎。

(3)血液系统。

铅可引起低血色素贫血，苯及三硝基甲苯等毒物可抑制骨髓的造血功能，表现为白细胞和血小板减少，严重者发展为再生障碍性贫血。一氧化碳可与血液中的血红蛋白结合形成碳氧血红蛋白，使组织缺氧。

(4)消化系统。

汞盐、砷等毒物大量经口进入时，可出现腹痛、恶心、呕吐与出血性肠胃炎。铅及铊中毒时，可出现剧烈的持续性的腹绞痛，并有口腔溃疡、牙龈肿胀、牙齿松动等症状。长期吸入酸雾，可使牙袖质破坏、脱落。四氧化碳、溴苯、三硝基甲苯等可引起急性或慢性肝病。

(5)泌尿系统。

汞、铀、砷化氢、乙二醇等可引起中毒性肾病，如急性肾衰竭、肾病综合征和肾小管综合征等。

(6)其他。

生产性毒物还可引起皮肤、眼睛、骨骼病变。许多化学物质可引起接触性皮炎、毛囊炎。接触铬、铍的工人，皮肤易发生溃疡，如长期接触焦油、沥青、砷等可引起皮肤黑变病，甚至诱发皮肤癌。酸、碱等腐蚀性化学物质可引起刺激性眼结膜炎或角膜炎，严重者可引起化学性灼伤。溴甲烷、有机汞、甲醇等中毒，可造成视神经萎缩，以致失明。有些工业毒物还可诱发白内障。

2.综合防毒措施

预防职业中毒必须采取综合性的防治措施，具体表现为：

(1)消除毒物。

从生产工艺流程中消除有毒物质，用无毒物或低毒物代替有毒物，改革能产生有害因素的工艺过程，改造技术设备，实现生产的密闭化、连续化、机械化和自动化，使作业人员脱离或减少直接接触有毒物质的机会。

(2)密闭、隔离有害物质污染源，控制有害物质逸散。

对逸散到作业场所的有害物质要采取通风措施,控制有害物质的飞扬、扩散。

(3)加强对有害物质的监测,控制有害物质的浓度,使其低于国家有关标准规定的最高容许浓度。

(4)加强对毒物及预防措施的宣传教育。

建立健全安全生产责任制、卫生责任制和岗位责任制。

(5)加强个人防护。

在存在毒物的作业场所作业,应使用防护服、防护面具、防护面罩、防尘口罩等个人防护用品。

(6)提高机体免疫力。

因地制宜地开展体育锻炼,注意休息,加强营养,做好季节性多发病的预防。

(7)接触毒物作业的人员要定期进行健康检查。

定期对接触毒物作业的人员进行健康检查,必要时实行转岗、换岗作业。

8.3.3 生产性噪声的危害与防治

1.噪声对健康的危害

(1)听觉系统长期接触强烈噪声后,听觉器官首先受害,主要表现为听力下降。噪声引起的听力损伤主要与噪声的强度和接触的时间有关。听力损伤的发展过程首先是生理性反应,后出现病理改变,生理性听力下降的特点为脱离噪声环境一段时间后即可恢复,而病理性的听力下降则不能完全恢复或完全不能恢复。

(2)神经系统表现出头痛、头晕、耳鸣、心悸、易疲倦、易激怒及睡眠障碍等神经衰弱综合征。

(3)心血管系统表现出心率加快或减缓,血压不稳(趋向增高),心电图呈缺血型变化的趋势。

(4)消化系统出现胃肠功能紊乱、食欲减退、消瘦、胃液分泌减少、胃肠蠕动减慢等症状。

2.防止噪音危害的措施

(1)工业企业噪声卫生标准。我国 1980 年公布的《工业企业噪声卫生标准》(试行)是根据 A 声级制定的,以语言听力损伤为主要依据并参考其他系统的改变。规定工作地点噪声容许标准为 85dB(A),现有企业暂时达不到的可适当放宽,但不得超过 90dB(A)。另有规定接触不足 8h 的工作,噪声标准可相应放宽,即接触时间减半容许放宽 3dB(A),但无论时间多短,噪声强度最大不得超过 115dB(A)。

(2)控制和消除噪声源。这是防止噪声危害的根本措施。应根据具体情况采取不同的方式解决,对鼓风机、电动机可采取隔离或移出室外;如织机、风动工具可采用改进工艺等技术措施解决,以无梭织机代替有梭织机,以焊接代替铆接,以压铸代替锻造。此外,加强维修减低不必要的附件或松动的附件的撞击噪声。

(3)合理规划和设计厂区与厂房。产生强烈噪声的工厂域居民区以及噪声车间和非噪声车间之间应有一定距离(防护带)。

(4)控制噪声传播和反射的技术措施。

①吸声。用多孔材料贴敷在墙壁及屋顶表面,或制成尖劈形式悬挂于屋顶或装设在墙壁

上,以吸收声能达到降低噪声强度的目的;或利用共振原理采用多孔作为吸声的墙壁结构,均能取得较好的吸声效果。

②消声。消声是防止动力性噪声的主要措施,用于风道和排气道,常用的有阻性消声器、抗性消声器及阻抗复合消声器,消声效果较好。

③隔声。用一定的材料、结构和装置将声源封闭,以达到控制噪声传播的目的。常见的有隔声室、隔声罩等。

④隔振。为了防止通过固体传播的振动性噪声,必须在机器或振动体的基础和地板、墙壁连接处设隔振或减振装置。

(5)个体防护。主要保护听觉器官,在作业环境噪声强度比较高或在特殊高噪声条件下工作,佩戴个人防护用品是一项有效的预防措施。

(6)定期对接触噪声的工人进行健康检查,特别是听力检查,观察听力变化情况,以便早期发现听力损伤,及时采取有效的防护措施。应进行就业前体检,取得听力的基础材料,并对患有明显听觉器官、心血管及神经系统疾病者,禁止其参加强噪声的工作。就业后半年内进行听力检查,发现有明显听力下降者应尽早调离噪声作业,以后应每年进行一次体检。

(7)合理安排劳动和休息时间,实行工间休息制度。

8.3.4 辐射的危害与防治

1.工作场所内的放射源对人体的危害

在一些特殊的工作场所,职工有可能接触到放射性物质(放射源)。放射源发出的放射线,可作用于人体的细胞、组织和体液,直接破坏机体结构或使人体神经内分泌系统调节发生障碍。当人体受到超过一定剂量的放射线照射时,便可产生一系列的病变(放射病),严重的可造成死亡。

2.在有放射源的工作场所工作应采取的防护措施

在有放射源的工作场所中,应采取严格的防护措施:

(1)严格遵守执行放射源使用和保管的安全操作规程与制度。

(2)严格控制辐射剂量。

工作时随时检查辐射剂量,建立个人接受辐射剂量卡,保证在容许的辐射剂量下工作。

(3)缩短受照射时间,工作时可实行轮换操作制度。

(4)尽量增大与放射源的操作距离,距离越远,受辐射危害越小,如使用机械手远距离操作。

(5)采用屏蔽材料(如混凝土、铅)遮挡放射源发出的射线。

(6)操作中严格遵守个人卫生防护措施,穿戴工作服、工作帽,防止放射性物质污染皮肤或经口进入体内。

(7)加强宣传教育。

学习辐射危害的卫生知识和防护措施。非相关操作人员不要盲目进入有放射源警示标志的作业场所。

(8)定期体检。

对接触放射源的工作人员实行就业前健康检查和定期健康检查制度。

8.3.5 高温作业的危害和防治

1.高温作业概念

工业生产中,常遇到异常的气象条件,如高气温(35℃～38℃以上)伴有强辐射热,或高气温伴有高气湿(相对湿度超过 80%)。在这种条件下从事的工作,称为高温作业。

主要的高温作业有:冶金工业中炼焦、炼铁、炼钢及轧钢等;机械制造业的铸造热处理等;玻璃、搪瓷、砖瓦工业中烧制、出窑、烘房等车间,以及造纸、印染、纺织工业中的蒸煮及锅炉作业等。南方夏季的露天作业,如建筑、搬运、露天采矿及各种农田劳动等,也可受到高气温和热辐射的影响,因此,也属于高温作业。

2.高温作业对健康的危害

在高温环境下劳动时,如果高温和热辐射超过一定限度,能对人体产生不良的影响,严重者可发生中暑。中暑分为三级:

(1)先兆中暑。在高温作业场所劳动一定时间后,出现大量出汗、口渴、头昏、耳鸣、胸闷、心悸、恶心、全身疲乏、四肢无力、注意力不集中等症状,体温正常或略有升高。如能及时离开高温环境,经休息后短时间内症状即可消失。

(2)轻症中暑。除上述先兆中暑症状外,尚有下列症候群之一,并被迫不得不停止劳动者:体温在 38℃以上,有面呈潮色、皮肤灼热等现象;有呼吸、循环衰竭的早期症状,如面色苍白、恶心、呕吐、大量出汗、皮肤湿冷、血压下降、脉搏细弱而快等情况。轻症中暑在 4～5h 内可恢复。

(3)重症中暑。除上述症状外,出现突然昏倒或痉挛;或皮肤干燥无汗,体温在 40℃以上者。

3.防暑降温措施

(1)厂矿企业应结合技术革新,改进生产工艺过程和操作过程,改善工具设备,减少高温部件、产品暴露的时间和面积,避免高温和热辐射对工人的影响。

(2)合理安排高温车间的热源。

①首先是疏散热源,在不影响生产工艺操作的情况下,应尽可能将各种炉子移到车间外面(主导风向的下风侧);温度很高的生产品和半成品(如红钢锭,红热的铸件、锻件等),要尽快移运到室外主导风向下风侧;一些不能尽快运出车间的红热部件,在不影响生产工艺过程的情况下,可应用喷雾降温。

②新建和扩建的厂矿在合理布置热源方面,对于应用穿堂风的单跨或双跨厂房,应当把热源尽可能布置在主导风向的下风侧,靠着背风面外墙处;室外空气进入车间时,尽可能先通过工人操作地带,然后再通过热源排出,同时,在设计厂房总体布置时,应将热加工车间设在夏季主导风的下风侧,对热加工车间,尽可能不设计多跨厂房;热源比较集中的三跨厂房,应当把热跨布置在中跨。

(3)当各种热源发热表面的辐射热和对流热显著影响操作工人时,应尽量采取隔热措施。采取隔热措施后,其外表面温度要求不超过 60℃,最好在 40℃以下。

(4)高温车间的防暑降温,应当首先采用自然通风。

(5)新建、扩建厂矿高温车间的厂房建筑,为使自然通风畅通,首先应考虑建筑方位与自然通风的关系,使厂房的纵轴与夏季主导风向垂直,并防止阳光直射到工作地点。

(6)除工艺过程的要求或其他特殊需要的车间,应装设全面的机械通风,一般高温车间可利用自然通风外,还应根据温度、辐射热、气流速度的情况,在局部工作地点使用送风风扇、喷雾风扇等局部送风装置。

(7)高温、高湿及放散有害气体的车间,如铬电解、印染、缫丝车间等,应根据工艺特点,采用隔热、自然通风、机械送风及机械排风装置(隔热排雾罩等)。

(8)对于特殊高温作业场所,如高温车间的大车,应采用隔热、送风或小型空气调节器等设备(在使用空气调节器时,驾驶室内温度一般不应超过 30℃,风速不应超过 0.5m/s),并注意补充新鲜空气。

(9)烧砖的轮窑,不要过早出热窑,应尽量提前打开窑门和火眼盖通风,并淋水以加速砖瓦的冷却,再用风扇或喷雾风扇送风及隔热,以降低工作地点的温度和减少辐射热。

(10)要采用一些技术要求较高、投资较大的设备时,必须先经过详细的了解和设计,才能施工和安装;交工时应有验收制度,以防止效果不良,造成浪费。

4. 防暑降温保健措施

(1)对高温作业工人应进行就业前(包括新工人、临时工)和入暑前的健康检查。凡有心、肺、血管器质性疾病,持久性高血压,胃及十二指肠溃疡,活动性肺结核,肝脏病,肾脏病,肥胖病,贫血及急性传染病后身体虚弱,中枢神经系统器质性疾病者不宜从事高温作业。

(2)炎热时期应组织医务人员深入车间、工地进行巡回医疗和防治观察。

(3)对高温作业和夏季露天作业者,应供给足够的合乎卫生要求的饮料、含盐饮料,其含盐浓度一般为 0.1%~0.3%。清凉饮料的供应量,可根据气温、辐射强度大小和劳动强度的不同,分别供应。轻体力劳动一般每日每人供应量不宜少于 2~3L,中等或重体力劳动不宜少于 3~5L,但应防止暴饮。

(4)对辐射强度较大的高温作业工人,应供给耐燃、坚固、热导率较小的白色工作服,其他高温作业可根据实际需要供给工人手套、鞋、靴罩、护腿、眼镜和隔热面罩等,并加强对防护服装的清洗、修补和管理工作。

5. 防暑降温组织措施

(1)高温作业和夏季露天作业,应有合理的劳动休息制度,各地区可根据具体情况,在气温较高的情况下,适当调整作息时间。早晚工作,中午休息,尽可能白天做"凉活",晚间做"热活",并适当安排休息时间。

(2)在炎热季节,为保证工人的休息,减少疲劳,应注意以下几项:

①调整工人集体宿舍,将同一班次的工人调在一起,避免互相干扰而影响睡眠。

②开展家属的宣传教育工作,保证工人下班回家后能吃好、睡好、休息好。

③为保证工人充分休息,尽量精简会议,做到有劳有逸,避免加班、加点。

(3)在暑季应根据生产的工艺过程,尽可能调整劳动组织,采取勤倒班的方法,缩短一次连续作业时间,加强工作中的轮换休息。

(4)高温作业车间应设工作休息室,并要求做到:

①休息室设在工作区域内或距工作地点不远的地方,应隔绝高温和辐射热的影响。

②休息室应有良好的通风,室内温度一般以 30℃ 以下为宜。

③休息室内要求设有靠椅、饮料，如有条件可增设风扇或喷雾风扇及半身淋浴等。

(5)结合"除害灭病讲卫生"，应对高温作业工人、农民加强防暑和中暑急救的宣传教育。

8.4 劳动防护用品的配用和维护

劳动防护用品又称"个体防护用品"，是用人单位为员工个人配备的保护用品，使用后可以对个人起到保护作用，达到避免或减轻职业危害或意外事故伤害的目的，保护员工生命和健康，在某些特定作业条件下，使用个人防护用品甚至是最主要的防护措施。

8.4.1 概述

为使职工在职业活动过程中免遭或减轻事故和职业危害因素的伤害而提供的个人穿戴用品，称为劳动防护用品。

劳动防护用品分为一般劳动防护用品和特种劳动防护用品两种。1991年我国开始对部分劳动防护用品实施生产许可制度，列入许可证目录的劳动防护用品称为特种劳动防护用品。其范围有以下几类：

(1)头部护具类：安全帽。

(2)呼吸护具类：防尘口罩、过滤式防毒面具、自给式空气呼吸器、长管面具等。

(3)眼(面)护具类：焊接眼面防护具、防冲击眼护具等。

(4)防护服类：阻燃防护服、防酸工作服、防静电工作服等。

(5)防护鞋类：保护足趾安全鞋、防静电鞋、导电鞋、防刺穿鞋、胶面防砸安全靴、电绝缘鞋、耐酸碱皮鞋、耐酸碱胶靴、耐酸碱塑料模压靴等。

(6)防坠落护具类：安全带、安全网、密目式安全立网等。

8.4.2 分类

1.按防护性能分类

(1)安全帽类。用于保护头部，防撞击、挤压伤害的护具，主要有塑料、橡胶、玻璃、胶纸、防寒和竹、藤等材料制作的安全帽。

(2)呼吸护具类。用于预防尘肺病等职业病的重要护品。它按用途可分为防尘、防毒、供氧三类呼吸护具；按作用原理可分为过滤式、隔绝式两类呼吸护具。

(3)眼防护具。用以保护作业人员的眼、面部，防止外来伤害的护具。它可分为焊接用眼防护具、炉窑用眼护具、防冲击眼护具、微波防护具、激光防护镜以及防X射线、防化学、防尘等眼护具。

(4)听力护具。长期在90dB(A)以上或短时在115 dB(A)以上的环境中工作时必须使用听力护具。听力护具分为耳塞、耳罩和帽盔三类。

(5)防护鞋。用于保护足部免受伤害的护具。目前主要产品有防砸、绝缘、防静电、耐酸碱、耐油和防滑鞋等。

(6)防护手套。用于手部保护，主要有耐酸碱手套、电工绝缘手套、电焊手套、防X射线手套、石棉手套等。

(7)防护服。用于保护职工免受劳动环镜中物理、化学因素的伤害的护具。防护服分为特殊防护服和一般作业服两类。

（8）防坠落护具。用于防坠落事故发生的护具，主要有安全带、安全绳和安全网等。

（9）护肤用品。用于外露皮肤的保护的护具，分为护肤膏和洗涤剂等。

2.按防护的部位分类

依据防护的部位，防护用品大致分为以下8类：

（1）头部防护用品：防护帽、防尘帽、防寒帽、防水帽等。

（2）呼吸器官防护用品：防毒面具、防尘面具等。

（3）眼、面部防护用品：护目罩、护目镜等。

（4）听觉器官防护用品：耳塞、耳罩、防噪头盔等。

（5）手部防护用品：防酸碱手套、防静电手套、防震手套等。

（6）足部防护用品：防寒鞋、防水鞋、防酸鞋、绝缘鞋等。

（7）躯干部防护用品：防寒服、防水服、防静电服等。

（8）皮肤防护用品：防晒膏、防冻膏、防腐膏等。

3.按用途分类

（1）预防事故伤害防护用品：防坠落用品、防触电用品等。

（2）预防职业病防护用品：防尘用品、防毒用品、防酸用品等。

8.4.3 防护用品的配备和使用

1.原则要求

（1）使用劳动防护用品的单位（以下简称使用单位）应为劳动者免费提供符合国家规定的劳动防护用品。

（2）使用单位不得以货币或其他物品替代应当配备的劳动防护用品。

（3）使用单位应教育本单位劳动者按照劳动防护用品使用规则和防护要求正确使用劳动防护用品。

（4）使用单位应建立健全劳动防护用品的购买、验收、保管、发放、使用、更换、报废等管理制度；并应按照劳动防护用品的使用要求，在使用前对使用者进行使用方法的培训，以及对防护用品的防护功能进行必要的检查。

（5）使用单位应到定点经营单位或生产企业购买特种劳动防护用品。购买的劳动防护用品须经本单位的安全技术部门验收。

2.配备标准

《劳动防护用品配备标准（试行）》（国经贸安全〔2000〕189号）参照《中华人民共和国工种分类目录》规定了116个典型工种的劳动防护用品配备最低种类；其他工种可参照《劳动防护用品配备标准（试行）》的附录B"相近工种对照表"确定后执行；各地方、行业未列入的工种可根据实际情况制定相应的配备标准。

3.采购

（1）采购要求。

采购要选择有资质的供方和合格的商品，应符合以下要求：

①生产单位应具备国家生产许可资质；

②用品规格、性能符合国家标准；

③产品经过国家检验，有说明书和合格证；

④特种劳动防护用品有安全鉴定证、安全标志。

(2)验收。

采购的防护用品须经本单位的安全技术部门验收，确认合格后方可登记入库。

4.劳动防护用品的配发

配发应把握好以下环节：

(1)按国家标准《劳动防护用品配备标准(试行)》足额配发。

(2)发放的特种劳动防护用品应具有"三证"，即生产许可证、合格证、安全鉴定证，以及"一标志"，即安全标志。

(3)禁止配发不合格、有缺陷的、过期、报废与失效的劳动防护用品。

(4)按规定时间间隔发放新的劳动防护用品以替换旧的劳动防护用品。但若发现防护用品已不适用应随时更换，不受时限限制。

5.培训

新上岗或转岗员工上岗前应接受劳动防护用品使用的培训并记录。培训内容有：

(1)岗位劳动防护用品配备标准。

(2)识别劳动防护用品合格与否的方法。

(3)正确使用的方法和要求。

(4)保养和清洁的方法和要求。

(5)使用的必要性和不用的后果严重性等意识教育。

6.使用

使用劳动防护用品，应遵循以下步骤：

(1)验证配发的劳动防护用品是否符合岗位配备标准。

(2)检查劳动防护用品性能、有无外观缺陷、是否失效和过期。

(3)按说明书或培训要求正确使用。

(4)使用过程中发现劳动防护用品有异常应及时报告。

(5)按期更新防护用品，及时更换不适用的防护用品。

7.维护保养

妥善维护、保养，可延长防护用品的使用期限，更重要的是能保证用品的防护效果。维护保养防护用品时须注意以下事项：

(1)定期对自己的劳动防护用品进行维护和保养。

(2)按照说明书或培训要求去清洁保养，以免意外将其损坏。

(3)在作业场所个人防护用品的存放应有固定的地点和位置，避免混乱和相互误用。

(4)发现破损、过期、失效、丢失应及时报告与更换。

8.检查和监督

(1)建立防护用品检查和监督制度。

(2)安全部门负责检查和监督管理。

(3)开展自检、互检、定期检查和巡视检查等活动。

(4)发现违章行为及时纠正并教育。

8.5　职业健康监护

用人单位是职业健康监护工作的责任主体,其主要负责人对本单位职业健康监护工作全面负责。用人单位应该依法履行以下监护职责:

(1)用人单位应当组织劳动者进行职业健康检查,并承担职业健康检查费用。

劳动者接受职业健康检查应当视同正常出勤。

(2)用人单位应当选择由省级以上人民政府卫生行政部门批准的医疗卫生机构承担职业健康检查工作,并确保参加职业健康检查的劳动者身份的真实性。

(3)用人单位在委托职业健康检查机构对从事接触职业病危害作业的劳动者进行职业健康检查时,应当如实提供下列文件、资料:

①用人单位的基本情况;

②工作场所职业病危害因素种类及其接触人员名册;

③职业病危害因素定期检测、评价结果。

(4)用人单位应当对下列劳动者进行上岗前的职业健康检查:

①拟从事接触职业病危害作业的新录用劳动者,包括转岗到该作业岗位的劳动者;

②拟从事有特殊健康要求作业的劳动者。

(5)用人单位不得安排未经上岗前职业健康检查的劳动者从事接触职业病危害的作业,不得安排有职业禁忌的劳动者从事其所禁忌的作业。

用人单位不得安排未成年工从事接触职业病危害的作业,不得安排孕期、哺乳期的女职工,从事对本人和胎儿、婴儿有危害的作业。

(6)用人单位应当根据劳动者所接触的职业病危害因素,定期安排劳动者进行在岗期间的职业健康检查。

对在岗期间的职业健康检查,用人单位应当按照《职业健康监护技术规范》(GBZ 188—2014)等国家职业卫生标准的规定和要求,确定接触职业病危害的劳动者的检查项目和检查周期,需要复查的,应根据复查要求增加相应的检查项目。

(7)出现下列情况之一的,用人单位应当立即组织有关劳动者进行应急职业健康检查:

①接触职业病危害因素的劳动者在作业过程中出现与所接触职业病危害因素相关的不适症状的;

②劳动者受到急性职业中毒危害或者出现职业中毒症状的。

(8)对准备脱离所从事的职业病危害作业或者岗位的劳动者,用人单位应当在劳动者离岗前30日内组织劳动者进行离岗时的职业健康检查。劳动者离岗前90日内的在岗期间的职业健康检查可以视为离岗时的职业健康检查。

用人单位对未进行离岗时职业健康检查的劳动者,不得解除或者终止与其订立的劳动合同。

(9)用人单位应当及时将职业健康检查结果及职工健康检查机构的建议以书面形式如实

告知劳动者。

(10)用人单位应当根据职工健康检查报告,采取下列措施:

①对有职业禁忌的劳动者,调离或者暂时脱离原工作岗位;

②对健康损害可能与所从事的职业相关的劳动者,进行妥善安置;

③对需要复查的劳动者,按照职业健康检查机构要求的时间安排复查和医学观察;

④对疑似职业病病人,按照职业健康检查机构的建议安排其进行医学观察或者职业病诊断;

⑤对存在职业病危害的岗位,立即改善劳动条件,完善职业病防护设施,为劳动者配备符合国家标准的职业病危害防护用品。

(11)职业健康监护中出现新发生职业病(职业中毒)或者两例以上疑似职业病(职业中毒)的,用人单位应当及时向所在地安全生产监督管理部门报告。

(12)用人单位应当为劳动者个人建立职业健康监护档案,并按照有关规定妥善保存。职业健康监护档案包括下列内容:

①劳动者姓名、性别、年龄、籍贯、婚姻、文化程度、嗜好等情况;

②劳动者职业史、既往病史和职业病危害接触史;

③历次职业健康检查结果及处理情况;

④职业病诊疗资料;

⑤需要存入职业健康监护档案的其他有关资料。

(13)安全生产行政执法人员、劳动者或者其近亲属、劳动者委托的代理人有权查阅、复印劳动者的职业健康监护档案。

劳动者离开用人单位时,有权索取本人职业健康监护档案复印件,用人单位应当如实、无偿提供,并在所提供的复印件上签章。

(14)用人单位发生分立、合并、解散、破产等情形时,应当对劳动者进行职业健康检查,并依照国家有关规定妥善安置职业病病人,其职业健康监护档案应当依照国家有关规定实施移交保管。

复习思考题

1. 用人单位应履行的职业健康管理职责包括哪些?其具体内容是什么?

2. 常见的职业病危害因素及其防护措施有哪些?其具体内容是什么?

3. 我国对劳动防护用品的配备和使用有哪些规定和要求?

4. 用人单位应履行哪些职业健康监护职责?其具体内容包括什么?

情境 9

应急管理

学习要点

- 熟悉事故应急救援体系的基本知识
- 掌握事故应急预案的相关知识
- 掌握应急演练的组织与实施过程
- 掌握事故应急处置的相关知识

9.1 事故应急管理概述

9.1.1 事故应急管理理论框架

1.预防

在应急管理中,预防有两层含义,一是事故的预防工作,即通过安全管理和安全技术等手段,尽可能地防止事故的发生,实现本质安全;二是在假定事故必然发生的前提下,通过预先采取的预防措施,达到降低或减缓事故的影响或后果的严重程度。

2.应急准备

应急准备是应急管理工作中的一个关键环节。应急准备是指为有效应对突发事件而事先采取的各种措施的总称,包括意识、组织、机制、预案、队伍、资源、培训演练等各种准备。在《中华人民共和国突发事件应对法》中专设了"预防与应急准备"一章,其中包含了应急预案体系、风险评估与防范、救援队伍、应急物资储备、应急通信保障、培训、演练、捐赠、保险、科技等内容。

3.应急响应

应急响应是指在突发事件发生以后所进行的各种紧急处置和救援工作。及时响应是应急管理的又一项主要原则。

《中华人民共和国突发事件应对法》中规定了突发事件发生以后的应急响应工作要求,第四十八条规定:"突发事件发生后,履行统一领导职责或者组织处理突发事件的人民政府应当针对其性质、特点和危害程度,立即组织有关部门,调动应急救援队伍和社会力量,依照本章的规定和有关法律、法规、规章的规定采取应急处置措施。"

《中华人民共和国突发事件应对法》第四十九条进一步规定了事故灾难应对处置的具体要求,内容如下:自然灾害、事故灾难或者公共卫生事件发生后,履行统一领导职责的人民政府可以采取下列一项或者多项应急处置措施：

(1)组织营救和救治受害人员,疏散、撤离并妥善安置受到威胁的人员以及采取其他救助措施;

(2)迅速控制危险源,标明危险区域,封锁危险场所,划定警戒区,实行交通管制以及其他控制措施;

(3)立即抢修被损坏的交通、通信、供水、排水、供电、供气、供热等公共设施,向受到危害的人员提供避难场所和生活必需品,实施医疗救护和卫生防疫以及其他保障措施;

(4)禁止或者限制使用有关设备、设施,关闭或者限制使用有关场所,中止人员密集的活动或者可能导致危害扩大的生产经营活动以及采取其他保护措施;

(5)启用本级人民政府设置的财政预备费和储备的应急救援物资,必要时调用其他急需物资、设备、设施、工具;

(6)组织公民参加应急救援和处置工作,要求具有特定专长的人员提供服务;

(7)保障食品、饮水、燃料等基本生活必需品的供应;

(8)依法从严惩处囤积居奇、哄抬物价、制假售假等扰乱市场秩序的行为,稳定市场价格,维护市场秩序;

(9)依法从严惩处哄抢财物、干扰破坏应急处置工作等扰乱社会秩序的行为,维护社会治安;

(10)采取防止发生次生、衍生事件的必要措施。

4. 恢复

恢复是指突发事件的威胁和危害得到控制或者消除后所采取的处置工作,恢复工作包括短期恢复和长期恢复。

短期恢复工作包括向受灾人员提供食品、避难所、安全保障和医疗卫生等基本服务。在短期恢复工作中,应注意避免出现新的突发事件。《中华人民共和国突发事件应对法》第五十八条规定:"突发事件的威胁和危害得到控制或者消除后,履行统一领导职责或者组织处置突发事件的人民政府应当停止执行依照本法规定采取的应急处置措施,同时采取或者继续实施必要措施,防止发生自然灾害、事故灾难、公共卫生事件的次生、衍生事件或者重新引发社会安全事件。"

长期恢复的重点是经济、社会、环境和生活的恢复,包括重建被毁的设施和房屋,重新规划和建设受影响区域等。在长期恢复工作中,应汲取突发事件应急工作的经验教训,开展进一步的突发事件预防工作和减灾行动。

9.1.2 事故应急管理体系构建

1. 事故应急救援体系的基本构成

按照《全国安全生产应急救援体系总体规划方案》的要求,全国安全生产应急管理体系主要由组织体系、运行机制、支持保障系统以及法律法规体系等部分构成。

(1)组织体系。

组织体系是安全生产应急管现体系的基础,主要包括应急管理的领导决策层、管理与协调指挥系统以及应急救援队伍。应急救援体系组织体制建设中的管理机构是指维持应急日常管理的负责部门;功能部门包括与应急活动有关的各类组织机构;应急指挥是在应急预案启动后,负责应急救援活动场外与场内指挥系统;而救援队伍则由专业和志愿人员组成。

(2)运行机制。

应急救援活动一般划分为应急准备、初级反应、扩大应急和应急恢复4个阶段,应急机制与这4个阶段的应急活动密切相关。应急运行机制主要由统一指挥、分级响应、属地为主和公众动员这4个基本机制组成。

统一指挥是应急活动的基本原则之一。应急指挥一般可分为集中指挥与现场指挥,或场外指挥与场内指挥等。无论采用哪一种指挥系统,都必须实行统一指挥的模式。

分级响应是指在初级响应到扩大应急的过程中实行的分级响应的机制。扩大或提高应急级别的主要依据是事故灾难的危害程度、影响范围和控制事态能力。扩大应急救援主要是指提高指挥级别、扩大应急范围等。

属地为主强调"第一反应"的思想和以现场应急、现场指挥为主的原则。

公众动员机制是应急机制的基础,也是整个应急体系的基础。

(3)法律法规体系。

法律法规体系是应急体系的法制基础和保障,也是开展各项应急活动的依据,与应急有关的法律法规主要包括由立法机关通过的法律、政府和有关部门颁布的规章、规定以及与应急救援活动直接有关的标准或管理办法等。

(4)支持保障系统。

支持保障系统是安全生产应急管理体系的有机组成部分,是体系运转的物质条件和手段,主要包括通信信息系统、培训演练系统、技术支持系统、物资与装备保障系统等。

2.事故应急管理体系建设原则

安全生产应急管理体系建设应遵循以下建设原则:

(1)统一领导,分级管理。

(2)条块结合,属地为主。

(3)统筹规划,合理布局。

(4)依托现有,资源共享。

(5)一专多能,平战结合。

(6)功能实用,技术先进。

(7)整体设计,分步实施。

3.事故应急响应机制

重大事故应急应根据事故的性质、严重程度、事态发展趋势和控制能力实行分级响应机制。典型的响应级别通常可分为3级,一级紧急情况、二级紧急情况和三级紧急情况。

(1)一级紧急情况。

一级紧急情况是指必须利用所有有关部门及一切资源的紧急情况,或者需要各个部门同外部机构联合处理的各种紧急情况,通常要宣布进入紧急状态。在该级别中,作出主要决定的职责通常是紧急事务管理部门。现场指挥部可在现场作出保护生命和财产以及控制事态所必需的各种决定。解决整个紧急事件的决定,应该由紧急事务管理部门负责。

(2)二级紧急情况。

二级紧急情况是指需要两个或更多个部门响应的紧急情况。该事故的救援需要有关部门的协作,并且提供人员、设备或其他资源。该级响应需要成立现场指挥部来统一指挥现场的应急救援行动。

(3)三级紧急情况。

三级紧急情况是指能被一个部门正常可利用的资源处理的紧急情况。正常可利用的资源指在该部门权力范围内通常可以利用的应急资源,包括人力和物力等。必要时,该部门可以建立一个现场指挥部,所需的后勤支持、人员或其他资源增援由本部门负责解决。

4.事故应急救援响应程序

事故应急救援的响应程序按过程可分为接警与响应级别确定、应急启动、救援行动、应急恢复和应急结束等几个过程。

(1)接警与响应级别确定。

接到事故报警后,按照工作程序对警情做出判断,初步确定相应的响应级别。如果事故不足以启动应急救援体系的最低响应级别,响应关闭。

(2)应急启动。

应急响应级别确定后,按所确定的响应级别启动应急程序。

(3)救援行动。

有关应急队伍进入事故现场后,迅速开展事故侦测、警戒、疏散、人员救助、工程抢险等有关应急救援工作,专家组为救援决策提供建议和技术支持。当事态超出响应级别无法得到有效控制时,向应急中心请求实施更高级别的应急响应。

(4)应急恢复。

该阶段主要包括现场清理、人员清点和撤离、警戒解除、善后处理和事故调查等。

(5)应急结束。

执行应急关闭程序,由事故总指挥宣布应急结束。

5.现场指挥系统的组织结构

应急过程中存在的主要问题有:①太多的人员向事故指挥官汇报;②应急响应的组织结构各异,机构间缺乏协调机制,且术语不同;③缺乏可靠的事故相关信息和决策机制,应急救援的整体目标不清或不明;④通信不兼容或不畅;⑤授权不清或机构对自身现场的任务、目标不清。

现场指挥系统模块化的结构由指挥、行动、策划、后勤以及资金/行政5个核心应急响应职能组成。

(1)事故指挥官。

事故指挥官负责现场应急响应所有方面的工作,包括确定事故目标及实现目标的策略,批准实施书面或口头的事故行动计划,高效地调配现场资源,落实保障人员安全与健康的措施,管理现场所有的应急行动。事故指挥官可将应急过程中的安全问题、信息收集与发布以及与应急各方的通信联络分别指定相应的负责人,各负责人直接向事故指挥官汇报。

(2)行动部。

行动部负责所有主要的应急行动,包括消防与抢险、人员搜救、医疗救治、疏散与安置等。所有的战术行动都依据事故行动计划来完成。

(3)策划部。

策划部负责收集、评价、分析及发布事故相关的战术信息,准备和起草事故行动计划,并对有关的信息进行归档。

(4)后勤部。

后勤部负责为事故的应急响应提供设备、设施、物资、人员、运输、服务等。

(5)资金/行政部。

资金/行政部负责跟踪事故的所有费用并进行评估,承担其他职能未涉及的管理职责。

9.2 事故应急救援预案

9.2.1 高空坠落事故应急救援预案

(1)高空坠落事故应急小组责任及组织机构图。

①项目经理是高空坠落事故应急小组第一负责人,负责高空坠落事故的救援指挥工作。

②安全总监是高空坠落事故应急救援第一执行人,具体负责事故救援组织工作和事故调查工作。

③高空坠落事故应急组织机构图见图9-1。

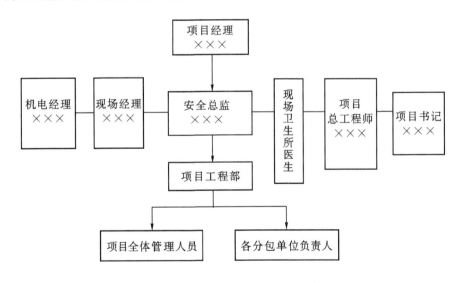

图9-1 高空坠落事故应急组织机构图

④应急小组下设机构及职责。

a.抢险组:组长由项目经理担任,成员由安全总监、现场经理、机电经理、项目总工程师、项目班子其他成员及分包单位负责人组成。主要职责是:组织实施抢险行动方案;协调有关部门的抢险行动;及时向指挥部报告抢险进展情况。

b.安全保卫组:组长由项目书记担任,成员由项目行政部人员、经警组成。主要职责是:负责事故现场的警戒,阻止非抢险救援人员进入现场;负责现场车辆疏通,维持治安秩序;负责保护抢险人员的人身安全。

c.后勤保障组:组长由项目书记担任,成员由项目物资部、行政部、合约部、食堂等部门人员组成。主要职责是:负责调集抢险器材、设备;负责解决全体参加抢险救援工作人员的食宿问题。

d.医疗救护组:组长由项目卫生所医生担任,成员由卫生所护士、救护车队组成。主要职责是:负责现场伤员的救护等工作。

e.善后处理组:组长由项目经理担任,成员由项目领导班子组成。主要职责是:负责做好对遇难者家属的安抚工作;协调落实遇难者家属抚恤金和受伤人员住院费问题;做好其他善后事宜。

f.事故调查组:组长由项目经理、公司责任部门领导担任,成员由项目安全总监、公司相关部门、公司有关技术专家组成。主要职责是:负责事故现场保护和图纸的测绘;查明事故原因,提出防范措施;提出对事故责任者的处理意见。

(2)高空坠落事故应急工作流程见图 9-2。

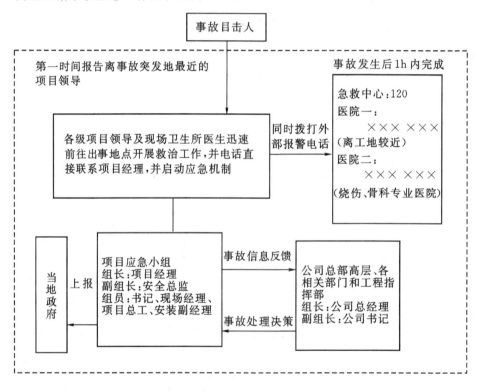

图 9-2 高空坠落事故应急工作流程

(3)防止高空坠落的安全措施。

①进入施工现场的所有人必须佩戴安全帽,高空作业人员必须配备并使用安全带。

②脚手架立网统一采用绿色密目网防护,密目网应绷拉平直,封闭严密。钢管脚手架不得使用严重锈蚀、弯曲、压扁或有裂纹的钢管。

③建筑物楼层临边的四周,无围护结构时,必须设两道防护栏杆或一道防护栏杆并立挂安全网封闭。

④脚手架的操作面必须满铺脚手板,离墙面不得大 20cm,不得有空隙和探头板、飞跳板。施工层脚手板下一步架处兜设水平安全网。操作面外侧应设两道护身栏杆和一道挡脚板,立挂安全网,下口封严,防护高度应为 1.5m。

⑤脚手架必须保证整体结构不变形,纵向必须设置斜撑,斜撑宽度不得超过7根立杆,与水平面夹角应为45°~60°。与结构无处拉结时可加钢管斜撑,与地面的角度视实际情况而定。

⑥在外架外立杆内侧用密目安全网封严,以防高空坠落和物体打击,网接头处必须连接紧密,不得有空隙。架子操作层下应兜大网眼,每隔两层设一道大网眼。

⑦建筑物的出入口处应搭设长3~6m,宽于出入通道两侧各1m的防护棚,棚顶应满铺不小于5cm厚的脚手板,非出入口和通道两侧必须封闭严密。

⑧危险区域的隔离防护:凡是落物伤人的危险区域(如架子搭拆区、模板拆除区),均设1.8m高防护栏杆,加挂密目安全网进行防护,并挂禁止通行牌,以防止误入受伤。

⑨高处作业使用的铁凳应牢固,必要时应将铁凳脚与下面的脚手板点焊;使用的木凳宜用钢丝与脚手板固定,以防使用时出现倾倒,两凳间如需搭设脚手板,间距不得大于2m。

⑩对现场的预留孔洞,必须进行封闭覆盖。危险处,在边沿处设置两道护身栏杆,并且夜间应设红色警示标志灯。

⑪龙门架首层进料口处应搭设长度不小于3~6m的防护棚,其他三个侧面必须采取封闭措施,各层卸料平台出入口处均应设有安全门,通道两侧必须设有安全防护栏杆。

⑫结构内1.5m×1.5m以下的孔洞,应预埋通长钢筋网或加固定盖板。1.5m×1.5m以上的孔洞,四周必须设两道护身栏杆,中间支挂水平安全网。

(4)高空坠落事故的应急措施。

①紧急事故发生后,发现人应立即报警。一旦启动本预案,相关责任人要以处置重大紧急情况为压倒一切的首要任务,绝不能以任何理由推诿、拖延。各部门之间、各单位之间必须服从指挥、协调配合,共同做好工作。因工作不到位或玩忽职守造成严重后果的,要追究有关人员的责任。

②项目在接到报警后,应立即组织由现场医生带领的自救队伍,按事先制定的应急方案立即进行自救;简单处理伤者后,立即送附近医院进行进一步抢救。

③疏通事发现场道路,保证救援工作顺利进行。

④安全总监为紧急事务联络员,负责紧急事物的联络工作。

⑤紧急事故处理结束后,安全总监应填写记录,并召集相关人员研究防止事故再次发生的对策。

⑥平日里加强对施工人员的高空作业安全教育,工人每日上岗前,应在现场穿衣镜前检查自身佩戴的安全用具是否齐整、牢固。

9.2.2 某工程高空坠落事故应急准备和响应预案

1.应急准备

(1)组织机构及职责。

①项目部高处坠落事故应急准备和响应领导小组。

组长:项目经理;

组员:生产负责人、安全员、各专业工长、技术员、质检员、值勤人员;

值班电话:×××。

②高处坠落事故应急处置领导小组负责对项目突发高处坠落事故的应急处理。

(2)培训和演练。

①项目部安全员负责主持、组织全单位每年进行一次按高处坠落事故"应急响应"的要求

进行的模拟演练。各组员按其职责分工,协调配合完成演练。演练结束后由组长组织对"应急响应"的有效性进行评价,必要时对"应急响应"的要求进行调整或更新。演练、评价和更新的记录应予以保持。

②施工管理部负责对相关人员每年进行一次培训。

(3)应急物资的准备、维护、保养。

①应急物资的准备:简易担架,跌打损伤药品,包扎纱布等。

②各种应急物资要配备齐全并加强日常管理。

(4)防坠落措施。

①脚手架材质必须符合国家标准,钢管脚手架的杆件连接必须使用合格的玛钢扣件。

②结构脚手架立杆间距不得大于1.5m,大横杆间距不得大于1.2m,小横杆间距不得大于1m,脚手架必须按楼层与结构拉结牢固,拉结点垂直距离不得超过4m,水平距离不得超过6m,拉结所用的材料强度不得低于双股8号铝丝的强度,高大架子不得使用柔性材料拉结。在拉结点处设可靠支顶,脚手架的操作面必须满铺脚手板,离墙面不得大20cm,不得留空隙,探头板、飞跳板、脚手板下层设水平网,操作外侧应设两道护身栏杆和一道挡脚板或设一道护身栏杆,立挂安全网,下口封严,防护高为1.2m,严禁用竹笆做脚手板。

③脚手架必须保证整体不变形,凡高度20m以上的外脚手架纵向必须设置十字盖,十字盖高度不得超过7根立杆,与水平面夹角应为45°～60°,高度在20m以下的必须设置反斜支撑,特殊脚手架和20m以上的高大脚手架必须有设计方案。有脚手架结构计算书,特殊情况必须采取有效的防护措施。

④井字架的吊笼出入口均应有安全门、两侧必须有安全防护措施,吊笼定位托杠必须采用定型装置,吊笼运行中不得乘人。

⑤1.5m×1.5m以下的孔洞,应预埋通长钢筋网,或加固定盖板;1.5m×1.5m以上的孔洞四周必须设两道护身栏杆,中间支挂水平安全网,电梯井口必须设高度不低于1.2m的金属防护门。电梯井内首层和首层以上每隔四层设一道水平安全网,安全网应封门严密。楼梯踏步及休息平台处,必须设两道牢固防护栏杆或用立挂安全网防护,阳台栏杆应随层安装,不能随层安装的,必须设两道防护栏杆或立挂安全网加一道防护栏杆。

⑥无外脚手架或采用单排脚手架高4m以上的建筑物,首层四周必须支搭固定3m宽的水平安全网(高层建筑6m宽双层网);网底距下方物体不得小于3m(高层不得小于5m),高层建筑每隔四层固定一道6m宽的水平安全网,接口处必须连接严密,与建筑物之间缝隙不大于10cm,并且外边沿高于内边沿,支搭水平安全网,直至没有高处作业时方可拆除。

⑦临边施工区域,对人或物构成危险的地方必须支搭防护棚,确保人、物的安全。高处作业使用的铁凳、木凳间需搭设脚手板的,间距不得大于2m,高处作业,严禁投扔物料。

⑧高空作业人员必须持证上岗,经过现场培训、交底。安装人员必须系安全带,交尾时按方案要求结合施工现场作业条件和队伍情况做详细交底,并确定指挥人员,在施工时按作业环境做好防滑、防坠落事故发生工作。发现隐患要立即整改,要建立登记、整改检查,定人、定措施,定完成日期,在隐患没有消除前必须采取可靠的防护措施,如有危及人身安全的紧急险情,应立即停止作业。

2.应急响应

(1)一旦发生高空坠落事故,由安全员组织抢救伤员,项目经理打电话给"120"急救中心,由土建工长保护好现场,防止事态扩大。其他义务小组人员协助安全员做好现场救护工作,水、电工长协助送伤员外部救护工作,如有轻伤或休克人员,现场由安全员组织临时抢救、包扎止血或做人工呼吸或胸外心脏按压,尽最大努力抢救伤员,将伤亡事故控制到最小限度,损失降到最小。

(2)处理程序。

①查明事故原因及责任人。

②制定有效的防范措施,防止类似事故发生。

③对所有员工进行事故教育。

④宣布事故处理结果。

⑤以书面形式向上级报告。

9.2.3 坍塌事故应急救援预案

1. 工程坍塌事故所指范围

(1)深基坑坍塌;

(2)塔式起重机等大型机械设备倒塌;

(3)整体模板支撑体系坍塌;

(4)建筑外脚手架倒塌。

2. 坍塌事故应急小组责任

(1)项目经理是坍塌事故应急小组第一负责人,负责事故的救援指挥工作。

(2)安全总监是坍塌事故应急救援第一执行人,具体负责事故救援组织工作和事故调查工作。

(3)现场经理是坍塌事故应急小组第二负责人,负责事故救援组织工作的配合工作和事故调查的配合工作。

(4)应急小组下设机构及职责。

①抢险组:组长由项目经理担任,成员由安全总监、现场经理、机电经理、项目总工程师和项目班子及分包单位负责人组成。主要职责是:组织实施抢险行动方案;协调有关部门的抢险行动;及时向指挥部报告抢险进展情况。

②安全保卫组:组长由项目书记担任,成员由项目行政部、经警组成。主要职责是:负责事故现场的警戒,阻止非抢险救援人员进入现场;负责现场车辆疏通,维持治安秩序;负责保护抢险人员的人身安全。

③后勤保障组:组长由项目书记担任,成员由项目物资部、行政部、合约部、食堂等部门人员组成。主要职责是:负责调集抢险器材、设备;负责解决全体参加抢险救援工作人员的食宿问题。

④医疗救护组:组长由项目卫生所医生担任,成员由卫生所护士、救护车队组成。主要职责是:负责现场伤员的救护等工作。

⑤善后处理组:组长由项目经理担任,成员由项目领导班子组成。主要职责是:负责做好遇难者家属的安抚工作;协调落实遇难者家属抚恤金和受伤人员住院费问题;做好其他善后事宜。

⑥事故调查组:组长由项目经理、公司责任部门领导担任,成员由项目安全总监、公司相关部门、公司有关技术专家组成。主要职责是:负责事故现场保护和图纸的测绘;查明事故原因,提出防范措施;提出对事故责任者的处理意见。

3.坍塌事故应急工作流程

事故应急工作流程见图9-3。

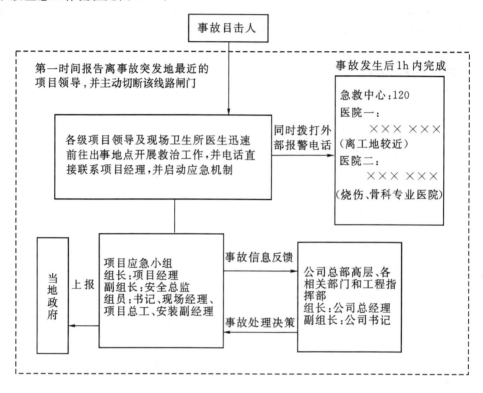

图9-3　坍塌事故应急工作流程

4.坍塌事故应急措施

(1)坍塌事故发生时,安排专人及时切断有关线路闸门,并对现场进行声像资料的收集。发生后立即组织抢险人员在30min内到达现场。根据具体情况,采取人工和机械相结合的方法,对坍塌现场进行处理。抢救中如遇到坍塌巨物,人工搬运有困难时,可调集大型吊车进行调运。在接近边坡处时,必须停止机械作业,全部改用人工扒物,防止误伤被埋人员。现场抢救中,还要安排专人对边坡、架料进行监护和清理,防止事故扩大。

(2)事故现场周围应设警戒线。

(3)统一指挥、密切协同的原则。坍塌事故发生后,参战力量多,现场情况复杂,各种力量需在现场总指挥部的统一指挥下,积极配合、密切协同,共同完成。

(4)以快制快、行动果断的原则。鉴于坍塌事故具有突发性,在短时间内不易处理,处置行动必须做到接警调度快、到达快、准备快、疏散救人快,达到以快制快的目的。

(5)讲究科学、稳妥可靠的原则。解决坍塌事故要讲科学,避免急躁行动引发连续坍塌事故发生。

（6）救人第一的原则。当现场遇有人员受到威胁时,首要任务是抢救人员。

（7）伤员抢救。立即与急救中心和医院联系,请求出动急救车辆并作好急救准备,确保伤员得到及时医治。

（8）事故现场取证救助行动中,安排人员同时做好事故调查取证工作,以利于事故处理,防止证据遗失。

（9）自我保护。在救助行动中,抢救机械设备和救助人员应严格执行安全操作规程,配齐安全设施和防护工具,加强自我保护,确保抢救行动过程中的人身安全和财产安全。

9.2.4 某工程坍塌事故应急准备与响应预案

1.应急准备

（1）组织机构及职责。

①项目部坍塌事故应急准备和响应领导小组。

组长:项目经理;

组员:生产负责人、安全员、各专业工长、技术员、质检员、值勤人员;

值班电话:×××。

②坍塌事故应急处置领导小组负责对项目突发坍塌事故的应急处理。

（2）培训和演练。

①项目部安全员负责主持、组织全单位每年进行一次按坍塌事故"应急响应"的要求进行的模拟演练。各组员按其职责分工,协调配合完成演练。演练结束后由组长组织对"应急响应"的有效性进行评价,必要时对"应急响应"的要求进行调整或更新。演练、评价和更新的记录应予以保持。

②施工管理部负责对相关人员每年进行一次培训。

（3）应急物资的准备、维护、保养。

①应急物资的准备:简易担架、跌打损伤药品、包扎纱布。

②各种应急物资要配备齐全并加强日常管理。

（4）预防措施。

①深基础开挖前先采取井点降水,将水位降至开挖最大深度以下,防止开挖时出水塌方。

②材料准备:开挖前准备足够优质木桩和脚手板、装土袋,以备护坡（打桩护坡法）;为防止基础出水,准备2台抽水泵,随时应急。

③深基础开挖的另一种措施是准备整体喷浆护坡,开挖时现场设专人负责按比例放坡,分层开挖,开挖到底后,由专业队做喷浆护坡,确保边坡整体稳固。

2.应急响应

（1）预防坍塌事故发生,项目部成立应急小组,由项目经理担任组长,生产负责人、安全员、各专业工长为组员,主要负责紧急事故发生时有条有理地进行抢救或处理,外包队管理人员及后勤人员,协助副项目经理做相关辅助工作。

（2）发生坍塌事故后,由项目经理负责现场总指挥,发现事故发生人员首先高声呼喊,通知现场安全员,由安全员打事故抢救电话"120",向上级有关部门或医院打电话请求抢救,同时通知项目副经理组织紧急应变小组进行现场抢救。土建工长组织有关人员清理土方或杂物,如有人员被埋,应首先按部位进行抢救人员,其他组员采取有效措施,防止事故发展扩大,让外包队负责人随时监护边坡状况,及时清理边坡上堆放的材料,防止造成再次事故的发生。在向有关部门通知抢救的同时,对轻伤人员在现场采取可行的应急抢救,如现场包扎止血等措施,防止受伤人员流血过多造成死亡事故发生。预先成立的应急小组人员分工,各负其责,重伤人员由水、电工协助送外抢救,门卫在大门口迎接来救护的车辆,有程序地处理事故、事件,最大限度地减少人员伤亡和财产损失。

(3)如果发生脚手架坍塌事故,按预先分工进行抢救,架子工长组织所有架子工进行倒塌架子的拆除和拉牢工作,防止其他架子再次倒塌,现场清理由外包队管理者组织有关职工协助清理,如有人员被砸应首先清理被砸人员身上的材料,集中人力先抢救受伤人员,最大限度地减小事故损失。

(4)事故后处理工作。

①查明事故原因及责任人。

②以书面形式向上级写出报告,包括发生事故的时间、地点、伤亡情况(人员姓名、性别、年龄、工种、伤害程度、受伤部位)。

③制定有效的预防措施,防止此类事故再次发生。

④组织所有人员进行事故教育。

⑤向所有人员宣读事故结果及对责任人的处理意见。

9.2.5 倾覆事故应急救援预案

1.应急准备

(1)组织机构及职责。

①项目部倾覆事故应急准备和响应领导小组。

组长:项目经理;

组员:生产负责人、安全员、土建工长、水暖工长、电气工长、技术员、质检员、架子工长、外包队管理人员、后勤人员;

值班电话:×××。

②倾覆事故应急处置领导小组负责对项目突发倾覆事故的应急处理。

(2)培训和演练。

①项目部安全员负责主持、组织全单位每年进行一次按倾覆事故"应急响应"的要求进行的模拟演练。各组员按其职责分工,协调配合完成演练。演练结束后由组长组织对"应急响应"的有效性进行评价,必要时对"应急响应"的要求进行调整或更新。演练、评价和更新的记录应予以保持。

②施工管理部负责对相关人员每年进行一次培训。

(3)应急物资的准备、维护、保养。

①应急物资的准备:简易担架、跌打损伤药品、包扎纱布。

②各种应急物资要配备齐全并加强日常管理。

(4)预防措施。

①为防止事故发生,塔吊必须由具备资质的专业队伍安装,司机必须持证上岗,安装完毕后经技术监督局验收合格后方可投入使用。

②司机操作时,必须严格按操作规程操作,不准违章作业,严格执行"十不吊",操作前必须有安全技术交底记录,并履行签字手续。

③脚手架支搭必须先编制好搭设方案,经有关技术人员审批后遵照执行。

④所有架子工必须持证上岗,工作时佩戴好个人防护用品,支搭脚手架严格按方案施工,做好脚手架拉接点拉牢工作,防止架体倒塌。

⑤所有架体平台架设好后,必须请各方专业技术人员验收签字后,方可投入使用。

2. 应急响应

(1)如果有塔吊倾覆事故发生,首先由旁观者在现场高呼,提醒现场有关人员立即通知现场负责人,由安全员负责拨打应急救护电话"120",通知有关部门和附近医院,到现场救护。现场总指挥由项目经理担当,负责全面组织协调工作,生产负责人亲自带领有关工长及外包队负责人,分别对事故现场进行抢救,如有重伤人员,由土建工长负责送外救护,电气工长先切断相关电源,防止发生触电事故,门卫值勤人员在大门口迎接救护车辆及人员。

(2)水暖工长等人员协助生产负责人对现场进行清理,抬运物品,及时抢救被砸人员或被压人员,最大限度地减少重伤程度,如有轻伤人员,可采取简易现场救护工作,如包扎、止血等措施,以免造成驶重大伤亡事故。

(3)如有脚手架倾覆事故发生,按小组预先分工,各负其责,但是架子工长应组织所有架子工立即拆除相关脚手架,外包队人员应协助清理有关材料,保证现场道路畅通,方便救护车辆出入,以最快的速度抢救伤员,将伤亡事故降到最低。

(4)事故后处理工作。

①查明事故原因、事故责任人。

②写出书面报告,包括事故发生的时间、地点、受伤害人姓名、性别、年龄、工种、受伤部位、受伤程度等。

③制订或修改有关措施,防止此类事故发生。

④组织所有人进行事故教育。

⑤向全体人员宣读事故结果及对责任人处理意见。

9.2.6 物体打击应急和响应预案

1. 工地潜在事故危险评估

通过对施工全过程危险因素的辨识和评价,物体打击事故发生概率较大,造成人身伤害和财产损失较严重,列为项目工程的重大危险因素。

项目部针对以上潜在的事故和紧急情况,编制应急准备及响应预案,当事故或紧急情况发生时,应保证能够迅速做出响应,最大限度地减轻可能产生的事故后果。

2. 应急行动小组人员组成及分工

(1)应急领导小组成员。

组长:×××;

副组长:×××;

成员:×××,×××,……,×××。

(2)应急小组职责。

①全体成员牢固树立全心全意为员工服务的思想。

②认真学习和熟练执行应急程序。

③服从上级指挥调动。

④改造和检查应急设备和设施的安全性能及质量。

⑤组织队员搞好模拟演练。

⑥参加本范围的各种抢险救护。

3.应急行动程序通则

(1)应急小组成员应牢记分工,按小组行动。

(2)应急小组成员在接到报警后,10min内各就各位。

(3)根据事故情况报相应主管部门。

联系电话如下:

①治安。

负责人:×××。

联系电话:×××。

②重大事故。

负责人:×××。

联系电话:×××。

③紧急医疗电话。

急救电话:120。

急诊电话:×××。

④疫情举报:×××。

⑤常用电话。

火警:119;

匪警:110;

交通肇事:122。

4.物体打击事故应急程序

施工区发生物体打击事故,最早发现事故的人迅速向应急领导小组报告,通信组立即召集所有成员赶赴事故现场,了解事故伤害程度;警戒组和疏散组负责组织保卫人员疏散现场闲杂人员,警戒组保护事故现场,同时避免其他人员靠近现场;急救员立即通知现场应急小组组长,说明伤者受伤情况,并根据现场实际施行必要的医疗处理,在伤情允许情况下,抢救组负责组织人员搬运受伤人员,转移到安全地方;由组长根据汇报,决定是否拨打"120"医疗急救电话,并说明伤员情况,行车路线;通信组联系值班车到场,随时待命,并安排人员到入场岔口指挥救护车的行车路线;警戒组应迅速对周围环境进行确认,仍存在危险因素下,立即组织人员防护,并禁止人员进出。

5.受伤人员的急救

当施工人员发生物体打击时,急救人员应尽快赶往出事地点,并呼叫周围人员及时通知医疗部门,尽可能不要移动患者,尽量当场施救。如果处在不宜施救的场所时,必须将患者搬运到能够安全施救的地方,搬运时应尽量多找一些人来搬运,观察患者呼吸和脸色的变化,如果是脊柱骨折,不要弯曲、扭动患者的颈部和身体,不要接触患者的伤口,要使患者身体放松,尽量将患者放到担架或平板上进行搬运。

6.物体打击事故预防

①强化安全教育,提高安全防护意识,提高工人安全操作技能。

②正确使用"三宝"。

③合理组织交叉作业,采取防护措施。

④拆除作业有监护措施,有施工方案,有交底。

⑤起重吊装作业制定专项安全技术措施。

⑥对起重吊装工进行安全交底,落实"十不吊"措施。

⑦安全通道口、安全防护棚搭设双层防护,符合安全规范要求。

⑧加强安全检查,严禁向下抛掷。

⑨材料堆放控制高度,特别是临边作业。

⑩高处作业应进行交底,工具入袋,严禁抛物。

⑪模板作业有专项安全技术措施,有交底,有检查,严禁大面积撬落。

9.2.7 某工程物体打击事故应急准备与响应预案

1.应急准备

(1)组织机构及职责。

①项目部物体打击事故应急准备和响应领导小组。

组长:项目经理。

组员:生产负责人、安全员、各专业工长、技术员、质检员、值勤人员。

值班电话:×××。

②物体打击事故应急处置领导小组负责对项目突发物体打击事故的应急处理。

(2)培训和演练。

①项目部安全员负责主持、组织全单位每年进行一次按物体打击事故"应急响应"的要求进行的模拟演练。各组员按其职责分工,协调配合完成演练。演练结束后由组长组织对"应急响应"的有效性进行评价,必要时对"应急响应"的要求进行调整或更新。演练、评价和更新的记录应予以保持。

②施工管理部负责对相关人员每年进行一次培训。

(3)应急物资的准备、维护、保养。

①应急物资的准备:简易担架、跌打损伤药品、包扎纱布。

②各种应急物资要配备齐全并加强日常管理。

2.应急响应

(1)预防物体打击发生,项目部成立应急小组,由项目经理担任组长,生产负责人、安全员、各专业工长为组员,主要负责紧急事故发生时有条不紊地进行抢救或处理,外包队管理人员及后勤人员协助生产负责人做相关辅助工作。

(2)发生物体打击事故后,由项目经理负责现场总指挥,发现事故发生人员首先高声呼喊,通知现场安全员,由安全员打事故抢救电话"120",向上级有关部门或医院打电话请求抢救,同时通知生产负责人组织紧急应变小组进行可行的应急抢救,如现场包扎、止血等措施,防止受伤人员流血过多造成死亡事故发生。预先成立的应急小组人员按照分工,各负其责,重伤人员由水、电工长协助送外抢救工作,门卫在大门口迎接来救护的车辆,有程序地处理事故、事件,最大限度地减少人员和财产损失。

(3)事故后处理工作。

①查明事故原因及责任人。

②以书面形式向上级写出报告,包括发生事故时间、地点、受伤(死亡)人员姓名、性别、年龄、工种、伤害程度、受伤部位等。

③制定有效的预防措施,防止此类事故再次发生。

④组织所有人员进行事故教育。

⑤向所有人员宣读事故结果及对责任人的处理意见。

9.2.8 机械伤害事故应急预案

1.机械伤害事故应急小组责任及组织机构图

(1)项目经理是机械伤害事故应急小组第一负责人,负责事故的救援指挥工作。

(2)安全总监是机械伤害事故应急救援第一执行人,具体负责事故救援组织工作和事故调查工作。

(3)现场经理是机械伤害事故应急小组第二负责人,负责事故救援组织工作的配合工作和事故调查的配合工作。

(4)机械伤害事故应急组织机构如图9-4所示。

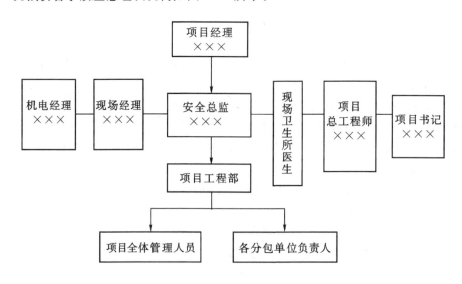

图9-4 机械伤害事故应急组织机构图

(5)应急小组下设机构及职责。

①抢险组。组长由项目经理担任,成员由安全总监、现场经理、机电经理、项目总工程师和项目班子及分包单位负责人组成。主要职责是:组织实施抢险行动方案;协调有关部门的抢险行动;及时向指挥部报告抢险进展情况。

②安全保卫组。组长由项目书记担任,成员由项目行政部、经警组成。主要职责是:负责事故现场的警戒,阻止非抢险救援人员进入现场;负责现场车辆疏通,维持治安秩序;负责保护抢险人员的人身安全。

③后勤保障组。组长由项目书记担任,成员由项目物资部、行政部、合约部、食堂等部门人员组成。负责解决全体参加抢险救援工作人员的食宿问题。

④医疗救护组。组长由项目卫生所医生担任,成员由卫生所护士、救护车队组成。主要职责是:负责现场伤员的救护等工作。

⑤善后处理组。组长由项目经理担任,成员由项目领导班子组成。主要职责是:负责做好对遇难者家属的安抚工作;协调落实遇难者家属抚恤金和受伤人员住院费问题;做好其他善后事宜。

⑥事故调查组。组长由项目经理、公司责任部门领导担任,成员由项目安全总监、公司相关部门、公司有关技术专家组成。主要职责是:负责事故现场保护和图纸的测绘;查明事故原因,提出防范措施;提出对事故责任者的处理意见。

2. 机械伤害事故应急工作流程

机械伤害事故应急工作流程见图9-5。

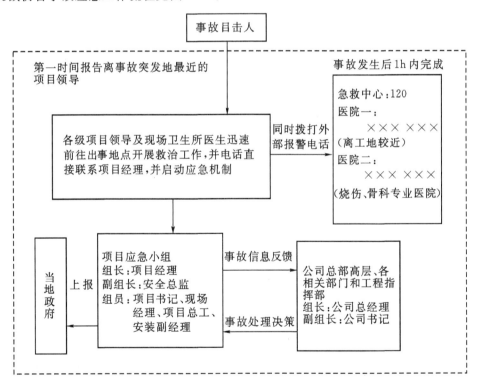

图9-5 机械伤害事故应急工作流程

3. 机械伤害事故应急措施

(1)现场上固定的加工机械的电源线必须加塑料套管埋地保护,以防止被加工件压破发生触电。

(2)按照《建筑施工临时用电安全技术规范》(JGJ 46—2005)要求,做好各类电动机械和手持电动工具的接地或接零保护,防止发生漏电。

(3)各种机械的传动部分必须要有防护罩和防护套。

(4)现场使用的圆锯应相应固定。有连续两个断齿和裂纹长度超过 20mm 的不能使用,短于 500mm 的木料要用推棍,锯片上方要安装安全挡板。

(5)木工平刨口要有安全装置。木板厚度小于 30mm,严禁使用平刨。平刨和圆锯不准使用倒顺开关。

(6)使用套丝机、立式钻床、木工平刨作业等,严禁戴手套。

(7)混凝土搅拌机在运转中,严禁将头和手伸入料斗察看进料搅拌情况,也不得把铁锹伸入拌筒。清理料斗坑,要挂好保险绳。

(8)机械在运转中不得进行维修、保养、紧固、调整等作业。

(9)机械运转中操作人员不得擅离岗位或把机械交给别人操作,严禁无关人员进入作业区和操作室。作业时思想要集中,严禁酒后作业。

(10)打夯机要两人同时作业,其中一人理线,操作机械要戴绝缘手套,穿绝缘鞋。严禁在机械运转中清理机上积土。

(11)使用砂轮机、切割机,操作人员必须戴防护眼镜。严禁用砂轮切割 22# 钢筋扎丝。

(12)操作钢筋切断机切长 50cm 以下短料时,手要离开切口 15cm 以上。

(13)操作起重机械、物料提升机械、混凝土搅拌机、砂浆机等必须经专业安全技术培训,持证上岗,坚持"十不吊"。

(14)加工机械周围的废料必须随时清理,保持脚下清洁,防止被废料绊倒,发生事故。

9.2.9 某工程机械伤害事故应急准备与响应预案

1.应急准备

(1)组织机构及职责。

①项目部机械伤害事故应急准备和响应领导小组。

组长:项目经理;

组员:生产负责人、安全员、各专业工长、技术员、质检员、值勤人员;

值班电话:×××。

②机械伤害事故应急处置领导小组负责对项目突发机械伤害事故的应急处理。

(2)培训和演练。

①项目部安全员负责主持、组织全单位每年进行一次按机械伤害事故"应急响应"的要求进行的模拟演练。各组员按其职责分工,协调配合完成演练,演练结束后由组长组织对"应急响应"的有效性进行评价,必要时对"应急响应"的要求进行调整或更新。演练、评价和更新的记录应予以保持。

②施工管理部负责对相关人员每年进行一次培训。

(3)应急物资的准备、维护、保养。

①应急物资的准备:简易担架、跌打损伤药品、包扎纱布。

②各种应急物资要配备齐全并加强日常管理。

2.应急响应

(1)预防机械伤害事故发生,项目部成立应急小组,由项目经理担任组长,生产负责人、安全员、各专业工长为组员,主要负责紧急事故发生时有条不紊地进行抢救或处理,外包队管理人员及后勤人员协助上任工程师做相关辅助工作。

(2)发生机械伤害事故后,由项目经理负责现场总指挥,发现事故发生人员首先高声呼喊,通知现场安全员,由安全员打事故抢救电话"120",向上级有关部门或医院打电话抢救,同时通知生产负责人组织紧急应变小组进行可行的应急抢救,如现场包扎、止血等措施,防止受伤人员流血过多造成死亡事故发生。预先成立的应急小组人员按照分工,各负其责,重伤人员由水、电工长协助送外抢救,门卫在大门口迎接来救护的车辆,有程序地处理事故、事件,最大限度地减少人员和财产损失。

(3)事故后处理工作。

①查明事故原因及责任人。

②以书面形式向上级写出报告,包括发生事故时间、地点、受伤(死亡)人员姓名、性别、年龄、工种、伤害程度、受伤部位等。

③制定有效的预防措施,防止此类事故再次发生。

④组织所有人员进行事故教育。

⑤向所有人员宣读事故结果及对责任人的处理意见。

9.2.10 触电事故应急准备与响应预案

1.应急准备

(1)组织机构及职责。

①项目部触电事故应急准备和响应领导小组。

组长:项目经理;

组员:生产负责人、安全员、各专业工长、技术员、质检员、值勤人员;

值班电话:×××。

②触电事故应急处置领导小组负责对项目突发触电事故的应急处理。

(2)培训和演练。

①项目部安全员负责主持、组织全单位每年进行一次按触电事故"应急响应"的要求进行的模拟演练。各组员按其职责分工,协调配合完成演练。演练结束后由组长组织对"应急响应"的有效性进行评价,必要时对"应急响应"的要求进行调整或更新。演练、评价和更新的记录应予以保持。

②施工管理部负责对相关人员每年进行一次培训。

(3)应急物资的准备、维护、保养。

①应急物资的准备:简易担架。

②应急物资要配备齐全并加强日常管理。

2.应急响应

(1)脱离电源、对症抢救。

当发生人身触电事故时,首先使触电者脱离电源。迅速急救,关键是"快"。

(2)对于低压触电事故,可采用下列方法使触电者脱离电源:

①如果触电地点附近有电源开关或插销,可立即拉断电源开关或拔下电源插头,以切断电源。

②可用有绝缘手柄的电工钳、干燥木柄的斧头、干燥木把的铁锹等切断电源线。也可采用干燥木板等绝缘物插入触电者身下,以隔离电源。

③当电线搭在触电者身上或被压在身下时,也可用干燥的衣服、手套、绳索、木板、木棒等绝缘物为工具,拉开、提高或挑开电线,使触电者脱离电源。切不可直接去拉触电者。

(3)对于高压触电事故,可采用下列方法使触电者脱离电源:

①立即通知有关部门停电。

②带上绝缘手套,穿上绝缘鞋,用相应电压等级的绝缘工具按顺序拉断开关。

③用高压绝缘杆挑开触电者身上的电线。

(4)触电者如果在高空作业时触电,断开电源时,要防止触电者摔下来造成二次伤害。

①如果触电者伤势不重,神志清醒,但有些心慌,四肢麻木,全身无力或者触电者曾一度昏迷,但已清醒过来,应使触电者安静休息,不要走动,严密观察并送医院。

②如果触电者伤势较重,已失去知觉,但心脏跳动和呼吸还存在,应将触电者抬至空气畅通处,解开衣服,让触电者平直仰卧,并用软衣服垫在身下,使其头部比肩稍低,以免妨碍呼吸,如天气寒冷要注意保温,并迅速送往医院。如果发现触电者呼吸困难,发生痉挛,应立即准备对心脏停止跳动或者呼吸停止后的抢救。

③如果触电者伤势较重,呼吸停止或心脏跳动停止或二者都已停止,应立即用口对口人工呼吸法及胸外心脏按压法进行抢救,并送往医院。在送往医院的途中,不应停止抢救,许多触电者就是在送往医院途中死亡的。

④人触电后会出现神经麻痹、呼吸中断、心脏停止跳动、呈现昏迷不醒状态,通常都是假死,万万不可当作"死人"草率从事。

⑤对于触电者,特别高空坠落的触电者,要特别注意搬运问题,很多触电者,除电伤外还有摔伤,搬运不当,如折断的肋骨扎入心脏等,可造成死亡。

⑥对于假死的触电者,要迅速持久地进行抢救,有不少的触电者,是经过四个小时甚至更长时间的抢救才抢救过来的,有经过六个小时的口对口人工呼吸及胸外心脏挤压法抢救而活过来的实例。只有经过医生诊断确定死亡,才停止抢救。

(5)人工呼吸是在触电者停止呼吸后采用的急救方法。

各种人工呼吸方法中以口对口呼吸法效果最好。

①施行人工呼吸前,应迅速将触电者身上妨碍呼吸的衣领、上衣等解开,取出口腔内妨碍呼吸的食物、脱落的断齿、血块、粘液等,以免堵塞呼吸道,使触电者仰卧,并使其头部充分后仰(可用一只手托触电者颈后),鼻孔朝上以利呼吸道畅通。

②救护人员用手使触电者鼻孔紧闭,深吸一口气后紧贴触电者的口向内吹气,用时约 2s。吹气大小,要根据不同的触电人有所区别,每次呼气要以触电者胸部微微鼓起为宜。

③吹气后,立即离开触电者的口,并放松触电者的鼻子,使空气呼出,用时约 3s。然后再重复吹气动作。吹气要均匀,每分钟吹气呼气约 12 次。触电者已开始恢复自由呼吸后,还应仔细观察呼吸是否会再度停止。如果再度停止,应再继续进行人工呼吸,这时人工呼吸要与触电者微弱的自由呼吸规律一致。

④如无法使触电者把口张开时,可改用口对鼻人工呼吸法,即捏紧嘴巴紧贴鼻孔吹气。

(6)胸外心脏按压法,是触电者心脏停止跳动后采用的急救方法。

①做胸外挤压时,使触电者仰卧在比较坚实的地方,姿势与口对口人工呼吸法相同,救护者跪在触电者一侧或跪在腰部两侧,两手相叠,手掌根部放在心窝上方,胸骨下三分之一至二分之一处,掌根用力向下(脊背的方向)挤压压出心脏里面的血液。挤压时要注意速度,太快了效果不好,每分钟挤压60次为宜。挤压后掌根迅速全部放松,让触电者胸廓自动恢复,血液充满心脏。放松时掌根不必完全离开胸部。

②应当指出,心脏跳动和呼吸是相互联系的。心脏停止跳动了,呼吸很快会停止。呼吸停止了,心脏跳动也维持不了多久。一旦呼吸和心脏跳动都停止了,应当同时进行口对口人工呼吸和胸外心脏按压。如果现场只有一人抢救,两种方法交替进行。可以挤压4次后,吹气一次,而且吹气和挤压的速度都应提高一些,以免降低抢救效果。

③对于儿童触电者,可以用一只手挤压,用力要轻一些以免损伤胸骨,而且每分钟宜挤压100次左右。

(7)事故后处理工作。

①查明事故原因及责任人。

②以书面形式向上级写出报告,包括发生事故时间、地点、受伤(死亡)人员姓名、性别、年龄、工种、伤害程度、受伤部位。

③制定有效的预防措施,防止此类事故再次发生。

④组织所有人员进行事故教育。

⑤向所有人员宣读事故结果及对责任人的处理意见。

9.2.11 某建筑公司触电事故应急预案

在工程临时用电中,由于电气设备、电缆反复移动,临时用电的作业人员多,环境不断变化,工地触电事故随时可能发生。所以本工地编制触电应急预案具体如下:

(1)假设险情。

假设工地用电人员由于误操作发生低压触电事故;电缆被砸断发生低压触电事故。塔吊的吊物进入高压线的危险区发生高压触电事故另有应急预案,本预案中不考虑。

(2)应急准备。

①触电抢险指挥组即项目部的安全抢险领导组,下设的抢救组、救护组、防护组,其中抢救人员有如下变动:

抢救组:×××(电工班长)、×××(电工)、×××(修理班长)、×××(工程师)、×××(安全监督)。

工地应急抢救领导组的机构职责、名单自定。

②抢救备用器材。

a.5m 绝缘杆1根;

b. 钢筋场地备用的短路接地板两处,用 Φ50×1500 钢筋打入地下1.5m,焊好接电线的螺杆,拧上螺帽 M12(不拧紧)。备两根 70mm² 铝芯线,各长 50m。

c.备一根 φ20 棕绳,长 30m。

d.备一根 φ12 尼龙绳,长 30m(存项目部)。

e. 急救药箱 2 个。

f. 手电 6 个(电工、抢险组、防护组、救护组、经理、副经理各 1 个)。

g. 对讲机 6 部。

h. 符合安全的电工工具由电工自带。

③应急联系电话。

市急救中心:120;

×××供电局调度电话:×××。

配电室电话:×××。

起重机械分厂电话:×××。

④本应急预案需要模拟演练,要求抢险组、救护组的每一个同志熟知。

(3)事故险情内部快速通报。

如遇触电事故时,在现场的项目人员要立即用对讲机向项目经理汇报险情;在保证自身安全的情况下,现场人员迅速抢救触电者脱离电源。

项目经理立即带领抢救指挥组成员赶赴出事现场。抢救、救护、防护组成员携带着各自的抢险工具,赶赴出事现场。

(4)抢救组到达出事地点,在项目经理指挥下分头进行工作。

①首先抢救组和项目经理一起查明险情:确定触电者的电源是高压电还是低压电;触电电源是否被切断;是否还有发生触电的可能和危险物;抢救组提出救护方案;项目经理主持商定抢救方案。对低压触电事故的处理,采取边抢救边汇报的处理方式。对高压触电事故采取边准备边汇报的处理方式,项目经理向公司主管副总经理请示汇报批准后组织实施。

②防护组负责把出事地点附近的作业人员疏散到安全地带,并进行警戒,不准闲人靠近,对外注意礼貌用语。

③抢救组电工负责快速使触电者脱离低压电气线路的电源。方法:如果事故离电源开关较近,应立即切断电源开关;如果事故离电源开关太远,不能立即断开,救护人员可用干燥的衣服、手套、绳索、木板、木棒、绝缘杆等绝缘物作为工具,拉开触电者或挑开电源线使之脱离电源;如果触电者因抽筋而紧握电线,可用干燥的木柄斧、胶把钳等工具切断电线;或用干木板、干胶木板等绝缘物插入触电者身下,以隔断电流。

④脱离电源后的救护。触电者脱离电源后,应尽量在现场救护,先救后搬;搬运中也要注意触电者的变化,按伤势轻重采取不同的救护方法:

如触电者呈一定的昏迷状态,还未失去知觉,或触电时间较长,则应让他静卧,保持安静,在旁看护,并召请医生。

如触电者已失去知觉,但还有呼吸和心脏跳动,应使他舒适地静卧,解开衣服,让他闻些氨水,或在他身上洒些冷水,摩擦全身,使他发热。如天冷还要注意保温。同时,迅速请医生诊治。

如发现呼吸困难,或逐渐衰弱,并有痉挛现象,则应立即进行人工氧合,即用人工的方法,以起到恢复心脏跳动和人工呼吸互相配合的作用。

如触电者呼吸、脉搏、心脏均已停止,也不能认为已经死亡,此时必须立即进行人工氧合,进行紧急救护,同时迅速请医生抢救。

⑤人工氧合基本内容和步骤。

人工氧合是触电急救行之有效的科学方法。人工氧合包括人工呼吸和心脏按压(即心脏按摩两种方法)。根据触电者的具体情况,这两种方法可单独应用,也可以配合应用。人工呼吸和心脏按压的方法可参照前面的内容。

⑥对特殊的触电险情,工地无法抢救时,工地只能经领导同意后向当地供电局调度室报警求救(电话××××××、××××××××)。请供电局抢险队处理,工地进行配合。

⑦救护组在抢救触电者恢复清醒的情况下,联系救护车,用担架将伤员抬到车上,送往医院继续救护。

⑧对发生触电事故的电气线路设备,进行全面检查和修复工作。

(5)触电事故应急抢险完毕后,项目经理立即召集土建队长、安全员、机械员和有关班组的全体同志进行事故调查,找出事故原因、责任人以及制订防止再次发生类似事故的整改措施,并对应急预案的有效性进行评审、修订。

(6)项目经理部向公司安质部书面汇报事故调查、处理的意见。

9.2.12 施工现场环境污染事故应急准备与响应预案

1.应急准备

(1)组织机构及职责。

①项目部环境污染事件应急准备和响应领导小组。

组长:项目经理;

组员:生产负责人、安全员、各专业工长、技术员、质检员、值勤人员;

值班电话:×××。

②环境污染事件应急处置领导小组负责对项目环境污染事件的应急处理。

(2)培训和演练。

①项目部安全员负责主持、组织全单位每年进行一次按环境污染事故"应急响应"的要求进行的模拟演练。各组员按其职责分工,协调配合完成演练。演练结束后由组长组织对"应急响应"的有效性进行评价,必要时对"应急响应"的要求进行调整或更新。演练、评价和更新的记录应予以保持。

②施工管理部负责对相关人员每年进行一次培训。

2.应急响应

应急负责人接到报告后,立即指挥对污染源及其行为进行控制,以防事态进一步蔓延或扩散,项目安全员封锁事故现场。同时,通报公司应急小组副组长及公司相关领导。

公司应急小组副组长到达事故现场后,立即责令项目部停止生产,组织事故调查,并将事故的初步调查通报公司应急小组组长。

公司应急小组组长接到事故通报后,上报当地主管部门,等候调查处理结果。

3.污染源和危险目标的确定及潜在危险性的评估

(1)污染源和危险目标的确定。根据施工现场使用、储存化学危险物品的品种、数量危险特性及可能引起事故的后果,确定应急救援危险目标,可按危险性的大小依次排为1号目标、2号目标、3号目标……

(2)潜在危险性的评估。对每个已确定的危险目标要做出潜在危险性的评估,即一旦发生事故可能造成的后果,可能对周围环境带来的危害及范围。预测可能导致事故发生的途径,如误操作、设备失修、腐蚀、工艺失控、物料不纯、泄漏等。

4. 救援队伍

建筑公司应该根据实际需要,建立不脱产的专业救援队伍,包括抢险抢修队、医疗救护队、义务消防队、通信保障队、治安队等,救援队伍是污染事故应急救援的骨干力量,担负施工过程中各类可能的污染事故的处置任务。公司的医院或医务室应承担中毒伤员的现场和院内抢救治疗任务。

5. 制订预防事故措施

对已确定的污染源和危险目标,根据其可能导致事故的途径,采取有针对性的预防措施,避免事故发生。各种预防措施必须建立责任制,落实到部门(单位)和个人。同时还应制订,一旦发生大量有害物料泄漏、着火等情况时,尽力降低危害程度的措施。

6. 污染事故处置

制订污染事故的处置方案和处理程序。

(1)处置方案。根据危险目标模拟事故状态,制订出各种事故状态下的应急处置方案,如大量毒气泄漏、多人中毒、燃烧、爆炸、停水、停电等,包括通信联络、抢险抢救、医疗救护、伤员转送、人员疏散、生产系统指挥、上报联系、救援行动方案等。

(2)处理程序。指挥部应制订事故处理程序图,一旦发生重大污染事故时,第一步先做什么,第二步应做什么,第三步再做什么,都有明确规定。做到临危不惧,正确指挥。重大事故发生时,各有关部门应立即处于紧急状态,在指挥部的统一指挥下,根据对危险目标潜在危险的评估,按处置方案有条不紊地处理和控制事故,既不要惊慌失措,也不要麻痹大意,尽量把事故控制在最小范围内,最大限度地减少人员伤亡和财产损失。

7. 紧急安全疏散

在发生重大污染事件后,可能对施工现场内、外人群安全构成威胁时,必须在指挥部统一指挥下,对与事故应急救援无关的人员进行紧急疏散。施工队在最高建筑物上应设立"风向标"。疏散的方向、距离和集中地点,必须根据不同事故,做出具体规定,总的原则是疏散安全点处于当时的上风向。对可能威胁到厂外居民(包括友邻单位人员)安全时,指挥部应立即和地方有关部门联系,引导居民迅速撤离到安全地点。

8. 工程抢险抢修

有效的工程抢险抢修是控制事故、消灭事故的关键。抢险人员应根据事先拟定的方案,在做好个体防护的基础上,以最快的速度及时堵漏排险,消灭事故。

9. 现场医疗救护

及时有效的现场医疗救护是减少伤亡的重要一环。

(1)施工队应建立抢救小组,每个职工都应学会心肺复苏术。一旦发生事故出现伤员,首先要做好自救互救;发生化学灼伤,要立即在现场用清水进行足够时间的冲洗。

(2)对发生中毒的病人,应在注射特效解毒剂或进行必要的医学处理后才能根据中毒和受伤程度转送各类医院。

(3)在医院和厂内卫生所抢救室应有抢救程序图,每一位医务人员都应熟练掌握每一步抢救措施的具体内容和要求。

10.社会支援

施工现场一旦发生重大污染事故,本单位抢险抢救力量不足或有可能危及社会安全时,指挥部必须立即向上级和友邻单位通报,必要时请求社会力量的援助。社会援助队伍进入事故现场时,指挥部应安排专人联络、引导并告之注意安全事项。

11.有关规定

为了能在重大污染事故发生后,迅速、准确、有效地进行处理,应建立以下相应制度:

(1)值班制度。建立24h值班制度,夜间由行政值班和生产调度负责,遇有问题及时处理。

(2)检查制度。每月由企业应急救援指挥领导小组结合生产安全工作,检查应急救援工作情况,发现问题及时整改。

(3)例会制度。每季度由污染事故应急救援指挥领导小组组织召开一次指挥组成员和各救援队伍负责人会议,检查上季度工作,并针对存在的问题,积极采取有效措施,加以改进。

9.2.13 施工现场火灾事故应急预案

建筑工地是一个多工种、立体交叉作业的施工场地,在施工过程中存在着火灾隐患。特别是在工程装饰施工的高峰期间,明火作业增多,易燃材料增多,极易发生建筑工地火灾。为了提高消防应急能力,全力、及时、迅速、高效地控制火灾事故,最大限度地减少火灾事故损失和事故造成的负面影响,保障国家、企业财产和人员的安全,针对施工现场实际,项目部制定施工现场火灾事故应急预案。

1.指导思想和法律依据

(1)指导思想:施工期间的火灾应急防范工作是建筑安全管理工作的重要组成部分。工地一旦发生火灾事故,不仅会给企业带来经济损失,而且极易造成人员伤亡。为预防施工工地的火灾事故,要加强火灾应急救援管理工作。我们要以党的"三个代表"重要思想为指导,贯彻落实"隐患险于明火,防范胜于救灾,责任重于泰山"的精神,坚持"预防为主、防消结合"的消防方针,组织全体员工认真学习法律法规知识,学习火灾原理及灭火基础知识及救援知识。用讲政治的高度来认识防火救援工作的重要性,增强员工的消防意识。

(2)法律依据:《中华人民共和国安全生产法》第十七条规定:"生产经营单位的主要负责人具有组织制定并实施本单位的生产事故应急救援预案的职责。"第三十三条规定:"生产经营单位对重大危险源应当制定应急救援预案,并告知从业人员和相关人员在紧急情况下应当采取的应急措施。"

《建设工程安全生产管理条例》第四十八条规定:"施工单位应当制定本单位生产安全事故应急救援预案,建立应急救援组织或者配备应急救援人员,配备必要的应急救援器材、设备,并定期组织演练。"第四十九条规定:"施工单位应当根据建设工程施工的特点、范围,对施工现场易发生重大事故的部位、环节进行监控,制定施工现场生产安全事故应急救援预案。实行施工总承包的,由总承包单位统一组织编制建设工程生产安全事故应急救援预案,工程总承包单位和分包单位按照应急救援预案,各自建立应急救援组织或者配备应急救援人员,配备救援器材、设备,并定期组织演练。"

《中华人民共和国消防法》规定:"消防安全重点单位应当制定灭火和应急疏散预案,定期组织消防演练。"

2.火灾事故应急救援的基本任务

火灾事故应急救援的总目标是通过有效的应急救援行动,尽可能地降低事故的后果,包括人员伤亡、财产损失和环境破坏等。火灾事故应急救援的基本任务有以下几个方面:

(1)立即组织营救受害人员,组织撤离或者采取其他措施保护危害区域内的其他人员。抢救受害人员是应急救援的首要任务,在应急救援行动中,快速、有序、有效地实施现场急救与安全转送伤员是降低伤亡率、减少事故损失的关键。由于重大事故发生突然,扩散迅速,涉及范围广,危害大,应及时教育和组织职工采取各种措施进行自身防护,必要时迅速撤离危险区域或可能受到危害的区域。在撤离过程中,应积极组织职工开展自救和互救工作。

(2)迅速控制事态,并对火灾事故造成的危害进行检测、监测,测定事故的危害区域、危害性质及危害程度。及时控制住造成火灾事故的危险源是应急救援工作的重要任务,只有及时地控制住危险源,防止事故的继续扩展,才能及时有效地进行救援。发生火灾事故,应尽快组织义务消防队与救援人员一起及时控制事故继续扩展。

(3)消除危害后果,做好现场恢复。针对事故和人体、土壤、空气等造成的现实危害和可能的危害,迅速采取封闭、隔离、洗消、检测等措施,防止对人的继续危害和对环境的污染。及时清理废墟和恢复基本设施,将事故现场恢复至相对稳定的基本状态。

(4)查清事故原因,评估危害程度。事故发生后应及时调查事故发生的原因和事故性质,评估出事故的危害范围和危险程度,查明人员伤亡情况,做好事故调查。

3.应急小组及职责

成立工程项目部消防安全领导小组和义务消防队。

(1)组长及小组成员、职能组。

组长:项目经理;

副组长:项目副经理;

成员:项目技术主管、施工员、质量员、安全员、材料员、资料员等;

职能组:联络组、抢险组、疏散组、救护组、保卫组、调查组、后勤组、义务消防队等。

(2)领导小组职责。

工地发生火灾事故时,负责指挥工地抢救工作,向各职能组下达抢救指令任务,协调各组之间的抢救工作,随时掌握各组最新动态并做出最新决策,第一时间拨打110、119、120,并向公司及当地消防部门、建设行政主管部门及有关部门报告和求援。平时小组成员轮流值班,值班者必须在工地,手机24h开通,发生火灾紧急事故时,在应急小组组长未到达工地前,值班者即为临时代理组长,全权负责落实抢险。

(3)职能组职责。

①联络组:其任务是了解掌握事故情况,负责事故发生后在第一时间通知公司,根据情况及时通知当地建设行政主管部门、电力部门、劳动部门、当事人的亲人等。

②抢险组:其任务是根据指挥组指令,及时负责扑救、抢险,并布置现场人员到医院陪护。当事态无法控制时,立刻通知联络组拨打政府主管部门电话求救。

③疏散组:其任务是在发生事故时,负责人员的疏散、逃生。

④救护组:其任务是负责受伤人员的救治和送医院急救。

　　⑤保卫组:负责损失控制,物资抢救,对事故现场划定警戒区,阻止与工程无关人员进入现场,保护事故现场不遭破坏。

　　⑥调查组:分析事故发生的原因、经过、结果及经济损失等,调查情况及时上报公司。如有上级、政府部门介入则配合调查。

　　⑦后勤组:负责抢险物资、器材器具的供应及后勤保障。

　　⑧义务消防队:发生火灾时,应按预案演练方法,积极参加扑救工作。

　　职能组的人员名单及分工应挂在项目部办公室墙上。

　　(4)应急小组地点和电话,有关单位、部门联系方式。

　　地点:××工地内。

　　电话:×××。

　　应急小组长电话:×××。

　　公司:×××。

　　建设行政主管部门:×××。

　　急救电话:120;火警:119;公安:110。

4.灭火器材配置和急救器具准备

　　①救护物资种类、数量:救护物资有水泥、黄沙、石灰、麻袋、铁丝等,数量充足。

　　②救灾装备器材的种类:仓库内备有安全帽、安全带、切割机、气焊设备、小型电动工具、一般五金工具、雨衣、雨靴、手电筒等。统一存放在仓库,仓库保管员24h值班。

　　③消防器材:干粉灭火器和1211灭火器、消防栓,分布各楼层。设置现场疏散指示标志和应急照明灯。设置黄沙箱。周围消防栓应标明地点。

　　④急救物品:配备急救药箱、口罩、担架及各类外伤救护用品。

　　⑤其他必备的物资供应渠道:留存社会上物资供应渠道(电话联系),随时确保供应。

　　⑥急救车辆:项目部自备小车,或向120急救车救助。

5.火灾事故应急响应步骤

　　(1)立即报警。

　　当接到发生火灾信息时,应确定火灾的类型和大小,并立即报告防火指挥系统,防火指挥系统启动紧急预案。指挥小组要迅速报"119"火警电话,并及时报告上级领导,便于及时扑救,处置火灾事故。

　　(2)组织扑救火灾。

　　当施工现场发生火灾时,应急准备与响应指挥部除及时报警外,还要立即组织基地或施工现场义务消防队员和职工进行扑救火灾,义务消防队员选择相应器材进行扑救。扑救火灾时,要按照"先控制,后灭火;救人重于救火;先重点,后一般"的灭火战术原则进行扑救。派人切断电源,接通消防水泵电源,组织抢救伤亡人员,隔离火灾危险源和重点物资,充分利用项目中的消防设施器材进行灭火。

　　①灭火组:在火灾初期阶段使用灭火器、室内消火栓进行火灾扑救。

　　②疏散组:根据情况确定疏散、逃生通道,指挥撤离,并维持秩序和清点人数。

　　③救护组:根据伤员情况确定急救措施,并协助专业医务人员进行伤员救护。

　　④保卫组:做好现场保护工作,设立警示牌,防止二次火险。

(3)人员疏散是减少人员伤亡扩大的关键,也是最彻底的应急响应。在现场平面布置图上绘制疏散通道,一旦发生火灾等事故,人员可按图示疏散通道撤离到安全地带。

(4)协助公安消防队灭火。联络组拨打119、120求救,并派人到路口接应。当专业消防队到达火灾现场后,火灾应急小组成员要向消防队负责人简要说明火灾情况,并全力协助消防队员灭火,听从专业消防队指挥,齐心协力,共同灭火。

(5)现场保护。当火灾发生时和扑灭后,指挥小组要派人保护好现场,维护好现场秩序,等待对事故原因和责任人的调查。同时应立即采取善后工作,及时清理火灾造成的垃圾以及采取其他有效措施,使火灾事故对环境造成的污染降低到最低。

(6)火灾事故调查处置。按照公司事故、事件调查处理程序规定,火灾发生情况报告要及时按"四不放过"原则进行查处。事故后分析原因,编写调查报告,采取纠正和预防措施,负责对预案进行评价并改善预案。对火灾发生情况的报告,应急准备与响应指挥小组要及时上报公司。

6.加强消防管理,落实防火措施

无数火灾案例告诉我们,火灾都是可以预防的。预防火灾的主要措施有:

(1)落实专人对消防器材的管理与维修,对消防水泵(高层、大型、重点工程必须专设消防水泵)24h专人值班管理,场地内消防通道保持畅通。

(2)施工现场禁止吸烟,建立吸烟休息室。动用明火作业必须办理动火证手续,做到不清理场地不烧,不经审批不烧,无人看护不烧。要安全用电,禁止在宿舍内乱拉乱接电线,禁止烧电炉、电饭煲、煤气灶。

(3)建立健全消防管理制度,落实责任制,与各作业班组、分包单位签订"治安、消防责任合同书",把责任纵向到底、横向到边地分解到每个班组、个人,落实人人关注消防安全责任心。

(4)规范木工车间、钢筋车间、材料仓库、危险品仓库、食堂等场所的搭设,落实防火责任人。

7.救灾、救护人员的培训和演练

(1)救助知识培训:定时组织员工培训有关安全、抗灾救助知识,有条件的话可以邀请有关专家前来讲解。通过知识培训,做到迅速、及时地处理好火灾事故现场,把损失降到最低。

(2)使用和维护器材技术培训:对各类器材的使用,组织员工培训、演练,教会员工人人会使用抢险器材。仓库保管员定时对配置的各类器材维修保护,加强管理。抢险器材平时不得挪作他用,对各类防灾器具应落实专人保管。

(3)每半年对义务消防队员和相关人员进行一次防火知识、防火器材使用培训和演练(伤员急救常识、灭火器材使用常识、抢险救灾基本常识等)。

(4)加强宣传教育,使全体施工人员了解防火、自救常识。

8.预案管理与评审改进

火灾事故后要分析原因,按"四不放过"的原则查处事故,编写调查报告,采取纠正和预防措施,负责对预案进行评审并改进预案。针对暴露出来的缺陷,不断地更新、完善和改进火灾应急预案文件体系,加强火灾应急预案的管理。

9.2.14 火灾、爆炸事故应急预案

根据《重大危险源辨识》(GB 18218—2009)的规定,本工程火灾、爆炸重大危险源通常有:一个是施工作业区,一个是临建仓库区。其中化学危险品的搬运、储存数量超过临界量是危险源普查的重点。因此,工程开工后对重大危险源应进行登记、建档、定期检测、监控,并组织培训,要求施工人员掌握工地储存的化学危险品的特性、防范方法。

1.火灾、爆炸事故应急小组责任及组织机构图

(1)项目经理是火灾、爆炸事故应急小组第一负责人,负责事故的救援指挥工作。

(2)安全总监是火灾、爆炸事故应急救援第一执行人,具体负责事故救援组织工作和事故调查工作。

(3)现场经理是火灾、爆炸事故应急小组第二负责人,负责事故救援组织工作的配合工作和事故调查的配合工作。

(4)火灾、爆炸事故应急组织机构,见图9-6。

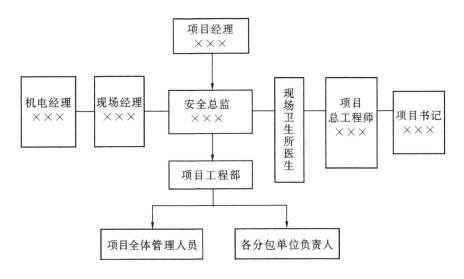

图9-6 火灾、爆炸事故应急组织机构图

(5)应急小组下设机构及职责。

①抢险组:组长由项目经理担任,成员由安全总监、现场经理、机电经理、项目总工程师和项目班子及分包单位负责人组成。主要职责是:组织实施抢险行动方案;协调有关部门的抢险行动;及时向指挥部报告抢险进展情况。

②安全保卫组:组长由项目书记担任,成员由项目行政部、经警组成。主要职责是:负责事故现场的警戒,阻止非抢险救援人员进入现场;负责现场车辆疏通,维持治安秩序;负责保护抢险人员的人身安全。

③后勤保障组:组长由项目书记担任,成员由项目物资部、行政部、合约部、食堂等部门人员组成。负责解决全体参加抢险救援工作人员的食宿问题。

④医疗救护组:组长由项目卫生所医生担任,成员由卫生所护士、救护车队组成。主要职责是:负责现场伤员的救护等工作。

⑤善后处理组:组长由项目经理担任,成员由项目领导班子组成。主要职责是:负责做好对遇难者家属的安抚工作;协调落实遇难者家属抚恤金和受伤人员住院费问题;做好其他善后事宜。

⑥事故调查组:组长由项目经理、公司责任部门领导担任,成员由项目安全总监、公司相关部门、公司有关技术专家组成。主要职责是:负责事故现场保护和图纸的测绘;查明事故原因,提出防范措施;提出对事故责任者的处理意见。

2. 火灾、爆炸事故应急流程应遵循的原则

(1)紧急事故发生后,发现人应立即报警。一旦启动本预案,相关责任人要以处置重大紧急情况为压倒一切的首要任务,绝不能以任何理由推诿、拖延。各部门之间、各单位之间必须服从指挥,协调配合,共同做好工作。因工作不到位或玩忽职守造成严重后果的,要追究有关人员的责任。

(2)项目在接到报警后,应立即组织自救队伍,按事先制定的应急方案立即进行自救;若事态情况严重,难以控制和处理,应立即在自救的同时向专业救援队伍求救,并密切配合救援队伍。

(3)疏通事发现场道路,保证救援工作顺利进行,疏散人群至安全地带。

(4)在急救过程中,遇有威胁人身安全情况时,应首先确保人身安全,迅速组织脱离危险区域或场所后,再采取急救措施。

(5)切断电源,截断可燃气体(液体)的输送,防止事态扩大。

(6)安全总监为紧急事务联络员,负责紧急事务的联络工作。

(7)紧急事故处理结束后,安全总监应填写记录,并召集相关人员研究防止事故再次发生的对策。

3. 火灾、爆炸事故的应急措施

(1)对施工人员进行防火安全教育。

其目的是帮助施工人员学习防火、灭火、避难、危险品转移等各种安全疏散知识和应对方法,提高施工人员对火灾、爆炸发生时的心理承受能力和应变能力。一旦发生突发事件,施工人员不仅可以沉稳地自救,还可以冷静地配合外界消防员做好灭火工作,把火灾事故损失降到最低。

(2)早期警告。事件发生时,在安全地带的施工人员可通过手机、对讲机向楼上施工人员传递火灾发生信息和位置。

(3)紧急情况下电梯、楼梯、马道的使用。

高层建筑在发生火灾时,不能使用室内电梯和外用电梯逃生。因为室内电梯井会产生"烟囱效应",外用电梯会发生电源短路情况。最好通过室内楼梯或室外脚手架马道逃生(如工程建筑高度不高,最好采取这种方法逃生)。如果下行楼梯受阻,施工人员可以在某楼层或楼顶部耐心等待救援,打开窗户或划破安全网保持通风,同时用湿布捂住口鼻,挥舞彩色安全帽表明你所处的位置。切忌逃生时在马道上拥挤。

4. 火灾、爆炸发生时人员疏散应避免的行为因素

(1)人员聚集。

火灾、爆炸发生时,人的生理反应和心理反应决定受灾人员的行为具有明显向光性、盲从性。

向光性是指在黑暗中,尤其是辨不清方向,走投无路时,只要有一丝光亮,人们就会迫不及待地向光亮处走去。盲从性是指事件突变,生命受到威胁时,人们由于过分紧张、恐慌,而失去正确的理解和判断能力,只要有人一声召唤,就会导致不少人跟随、拥挤逃生,这会影响疏散甚至造成人员伤亡。

(2)恐慌行为。

这是一种过分和不明智的逃离型行为,它极易导致各种伤害性情感行动,如绝望、歇斯底里等。这种行为若导致"竞争性"拥挤,再次进入火场,穿越烟气空间及跳楼等行动,时常带来灾难性后果。

(3)再进火场行为。

受灾人已经撤离或将要撤离火场时,由于某些特殊原因驱使他们再度进入火场,这也属于一种危险行为,在实际火灾案例中,由于再进火场而导致灾难性后果的占有相当大的比例。

9.2.15 某工程施工中挖断水、电、通信光缆、煤气管道应急救援预案

1.应急准备和响应组织准备

(1)目的。

为了保护本企业从业人员在经营活动中的身体健康和生命安全,保证本企业在出现生产安全事故时,能够及时进行应急救援,从而最大限度地降低生产安全事故给本企业及本企业员工所造成的损失,成立公司生产安全事故应急救援小组。

(2)适用范围。

适用于所在公司内部实行生产经营活动的部门及个人。

(3)责任。

本企业建立生产安全事故应急救援指挥机构:董事长主持全面工作;安全科长负责应急救援协调指挥工作;项目经理部各项目部经理负责应急救援实施工作;设备部经理参与应急救援实施工作;财务部经理负责安全生产及救援资金保障。

(4)施工现场生产安全应急救援小组。项目经理主持施工现场全面工作;生产负责人负责组织应急救援协调指挥工作;安全员负责应急救援实施工作;技术员、质检员、材料员等参与应急救援实施工作。

(5)生产安全事故应急救援组织成员经培训,掌握并且具备现场救援救护的基本技能,施工现场生产安全应急救援小组必须配备相应的急救器材和设备。小组每年进行 1~2 次应急救援演习和对急救器材设备的日常维修、保养,从而保证应急救援时正常运转。

(6)生产安全事故应急救援程序。

公司及工地建立安全值班制度,设值班电话并保证 24h 轮流值班。

如发生安全事故立即上报,具体上报程序如下:

现场第一发现人→现场值班人员→现场应急救援小组组长→公司值班人员→公司生产安全事故应急救援小组→向上级部门报告。

生产安全事故发生后,应急救援组织立即启动如下应急救援程序:

现场发现人:向现场值班人员报告现场值班人员,控制事态,保护现场,组织抢救,疏导人员。

现场应急救援小组组长:组织组员进行现场急救,组织车辆保证道路畅通,送往最近医院。

公司值班人员:了解事故及伤亡人员情况。

公司生产安全应急救援小组:了解事故及伤亡人员情况及采取的措施,成立生产安全事故临时指挥小组,进行善后处理事故调查,预防事故发生措施的落实,并上报上级部门。

(7)应急救援小组职责。

①组织检查各施工现场及其他生产部门的安全隐患,落实各项安全生产责任制,贯彻执行各项安全防范措施及各种安全管理制度。

②进行教育培训,使小组成员掌握应急救援的基本常识,同时具备安全生产管理相应的素质水平,小组成员定期对职工进行安全生产教育,提高职工安全生产技能和安全生产素质。

③制定生产安全应急救援预案,制定安全技术措施并组织实施,确定企业和现场的安全防范和应急救援重点,有针对性地进行检查、验收、监控和危险预测。

2.施工现场的应急处理设备和设施管理

(1)应急电话。

①应急电话的安装要求。

工地应安装电话,无条件安装电话的工地应配置移动电话。电话可安装于办公室、值班室、警卫室内。在室外附近张贴119电话的安全提示标志,以便现场人员都了解,在应急时能快捷地找到电话拨打,报警求救。电话一般应放在室内临现场通道的窗扇附近,电话机旁应张贴常用紧急查询电话和工地主要负责人及上级单位的联络电话,以便在节假日、夜间等情况下使用,房间无人时上锁,有紧急情况无法开锁时,可击碎窗玻璃,向有关部门、单位、人员拨打电话报警求救。

②应急电话的正确使用。

为合理安排施工,事先拨打气象专用电话,了解气候情况拨打电话121,掌握近期和中长期气候,以便采取针对性措施组织施工,既有利于生产又有利于工程的质量和安全。工伤事故现场重病人抢救应拨打120救护电话,请医疗单位急救。火警、火灾事故应拨打119火警电话,请消防部门急救。发生抢劫、偷盗、斗殴等情况应拨打报警电话110,向公安部门报警。煤气管道、设备急修,自来水报修,供电报修,以及向上级单位汇报情况争取支持,都可以通过应急电话达到方便快捷的目的。在施工过程中保证通信的畅通,以及正确利用好电话通信工具,可以为现场事故应急处理作出重要作用。

③电话报救须知。

公司应急值班电话:×××;火警:119;医疗急救:120;匪警:110。

拨打电话时要尽量说清楚以下几个方面:

a.说明伤情(病情、火情、案情)和已经采取了些什么措施,以便让救护人员事先做好急救的准备。

b.讲清楚伤者(事故)发生在什么地方,靠近什么路口,附近有什么特征。

c.说明报救者单位(或事故地)、姓名及电话号码,以便救护车(消防车、警车)找不到所报地方时,随时通过电话联系。打完报救电话后,应问接报人员还有什么问题不清楚,如无问题才能挂断电话。通完电话后,应派人在现场外等候接应救护车,同时把救护车进工地现场的路上障碍及时予以清除,以便救护车到达后,能及时进行抢救。

（2）急救箱。

①急救箱的配备。

急救箱的配备应以简单和适用为原则，保证现场急救的基本需要，并可根据不同情况予以增减，定期检查补充，确保随时可供急救使用。

a. 器械敷料类。

消毒注射器（或一次性针筒）、静脉辅液器、心内注射针头、血压计、听诊器、体温计、气管切开用具（包括大、小银制气管套管）、张口器及舌钳、针灸针、止血带、止血钳、（大、小）剪刀、手术刀、氧气瓶（便携式）及流量计、无菌橡皮手套、无菌敷料、棉球、棉签、三角巾、绷带、胶布、夹板、别针、手电筒（电池）、保险刀、绷带、镊子、病史记录、处方。

b. 药物。

肾上腺素、异丙基肾上腺素、阿托品、毒毛花苷水、美西律、维拉帕米、硝酸甘油、亚硝酸戊烷、毛花苷C、氨茶碱、洛贝林二甲弗林咖啡因、尼可刹米、安定、异戊巴比妥钠、苯妥英钠、碳酸氢钠、乳酸钠、10%葡萄糖酸钙、维生素、酚磺乙胺、安洛血、10%葡萄糖、25%葡萄糖、生理盐水、氨水、乙醚、酒精、碘酒、0.1%新吉尔灭酊、高锰酸钾等。

②急救箱使用注意事项。

a. 有专人保管，但不要上锁。

b. 定期更换超过消毒期的敷料和过期药品，每次急救后要及时补充。

c. 放置在合适的位置，使现场人员都知道。

（3）其他应急设备和设施。

由于在现场经常会出现一些不安全情况，甚至发生事故，或因采光和照明情况不好，在应急处理时就需配备应急照明，如可充电工作灯、电筒、油灯等设备。

由于现场有危险情况，在应急处理时就需要有用于危险区域隔离的警戒带、各类安全禁止、警告、指令、提示标志牌。

有时为了安全逃生、救生需要，还必须配置安全带、安全绳、担架等专用应急设备和设施工具。

3. 应急响应

最先发现挖断水、电、通信光缆、煤气管道的，要立即报告单位应急负责人。

应急负责人为现场总指挥，立刻组织迅速封锁事故现场，将事故点20m内进行维护隔离，采取临时措施将事故的损失及影响降至最低点，并电话通报公司应急小组副组长及打值班电话。

安全员立即拨打本市自来水保修中心电话，拨打本市供电急修电话，拨打本市通信光缆急修电话"112"。电话描述如下内容：单位名称、所在区域、周围显著标志性建筑物、主要路线、候车人姓名、主要特征、等候地址、所发生事故的情况及程度。随后到路口引导救援车辆。

公司应急小组副组长到达事故现场后，立即组织事故调查，并将事故的初步调查通报公司应急小组组长。

公司应急小组组长接到事故通报后，上报当地主管部门，等候调查处理结果。

9.2.16 突发公共卫生事故应急预案

本工程突发公共卫生事故是指食物中毒等无人与人接触交叉传染类疾病的防治。

1.突发公共卫生事故应急小组责任及组织机构图

(1)项目经理是突发公共卫生事故应急小组第一负责人,负责事故的救援指挥工作。

(2)安全总监是突发公共卫生事故应急救援第一执行人,具体负责事故救援组织工作和事故调查工作。

(3)现场经理是突发公共卫生事故应急小组第二负责人,负责事故救援组织工作的配合工作和事故调查的配合工作。

(4)突发公共卫生事故应急组织机构,见图9-7。

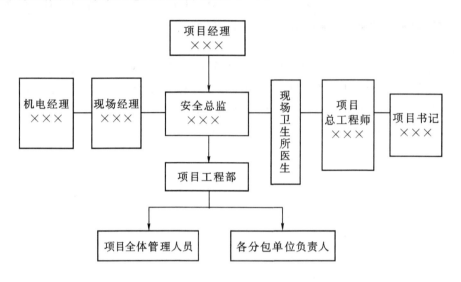

图9-7 突发公共卫生事故应急组织机构图

(5)应急小组下设机构及职责。

①抢险组:组长由项目经理担任,成员由安全总监、现场经理、机电经理、项目总工程师和项目班子及分包单位负责人组成。主要职责是:组织实施抢险行动方案;协调有关部门的抢险行动;及时向指挥部报告抢险进展情况。

②安全保卫组:组长由项目书记担任,成员由项目行政部、经警组成。主要职责是:负责事故现场的警戒,阻止非抢险救援人员进入现场;负责现场车辆疏通,维持治安秩序;负责保护抢险人员的人身安全。

③后勤保障组:组长由项目书记担任,成员由项目物资部、行政部、合约部、食堂等部门人员组成。主要职责是:负责调集抢险器材、设备;负责解决全体参加抢险救援工作人员的食宿问题。

④医疗救护组:组长由项目卫生所医生担任,成员由卫生所护士、救护车队组成。主要职责是:负责现场伤员的救护等工作。

⑤善后处理组:组长由项目经理担任,成员由项目领导班子组成。主要职责是:负责做好对遇难者家属的安抚工作;协调落实遇难者家属抚恤金和受伤人员住院费问题;做好其他善后事宜。

⑥事故调查组:组长由项目经理、公司责任部门领导担任,成员由项目安全总监、公司相关部门、公司有关技术专家组成。主要职责是:负责事故现场保护;查明事故原因,提出防范措施;提出对事故责任者的处理意见。

2.突发公共卫生事故应急工作流程

突发公共卫生事故应急工作流程见图9-8。

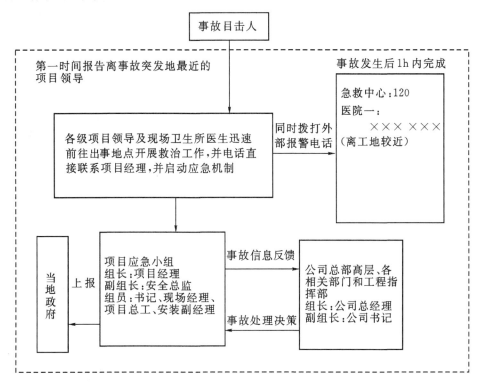

图9-8 突发公共卫生事故应急工作流程

3.突发公共卫生事故应急措施

(1)确认食物中毒体征。

发生食物中毒后,病人会出现呕吐、腹泻、头痛、阵发性腹泻、发烧和疲劳等症状。病情严重、感染痢疾时,大便里会带有脓血。症状的严重程度取决于误食病菌的种类和数量。这些症状可能在进食不洁的食品后半小时,或几天后发生。一般持续一到两天,但也可以延续到一个星期或10天左右。

(2)食物中毒应急措施。

①加强对工地食堂卫生的监督力度;对食堂从业人员进行预防食物中毒知识专项培训;严把原料采购关,做好食物保管,保持食物新鲜,加工海产品要求烧熟、煮透,凉拌菜保持新鲜卫生,生熟食物要分开,防止炊具交叉污染。

②一旦发生食物中毒,应立即到医院进行救治。

③食物中毒的主要急救方法有:催吐、导泻、解毒、对症治疗等。呕吐与腹泻是肌体防御功能起作用的一种表现,它可排除一定数量的致病菌释放的肠毒素。如果发现家人中毒,首先要了解一下吃了什么东西,如果吃下食物的时间在两个小时内,可以采取催吐的方法。比如用20g盐兑200mL开水饮服后催吐,反复喝几次,促使呕吐,尽快排毒。也可以采用导泻的方法,如果病人中毒时间较长,但精神状态还挺好,可以服用些泻药以利于毒素排除,可以选用大

黄 30g 一次煎后服用或番泻叶 10g 泡茶饮服。如果是食用了变质的海产品而引起的食物中毒，可以将 100mL 的醋加 200mL 的开水稀释后一次服下。若误食了变质的饮料或防腐剂，最好的急救方法是用鲜牛奶或其他含蛋白质较多的饮料灌服。由于呕吐、腹泻造成体液的大量损失，会引起多种并发症状，直接威胁病人的生命，这时，应大量饮用白开水，一方面可以补充体液，另一方面可以促进致病菌及其产生的肠毒素的排除，减轻中毒症状。

④工地发现集体性(3 人以上)疑似食物中毒时，应当及时向当地卫生行政部门报告，同时要详尽说明发生食物中毒事故的单位、地址、时间、中毒人数、可疑食物等有关内容。如果可疑食品还没有吃完，请立即包装起来，标上"危险"字样，并冷藏保存，特别是要保存好污染食物的包装材料和标签，如罐头盒等。现场卫生所要在规定时间内逐级上报，同时接待单位要及时将患者就近医治。

⑤疑似食物中毒情况发生后，餐饮单位应立即封闭厨房各加工间，待卫生部门调查取证后方可进行消毒处理。任何单位和个人不得干涉食物中毒或者疑似食物中毒的报告。

(3)怎样防止发生食物中毒。

①夏季气温高，鱼、肉、贝类等食品容易变质，加工过程中必须把它烧熟、煮透。

②食物在冰箱中不能存放过长时间。

③生熟食品要分开容器盛装。

④生吃凉拌菜要洗净，要在干净的案板、容器上制作，吃剩的凉拌菜要倒掉，不能重复食用。

⑤污染水域的水产品不能食用。

9.2.17 传染性疾病事故应急预案

施工现场的传染性疾病主要是指 SARS、疟疾、禽流感、霍乱、登革热、鼠疫等流行性强、致命性强的疾病。其中以 SARS、禽流感为最可能复发的疾病。

1. 传染性疾病事故应急小组责任及组织机构图

(1)项目经理是传染性疾病事故应急小组第一负责人，负责事故的救援指挥工作。

(2)安全总监是传染性疾病事故应急救援第一执行人，具体负责事故救援组织工作和事故调查工作。

(3)现场经理是传染性疾病事故应急小组第二负责人，负责事故救援组织工作的配合工作和事故调查的配合工作。

(4)传染性疾病事故应急组织机构，见图 9-9。

2. 应急机制小组

本工程应急机制小组分二级，第一级直接对接现场，由项目经理部领导成员组成，这也是事件发生第一反应小组，也是事件的控制中心。第二级间接对接现场，由公司总部高层领导成员组成，它支持、服务于第一级应急小组工作，为第一级应急小组提供财政支持，社会关系求助，对第一级应急小组的工作提供建议和决策参考。

3. 应急救援队伍

根据事故发生对象，组成事故相应救援队伍。一级救援队伍来源于项目经理部各主要部门，有项目的安全部、工程部、机电部、技术部、行政部、医务室等；二级救援队伍来源于公司总部各主要部门，有总部的质量安全保证部、企卫公司、项目管理部、机电部、资金部、财务部、公司医院等；两级救援队伍之间相互配合、相互支持，由一级救援队伍处理事故发生的初始阶段，

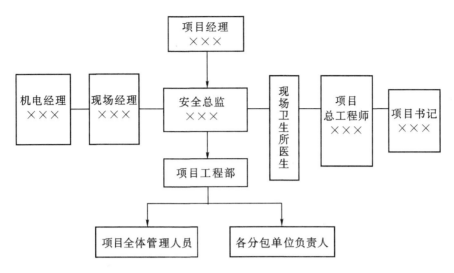

图 9-9　传染性疾病事故应急组织机构图

由二级救援队伍解决事故的调节、安抚、后期调查、上报政府部门、补偿等工作。

4. 传染性疾病事故应急流程及措施

(1)传染性疾病事故应急工作流程,见图 9-10。

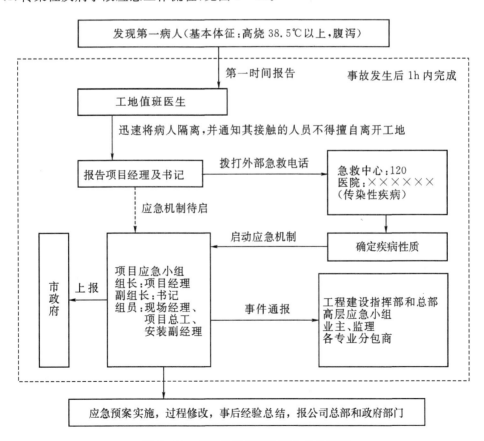

图 9-10　传染性疾病事故应急工作流程

（2）防非典（SARS）措施。

①施工队伍进场时"SARS"防控措施。

a.进驻施工现场的工人必须是经市或区医疗部门检查，能出具身体健康证明的健康工人。

b.工人进驻现场前测量体温，合格后用专车接送，并采取相应的消毒预防措施。

②必须做好加强施工队伍的管理工作，切断疫情交叉感染和传播途径。

a.在通告期间，不进行工地之间人员的流动调配。

b.在通告期间，外地施工人员不准擅自离开。每日对工地人员进行清点和登记。发现人员有变化时，及时向市建委报告，并通知相关部门。因特殊原因要求回家人员，离开工地前，必须经市或区、县医疗部门检查，出具身体健康证明，方可离开。

c.工地建立独立的隔离房间，以隔离生病职工。

③对工地实行封闭管理，减少交叉感染。

a.工地围挡严密牢固，切断工地与外界的直接接触，在出入口配备相应的保安人员。

b.加强施工现场出入人员的管理。施工现场以外人员确需进入施工工地，必须由建设单位、总承包单位、监理单位指定专人进行接待。加强工地保卫工作，并对出入工地人员实行严格的登记管理。

④对分包队伍居住条件严格管理。

a.各分包队伍必须居住在通风良好的环境里。

b.每间房屋居住人员不超过 15 人，每人床铺面积不少于 $2m^2$，保持屋内通风良好，同时做好消防、保卫工作预案。

c.定期对职工进行体温测量，防止"SARS"传播，加强对职工卫生常识教育，培养职工勤洗手、勤洗衣被、定期大扫除等良好卫生习惯，不断提高建筑职工的卫生素质。

⑤加强工地防疫措施。

a.配备专职卫生监督员，负责对工地防疫工作进行监督检查。

b.每天对居住和饮食环境进行两次以上的消毒措施，对餐具进行消毒。

c.完善施工人员盥洗设施，并配置相应的卫生用品。饭前便后必须洗手。

d.加强食品卫生安全管理，对施工现场人员用餐实施统一管理，严禁食用无证、无照商贩的食品。

e.组织好分包队伍的文化生活，在第二场地为施工人员提供电视、书籍及其他娱乐设施。

⑥加大宣传力度，加强施工人员自我保护意识。

a.广泛开展宣传教育活动。施工人员进场时进行防控"SARS"知识教育，普及防控"SARS"知识，确保每个施工人员都了解"SARS"防控措施及救治办法，消除恐慌心理。发现疫情采取果断措施，做到早发现、早报告、早隔离、早治疗。

b.如果"疫情"发生，坚持按当地政府、防疫部门的要求做好隔离控制工作，严格执行相关文件规定，并对相应环节负责人进行处罚。

（3）防禽流感措施。

①管理传染源。

a.对受感染动物应立即销毁，对疫源地进行封锁，彻底消毒；

b.患者隔离治疗，转运时应戴口罩。

②消除传染源。

a. 早发现:早发现禽流感病禽和病人;

b. 早报告:早向卫生防疫部门报告禽流感病禽和病人;

c. 早隔离:病人要至少隔离至热退后 2 天,病禽要封闭或封锁;

d. 早治疗:要早治疗病人,早杀灭病禽。

③切断传播途径。

a. 接触患者或患者分泌物后应洗手。

b. 处理患者血液或分泌物时应戴手套。

c. 被患者血液或分泌物污染的医疗器械应消毒。

d. 发生疫情时,应尽量减少与禽类接触,接触禽类时应戴上手套和口罩,穿上防护衣。

e. 戴口罩:禽流感病人、接触者必须戴口罩。

f. 换气:办公室加强通风换气;保持室内空气流通,应每天开窗换气两次,每次至少10min,或使用抽气扇保持空气流通。

g. 远离易感场所:少去或不去人群密集的场所,去时戴口罩。

h. 消毒:对被病毒污染的物体表面消毒(按消毒规定进行),禽流感病毒对高温、紫外线和常用消毒剂都敏感。

i. 保持办公室、工人休息室地面、墙面清洁;确保排水道排水顺畅。

j. 吃禽肉要煮熟、煮透,避免食用未经煮熟的鸡、鸭。

k. 勤洗手,避免用手直接接触自己的眼睛、鼻、口。

复习思考题

1. 事故应急管理包括哪些理论框架?

2. 事故应急救援体系中运行机制的四个阶段作用是什么?

3. 简述事故应急管理体系建设原则。

4. 简述事故应急救援响应程序及其各自的作用。

情境 10

常见生产安全事故防治

学习要点

- 熟练掌握电气安全事故防治知识
- 熟练掌握机械伤害事故防治知识
- 熟练掌握火灾爆炸事故防治知识

10.1 电气安全事故防治

电的使用越来越广泛,但电也会给人们的生产和生活带来危险,因此,应掌握电气安全技术,预防因电产生的危害。以下将介绍各类电气事故的防护技术。

10.1.1 触电事故基本知识

触电事故是由电流及其转换成的能量造成的事故。为了更好地预防触电事故,我们应该了解触电事故的种类、方式与规律。

1.触电事故的分类

(1)电击。通常所说的触电指的是电击。电击是电流对人体内部组织的伤害,是最危险的一种伤害,绝大多数的触电死亡事故都是由电击造成的。

按照发生电击时电气设备的状态,电击分为直接接触电击和间接接触电击。前者是触击设备和线路正常运行时的带电体发生的电击,也称为正常状态下的电击;后者是触击正常状态下不带电,而当设备或线路故障时意外带电的带电体所发生的电击,也称为故障状态下的电击。

(2)电伤。电伤是由电流的热效应、化学效应、机械效应等效应对人造成的伤害。电伤分为电弧烧伤、电流灼伤、皮肤金属化、电烙印、机械性损伤、电光眼等伤害。电弧烧伤是由弧光放电造成的烧伤,是最危险的电伤。电弧温度高达 8000℃,可造成大面积、大深度的烧伤,甚至烧焦、烧毁四肢及其他部位。

2.触电事故方式

按照人体触及带电体的方式和电流流过人体的途径,触电分为单相触电、两相触电和跨步电压触电。

(1)单相触电。

当人体直接碰触带电设备其中的一相时,电流通过人体流入大地,这种触电现象称为单相触电。对于高压带电体,人体虽未直接接触,但由于超过了安全距离,高电压对人体放电,造成单相接地而引起的触电,也属于单相触电。

(2)两相触电。

人体同时接触带电设备或线路中的两相导体,或在高压系统中,人体同时接近不同相的两相带电导体,而发生电弧放电,电流从一相导体通过人体流入另一相导体,构成一个闭合回路,这种触电方式称为两相触电。发生两相触电时,作用于人体上的电压等于线电压,这种触电是最危险的。

(3)跨步电压触电。

当电气设备发生接地故障,接地电流通过接地体向大地流散,在地面上形成电位分布时,若人在接地短路点周围行走,其两脚之间的电位差,就是跨步电压。由跨步电压引起的人体触电,称为跨步电压触电。

10.1.2 直接接触电击预防技术

1.绝缘

绝缘是用绝缘物把带电体封闭起来。电气设备的绝缘应符合其相应的电压等级、环境条件和使用条件;电气设备的绝缘不得受潮,表面不得有粉尘、纤维或其他污物,不得有裂纹或放电痕迹,表面光泽不得减退,不得有脆裂、破损,弹性不得消失,运行时不得有异味。绝缘的电气指标主要是绝缘电阻,用兆欧表测定。任何情况下绝缘电阻不得低于每伏工作电压 1000Ω,并应符合专业标准的规定。

2.屏护

屏护是采用遮栏、护罩、护盖、箱闸等将带电体同外界隔绝开来,屏护装置应有足够的尺寸,应与带电体保证足够的安全距离;遮栏与低压裸导体的距离不应小于0.8m;网眼遮栏与裸导体之间的距离,低压设备不宜小于0.15m,10kV设备不宜小于0.35m。屏护装置应安装牢固;金属材料制成的屏护装置应可靠接地(或接零);遮栏、栅栏应根据需要挂标示牌;遮栏出入口的门上应根据需要安装信号装置和连锁装置。

3.间距

间距是将可能触及的带电体置于可能触及的范围之外,其安全作用与屏护的安全作用基本相同。带电体与地面之间、带电体与树木之间、带电体与其他设施和设备之间、带电体与带电体之间均需保持一定的安全距离。安全距离的大小决定于电压高低、设备类型、环境条件和安装方式等因素。架空线路的间距须考虑气温、风力、覆冰和环境条件的影响。

在低压操作中,人体及其所携带工具与带电体的距离不应小于0.1m。

10.1.3 间接接触电击预防技术

保护接地与保护接零是防止间接接触电击最基本的措施,正确掌握应用,这对防止事故的发生十分重要。

1.IT系统(保护接地)

IT系统就是保护接地系统。IT系统的字母I表示配电网不接地或经高阻抗,接地字母T表示电气设备外壳接地。所谓接地,就是将设备的某一部位经接地装置与大地紧密连接起来。保护接地的做法是将电气设备在故障情况下可能呈现危险电压的金属部位经接地线、接地体同大地紧密地连接起来。其安全原理是:把故障电压限制在安全范围以内,以保证电气设备(包括变压器、电机和配电装置)在运行、维护和检修时,不因设备的绝缘损坏而导致人身伤亡事故。

保护接地适用于各种不接地配电网。在这类配电网中,凡由于绝缘损坏或其他原因而可能出现危险电压的金属部分,除另有规定外,均应接地。在380V不接地低压系统中,一般要求保护接地电阻$RE<4\Omega$。当配电变压器或发电机的容量不超过100kV·A时,要求$RE\leqslant10\Omega$。

2.TT系统

我国绝大部分地面企业的低压配电网都采用星形接法的低压中性点直接接地的三相四线配电网。这种配电网能提供一组线电压和一组相电压。中性点的接地RN叫作工作接地,中性点引出的导线叫作中性线,也叫作工作零线。TT系统的第一个字母T表示配电网直接接地,第二个字母T表示电气设备外壳接地。

TT系统的接地RE也能大幅度降低漏电设备上的故障电压,但一般不能降低到安全范围以内。因此,采用TT系统必须装设漏电保护装置或过电流保护装置,并优先采用前者。

TT系统主要用于低压用户,即用于未装备配电变压器,从外面引进低压电源的小型用户。

3.TN系统(保护接零)

TN系统相当于传统的保护接零系统。一般地,典型的TN系统,PE是保护零线,RS叫作重复接地。TN系统中的字母N表示电气设备在正常情况下不带电的金属部分与配电网中性点之间,亦即与保护零线之间紧密连接。保护接零的安全原理是当某相带电部分碰连设备外壳时,形成该相对零线的单相短路;短路电流促使线路L的短路保护元件迅速动作,从而把故障设备电源断开,消除电击危险。虽然保护接零也能降低漏电设备上的故障电压,但一般不能降低到安全范围以内,其第一位的安全作用是迅速切断电源。TN系统分为TN-S、TN-C-S、TN-C几种类型,其中TN-S系统的安全性能最好,有爆炸危险环境、火灾危险性大的环境及其他安全要求高的场所应采用TN-S系统;厂内低压配电的场所及民用楼房应采用TN-C-S系统。

10.1.4 其他电击预防技术

1.双重绝缘和加强绝缘

双重绝缘指工作绝缘(基本绝缘)和保护绝缘(附加绝缘)。前者是带电体与不可触及的导体之间的绝缘,是保证设备正常工作和防止电击的基本绝缘;后者是不可触及的导体与可触及的导体之间的绝缘,是当工作绝缘损坏后用于防止电击的绝缘。加强绝缘是具有与上述双重绝缘相同水平的单一绝缘。具有双重绝缘的电气设备属于Ⅱ类设备。Ⅱ类设备的电源连接线应按加强绝缘设计。Ⅱ类设备在其明显部位应有"回"形标志。

2.安全电压

安全电压是在一定条件下、一定时间内不危及生命安全的电压。具有安全电压的设备属于Ⅲ类设备。安全电压限值是在任何情况下,任意两导体之间都不得超过的电压值。我国标准规定工频安全电压有效值的限值为50V,还规定工频有效值的额定值有42V、36V、24V、

12V 和 6V。凡特别危险环境使用的携带式电动工具应采用 42V 安全电压,凡有电击危险环境使用的手持照明灯和局部照明应采用 36V 或 24V 安全电压;金属容器内、隧道内、水井内以及周围有大面积接地导体等工作地点狭窄、行动不便的环境应采用 12V 安全电压;水上作业等特殊场所应采用 6V 安全电压。

3.电气隔离

电气隔离指工作回路与其他回路实现电气上的隔离。电气隔离是通过采用 1:1,即一次边、二次边电压相等的隔离变压器来实现的。电气隔离的安全实质是阻断二次边工作的人员单相触电时电流的通路。电气隔离的电源变压器必须是隔离变压器,二次边必须保持独立,应保证电源电压 $U \leqslant 500V$、线路长度 $L \leqslant 200m$。

4.漏电保护（剩余电流保护）

漏电保护装置主要用于防止间接接触电击和直接接触电击,漏电保护装置也用于防止漏电火灾和监测一相接地故障。电流型漏电保护装置以漏电电流或触电电流为动作信号。动作信号经处理后带动执行元件动作,促使线路迅速分断。

电流型漏电保护装置的动作电流分为 0.006、0.01、0.015、0.03、0.05、0.075、0.1、0.2、0.3、0.5、1、3、5、10、20A 共 15 个等级。其中,30mA 及 30mA 以下的属高灵敏度,主要用于防止触电事故;30mA 以上、1000mA 及 1000mA 以下的属中灵敏度,用于防止触电事故和漏电火灾;1000mA 以上的属低灵敏度,用于防止漏电火灾和监视一相接地故障。为了避免误动作,保护装置的额定不动作电流不得低于额定动作电流的 1/2。漏电保护装置的动作时间指动作时的最大分断时间。快速型和定时限型漏电保护装置的动作时间应符合国家标准的有关要求。

10.1.5 电气设备的安全使用

1.安全使用条件

(1)手持电动工具按电气安全保护措施分Ⅰ类、Ⅱ类、Ⅲ类共三类。Ⅱ类、Ⅲ类没有保护接地或保护接零的要求,Ⅰ类必须采取保护接地或保护接零措施。

(2)使用Ⅰ类设备应配用绝缘手套、绝缘鞋、绝缘垫等安全用具。

(3)在一般场所,为保证使用的安全,应选用Ⅱ类工具,装设漏电护器、安全隔离变压器等。否则,使用者必须戴绝缘手套、穿绝缘鞋或站在绝缘垫上。

(4)在潮湿或金属构架等导电性能良好的作业场所,必须使用Ⅱ类或Ⅱ类设备。在锅炉内、金属容器内、管道内等狭窄的特别危险场所,应使用Ⅲ类设备。

(5)移动式电气设备的保护零线(或地线)不应单独敷设,而应当与电源线采取同样的防护措施,即采用带有保护芯线的橡皮套软线作为电源线。

(6)移动式电气设备的电源插座和插销应有专用的接零(地)插孔和插头。其结构应能保证插入时接零(地)插头在导电插头之前接通,拔出时接零(地)插头在导电插头之后拔出。

(7)专用电缆不得有破损或龟裂,中间不得有接头。电源线与设备之间的防止拉脱的紧固装置应保持完好。设备的软电缆及其插头不得任意接长、拆除或调换。

2.使用安全要求

(1)辨认铭牌,检查工具或设备的性能是否与使用条件相适应。

（2）检查其防护罩、防护盖、手柄防护装置等有无损伤、变形或松动。

（3）检查开关是否失灵、是否破损、是否牢固，接线有无松动。

（4）电源线应采用橡皮绝缘软电缆；单相用三芯电缆、三相用四芯电缆；电缆不得有破损或龟裂，中间不得有接头。

（5）Ⅰ类设备应有良好的接零或接地措施，且保护导体应与工作零线分开；保护零线（或地线）应采用规定的多股软铜线，且保护零线（地线）最好与相线、工作零线在同一护套内。

3.使用注意事项

工具外壳不能破裂，机械防护装置完善并固定可靠；插头、插座开关没有裂开；软电缆或软线没有破皮漏电之处；保护零线或地线固定牢靠，没有脱落；绝缘没有损坏等。

工具在接电源时，应由专业电工操作，并按工具的铭牌所标出的电压、相数去接电源。

长期搁置不用的工具，使用时应先检查转动部分是否转动灵活，后检查绝缘电阻。

工具在接通电源时，先进行验电，在确定外壳不带电时，应严格按操作规程和工具使用说明书操作，还应注意轻放，避免击打，防止损坏外壳或其他零件；移动时，应手握工具的机体，严禁拉电缆软线移动，以免擦破、割破和轧坏电缆软线；操作电钻、砂轮机工具时，不易用力过大，以防过载，使用过程中发现异常现象和故障时，应立即切断电源，将工具完全脱离电源之后，才能进行详细的检查；按要求佩戴护目镜、防护服、手套等防护用品。

工具的软电缆或软线不宜过长，电源开关应设在明显处，且周围无杂物，以方便操作。

10.2　机械伤害事故防治

机械在安全生产中发挥着重要的作用，随着生产的发展，机械在人们生活中越来越被广泛应用，机械在给人带来高效、快捷、方便的同时，也会带来各种危害。

10.2.1　机械伤害类型

（1）绞伤。直接绞伤手部。如外露的齿轮、皮带轮等直接将手指，甚至整个手部绞伤或绞掉；将操作者的衣袖、裤脚或者穿戴的个人防护用品如手套、围裙等绞进去，接着绞伤人，甚至可将人绞死；车床上的光杠、丝杠等将女工的长发绞进去。

（2）物体打击。旋转的零部件由于其本身强度不够或者固定不牢固，从而在转动时甩出去，将人击伤。如车床的卡盘，如果不用保险螺丝固住或者固定不牢，在打反车时就会飞出伤人。在可以进行旋转的零部件上，摆放未经固定的东西，从而在旋转时，由于离心力的作用，将东西甩出伤人。

（3）压伤。如冲床造成手冲压伤，锻锤造成的压伤，切板机造成的剪切伤等。

（4）砸伤。如高处的零部件或吊运的物体掉下来砸伤人。

（5）挤伤。如零部件在作直线运动时，将人身某部分挤住，造成伤害。

（6）烫伤。如刚切下来的切屑具有较高的温度，如果接触手、脚、脸部的皮肤，就会造成烫伤。

（7）刺割伤。如金属切屑都有锋利的边缘，像刀刃一样，接触到皮肤，就被割伤。最严重的是飞出的切屑打入眼睛，会造成眼睛伤害甚至失明。

10.2.2 机械伤害原因

1.机械的不安全状态

防护、保险、信号装置缺乏或有缺陷,设备、设施、工具、附件有缺陷,个人防护用品、用具缺少或有缺陷,生产场地环境(包括照明、通风)不良或作业场所狭窄、杂乱,操作工序设计或配置不安全,交叉作业过多,地面有油、液体或其他易滑物,物品堆放过高、不稳,等等。

2.操作者的不安全行为

忽视安全、操作错误,包括未经许可开动、关停、移动机器;按错按钮,转错阀门、扳手、手柄的方向;拆除安全装置或调整错误造成安全装置失效;用手代替工具操作或用手拿工件进行机械加工;使用无安全装置的设备或工具;机械运转时加油、修理;禁、坐不安全位置(如平台护栏、吊车吊钩等);未使用各种个人防护用品、用具,进入必须使用个人防护用品、用具的作业场所;装束不安全(如操纵带有旋转零部件的设备时戴手套,穿高跟鞋、拖鞋进入车间等);无意或为了排除故障而走近危险部位;等等。

3.管理上的因素

设计、制造、安装或维修上的缺陷或错误,领导对安全工作不重视,在组织管理方面存在缺陷,教育培训不够,操作者业务素质差,缺乏安全知识和自我保护能力,等等。

10.2.3 机械设备的基本安全要求

机械设备的基本安全要求主要是:

(1)机械设备的布局要合理,应便于操作人员装卸工件、加工观察和清除杂物,同时也应便于维修人员的检查和维修。

(2)机械设备的零部件的强度、刚度应符合安全要求,安装应牢固,不得经常发生故障。

(3)机械设备根据有关安全要求,必须装设合理、可靠、不影响操作的安全装置。例如:

①对于做旋转运动的零部件应装设防护罩或防护挡板、防护栏杆等安全防护装置,以防发生绞伤。

②对于超压、超载、超温度、超时间、超行程等能发生危险事故的零部件,应装设保险装置,如超负荷限制器、行程限制器、安全阀、温度继电器、时间断电器等,以便当危险情况发生时,由于保险装置的作用而排除险情,防止事故的发生。

③对于某些动作需要对人们进行警告或提醒注意时,应安设信号装置或警告牌等,如电铃、喇叭、蜂鸣器等声音信号,还有各种灯光信号、各种警告标识牌等都属于这类安全装置。

④对于某些动作顺序不能颠倒的零部件应装设联锁装置,即某一动作,必须在前一个动作完成之后,才能进行,否则就不可能动作。这样就保证了不致因动作顺序搞错而发生事故。

(4)机械设备的电气装置必须符合电气安全的要求,主要有以下几点:

①供电的导线必须正确安装,不得有任何破损或露铜的地方。

②电机绝缘应良好,其接线板应有盖板防护,以防直接接触。

③开关、按钮等应完好无损,其带电部分不得裸露在外。

④应有良好的接地或接零装置,连接的导线要牢固,不得有断开的地方。

⑤局部照明灯应使用36V的电压,禁止使用110V或220V电压。

（5）机械设备的操纵手柄以及脚踏开关等应符合如下要求：

①重要的手柄应有可靠的定位及锁紧装置，同轴手柄应有明显的长短差别。

②手轮在机动时能与转轴脱开，以防随轴转动打伤人员。

③脚踏开关应有防护罩或藏入床身的凹入部分内，以免掉下的零部件落到开关上，启动机械设备而伤人。

（6）机械设备的作业现场要有良好的环境，即照度要适宜，湿度与温度要适中，噪声和振动要小，零件、工夹具等要摆放整齐。因为这样能促使操作者心情舒畅，专心无误地工作。

（7）每台机械设备应根据其性能、操作顺序等制定出安全操作规程和检查、润滑、维护等制度，以便操作者遵守。

10.2.4　机械设备操作人员要遵守的基本操作守则

要保证机械设备不发生工伤事故，不仅机械设备本身要符合安全要求，而且更重要的是要求操作者严格遵守安全操作规程。当然，机械设备的安全操作规程因其种类不同而内容各异，但其基本的安全守则如下：

（1）工作前要按规定正确穿戴好个人防护用品。要穿好紧身工作服，袖口束紧，长发要盘入工作帽内，操作旋转设备时不得戴手套。

（2）操作前要对机械设备进行安全检查，而且要空车运转一下，确认正常后，方可投入运行。

（3）机械设备在运行中也要按规定进行安全检查。特别是对紧固的物件查看是否由于振动而松动，以便重新紧固。

（4）设备严禁带故障运行，千万不能凑合使用，以防出事故。

（5）机械安全装置必须按规定正确使用，绝不能将其拆掉不使用。

（6）机械设备使用的刀具、工夹具以及加工的零件等一定要装卡牢固，不得松动。

（7）机械设备在运转时，严禁用手调整；也不得用手测量零件，或进行润滑、清扫杂物等。如必须进行时，则应首先关停机械设备。

（8）机械设备运转时，操作者不得离开工作岗位，以防发生问题时无人处置。

（9）工作结束后，应关闭开关，把刀具和工件从工作位置退出，并清理好工作场地，将零件、工夹具等摆放整齐，打扫好机械设备的卫生。

10.3　火灾爆炸事故防治

10.3.1　常见的火灾爆炸事故

火灾爆炸事故，由于行业的性质、引起事故的条件等因素不同，其类型也不相同。但常见的火灾爆炸事故，从直接原因来看，主要有以下几种：

（1）由吸烟引起的事故。

（2）在使用、运输、存储易燃易爆气体、液体、粉尘时引起的事故。

（3）使用明火引起的事故。

（4）静电引起的事故。

(5)由于电气设施使用、安装、管理不当而引起的事故。

(6)物质自燃引起的事故。这方面常见的事故有煤堆的自燃、废油布等堆积引起的自燃等。

(7)雷击引起的事故。

(8)压力容器、锅炉等设备及其附件,如果带故障运行或管理不善时,都会发生事故。

10.3.2 防火防爆的原理与基本技术措施

1.防火防爆原理

(1)防火原理。引发火灾也就是燃烧的条件,即可燃物、助燃物(氧化剂)和点火源三者同时存在,并且相互作用。因此只要采取措施避免或消除燃烧三要素中的任何一个要素,就可以避免发生火灾事故。

(2)防爆原理。引发爆炸的条件是爆炸品(内含还原剂和氧化剂)或可燃物(可燃气、蒸气或粉尘)与空气混合物和起爆能量同时存在、相互作用。因此只要采取措施避免爆炸品或爆炸混合物与起爆能量中的任何一方,就不会发生爆炸。

2.防止产生燃烧的基本技术措施

(1)消除着火源。可燃物(作为能源和原材料)以及氧化剂(空气)广泛存在于生产和生活中,因此,消除着火源是防火措施中最基本的措施。消除着火源的措施很多,如安装防爆灯具、禁止烟火、接地避雷、静电防护、隔离和控温、电气设备的安装应由电工安装维护保养、避免插座负荷过大等。

(2)控制可燃物。消除燃烧三个基本条件中的任何一条,均能防止火灾的发生。如果采取消除燃烧条件中的两个条件,则更具安全可靠性。控制可燃物的措施主要有如下几方面:

①以难燃或不燃材料代替可燃材料,如用水泥代替木材建筑房屋;或降低可燃物质(可燃气体、蒸气和粉尘)在空气中的浓度,如在车间或库房采取全面通风或局部排风,使可燃物不易积聚,从而不会超过最高允许浓度。

②防止可燃物的跑、冒、滴、漏,对那些相互作用能产生可燃气体的物品,加以隔离、分开存放等。保持工作场地整洁,避免积聚杂物、垃圾。

③易燃物的存放量和地点必须符合法规和标准,并要远离火源。

(3)隔绝空气。在必要时可以使生产置于真空条件下进行,或在设备容器中充装惰性介质保护,如在检修焊补(动火)燃料容器前,用惰性介质置换;隔绝空气储存,如钠存于煤油中,磷存于水中,二硫化碳用水封存放等。

(4)防止形成新的燃烧条件。设置阻火装置,如在乙炔发生器上设置水封式回火防止器,一旦发生回火,可阻止火焰进入乙炔罐内,或阻止火焰在管道里的蔓延。在车间或仓库里筑防火墙或防火门,或在建筑物之间留防火间距,一旦发生火灾,不便形成新的燃烧条件,从而防止火灾范围扩大。

3.防止爆炸的基本技术措施

(1)以爆炸危险性小的物质代替危险性大的物质。如果所用的材料都是难燃烧、不燃烧物质,或所用的材料都是不容易爆炸的,则爆炸危险性也会大大减少。

(2)加强通风排气。对于可能产生爆炸混合物的场所,良好的通风可以降低可燃气体(蒸气)或粉尘的浓度;对于易燃易爆固体储存或加工场所应配置良好的通风设施,使起爆能量不易积累;对于易燃易爆液体,良好的通风除降低其蒸气和空气混合物的浓度外,也可使起爆能量不易积累。

(3)隔离存放。对相互作用能发生燃烧或爆炸的物品应分开存放,相互之间有一定的安全距离,或采用特定的隔离材料将它们隔离开来。

(4)采用密闭措施。对易燃易爆物质进行密闭存放,可以防止这些物质与氧气的接触,并且还可以起到防止泄漏的作用。

(5)充装惰性介质保护。对闪点较低或一旦燃烧、爆炸会出现严重后果的物质,在生产或贮存时应采取充装惰性介质的措施来保护,惰性介质可以起到冲淡混合浓度、隔绝空气的作用。

(6)隔绝空气。对于接触到空气就会发生燃烧或爆炸的物质,则必须采取措施,使之隔绝空气,可以放进与其不会发生反应的物质中,如储存于水、油等物质之中。

(7)安装监测报警装置。在易燃易爆的场所安装相应的监测装置,一旦出现异常就立即通过报警器报警,将信息传递到监测人员的监控器上,以便操作人员及时采取防范措施。

10.4　粉尘爆炸事故防治

10.4.1　生产性粉尘的来源和分类

1.来源

生产性粉尘的来源十分广泛,如固体物质的机械加工、粉碎;金属的研磨、切削;矿石的粉碎、筛分、配料或岩石的钻孔、爆破和破碎等;耐火材料、玻璃、水泥和陶瓷等工业中原料加工;皮毛纺织物等原料处理;化学工业中固体原料加工处理,物质加热时产生的蒸气、有机物质的不完全燃烧所产生的烟尘。此外,还有粉末状物质在混合、过筛、包装和搬运等操作时产生的粉尘,以及沉积的粉尘二次扬尘等。

2.分类

生产性粉尘分类方法有几种,根据生产性粉尘的性质可将其分为 3 类,无机性粉尘、有机性粉尘和混合性粉尘。

(1)无机性粉尘。

无机性粉尘包括:矿物性粉尘,如硅石、石棉、煤等;金属性粉尘,如铁、锡、铝等及其化合物;人工无机性粉尘,如水泥、金刚砂等。

(2)有机性粉尘。

有机性粉尘包括:植物性粉尘,如棉、麻、面粉、木材;动物性粉尘,如皮毛、丝、骨质粉尘;人工合成有机粉尘,如有机染料农药、合成树脂、炸药和人造纤维等。

(3)混合性粉尘。

混合性粉尘是上述各种粉尘的混合存在,一般包括两种以上的粉尘。生产环境中最常见的就是混合性粉尘。

10.4.2　生产性粉尘的理化性质

粉尘对人体的危害程度与其理化性质有关,与其生物化学作用及防尘措施等也有密切关系。在卫生学上,常用的粉尘理化性质包括粉尘的化学成分、分散度、溶解度、密度、形状、硬度、荷电性和爆炸性等。

1.粉尘的化学成分

粉尘的化学成分、浓度和接触时间是直接决定粉尘对人体危害性质和严重程度的重要因素。根据粉尘化学性质不同,粉尘对人体可有致纤维化、中毒、致敏等作用,如游离二氧化硅粉尘的致纤维化作用。对于同一种粉尘,它的浓度越高,与其接触的时间越长,对人体危害越重。

2.分散度

粉尘的分散度是表示粉尘颗粒大小的一个概念,它与粉尘在空气中呈浮游状态存在的持续时间(稳定程度)有密切关系。在生产环境中,由于通风、热源、机器转动以及人员走动等原因,使空气经常流动,从而使尘粒沉降变慢,延长其在空气中的浮游时间,被人吸入的机会就越多。直径小于5um的粉尘对机体的危害性较大,也易于达到呼吸器官的深部。

3.溶解度与密度

粉尘溶解度大小与对人危害程度的关系,因粉尘作用性质不同而异。主要呈化学毒副作用的粉尘,随溶解度的增加其危害作用增强;主要呈机械刺激作用的粉尘,随溶解度的增加其危害作用减弱。粉尘颗粒密度的大小与其在空气中的稳定程度有关。尘粒大小相同,密度大者沉降速度快、稳定程度低。在通风除尘设计中,要考虑密度这一因素。

4.形状与硬度

粉尘颗粒的形状多种多样。质量相同的尘粒因形状不同,在沉降时所受阻力也不同,因此,粉尘的形状能影响其稳定程度。坚硬并外形尖锐的尘粒可能引起呼吸道黏膜机械损伤,如某些纤维状尘(如石棉纤维)。

5.荷电性

高分散度的尘粒通常带有电荷,与作业环境的湿度和温度有关。尘粒带有相异电荷时,可促进凝集、加速沉降。粉尘的这一性质对选择除尘设备有重要意义。荷电的尘粒在呼吸道可被阻留。

6.爆炸性

高分散度的煤炭、糖、面粉、硫磺、铝、锌等粉尘具有爆炸性。发生爆炸的条件是高温(火焰、火花、放电)和粉尘在空气中达到足够的浓度。可能发生爆炸的粉尘最小浓度为:各种煤尘为 $30\sim40g/m^3$,淀粉、铝及硫磺为 $7g/m^3$,糖为 $10.3g/m^3$。

10.4.3 生产性粉尘治理的技术措施

采用工程技术措施消除和降低粉尘危害,是治本的对策,是防止尘肺发生的根本措施。

1.改革工艺流程

通过改革工艺流程使生产过程机械化、密闭化、自动化,从而消除和降低粉尘危害。

2.湿式作业

湿式作业防尘的特点是防尘效果可靠,易于管理,投资较低。该方法已为厂矿广泛应用,如石粉厂的水磨石英和陶瓷厂、玻璃厂的原料水碾、湿法拌料、水力清砂、水爆洁砂等。

3.密闭、抽风、除尘

对不能采取湿式作业的场所应采用该方法。干法生产(粉碎、拌料)容易造成粉尘飞扬,可采取密闭、抽风、除尘的办法,但其基础是首先必须对生产过程进行改革,理顺生产流程,实现机械化生产。在手工生产、流程紊乱的情况下,该方法是无法奏效的。密闭、抽风、除尘系统可分为密闭设备、吸尘罩、通风管、除尘器等几个部分。

4.个体防护

当防尘、降尘措施难以使粉尘浓度降至国家标准水平以下时,应佩戴防尘护具。另外,应加强对员工的教育培训、现场的安全检查以及对防尘的综合管理等。

10.5 有限空间事故防治

10.5.1 常见有限空间

(1)密闭设备:如船舱、贮罐、车载槽罐、反应塔(釜)、冷藏箱、压力容器、管道、烟道、锅炉等。

(2)地下有限空间:如地下管道、地下室、地下仓库、地下工程、暗沟、隧道、涵洞、地坑、废井、地窖、污水池(井)、沼气池、化粪池、下水道等。

(3)地上有限空间:如储藏室、酒槽池、发酵池、垃圾站、温室、冷库、粮仓、料仓等。氧含量降至 10% 以下,可出现不同程度意识障碍,甚至氧含量降至 6% 以下,可发生猝死。

10.5.2 有限空间作业的危险特性

1.作业环境情况复杂

作业环境情况复杂主要体现在:

(1)有限空间狭小,通风不畅,不利于气体扩散。

①生产、储存、使用危险化学品或因生化反应(蛋白质腐败)、呼吸作用等,产生有毒有害气体,容易积聚,一段时间后,会形成较高浓度的有毒有害气体。

②有些有毒有害气体是无味的,易使作业人员放松警惕,引发中毒、窒息事故。

③有些毒气浓度高时对神经有麻痹作用(例如硫化氢),反而不能被嗅到。

(2)有限空间照明、通信不畅,给正常作业和应急救援带来困难。

此外,一些受限作业空间周围暗流的渗透或突然涌入、建筑物的坍塌或其他流动性固体(如泥沙等)的流动等,作业使用的电器漏电,作业使用的机械,都会给有限空间作业人员带来潜在的危险。

2.危险性大、事故后果严重

有限空间作业危险性大,易发生中毒、窒息事故,而且中毒、窒息往往发生在瞬间,有的有毒气体在中毒后数分钟甚至数秒钟就会致人死亡。

(1)中毒事故。

①硫化氢(HS)中毒。硫化氢中毒是有限空间作业中常见的一种中毒事故,硫化氢是一种

强烈的神经毒物。当它的浓度在 0.4mg/m³ 时,人能明显嗅到硫化氢的臭味;当其浓度在 70~150mg/m³ 时,吸入数分钟即发生嗅觉疲劳而闻不到臭味,浓度越高嗅觉疲劳越快,越容易使人丧失警惕;浓度超过 760mg/m³ 时,短时间内即可发生肺水肿、支气管炎、肺炎,可能造成生命危险;浓度超过 1000mg/m³,可使人发生电击一样(像触电一样)死亡。

②一氧化碳(CO)中毒。一氧化碳中毒也是有限空间常见的一种中毒事故。一氧化碳在血中易与血红蛋白结合(相对于氧气)而造成组织缺氧。轻度中毒者出现头痛、头晕、耳鸣、心悸、恶心、呕吐、无力,血液碳氧血红蛋白浓度可高于 10%;中度中毒者除上述症状外,还有皮肤粘膜呈樱红色、脉快、烦躁、步态不稳、浅至中度昏迷,血液碳氧血红蛋白浓度可高于 30%;重度患者深度昏迷、瞳孔缩小、肌张力增强、频繁抽搐、大小便失禁、休克、肺水肿、严重心肌损害等。

(2)窒息事故。

引起人体组织处于缺氧状态的过程称为窒息。有限空间的特点决定了其内部的氧气浓度不同于其他作业场所。不同浓度的氧气对人体的影响见表 10-1。

表 10-1　不同浓度的氧气对人体的影响

浓度	症状
19.5%~23.5%	正常氧气浓度
15%~19%	工作能力降低、感到费力
12%~14%	呼吸急促、脉搏加快,协调能力和感知判断力降低
10%~12%	呼吸减弱,嘴唇变青
8%~10%	神志不清、昏厥、面色土灰、恶心和呕吐
6%~8%	在这个浓度范围中,≥8 分钟:100%死亡 6 分钟:50%可能死亡 4~5 分钟:可能恢复
4%~6%	40 秒后昏迷、抽搐、呼吸停止,死亡

3.盲目施救造成伤亡扩大

一家知名跨国化工公司曾做过统计,有限空间作业事故中死亡人员有 50%是救援人员,因为施救不当造成伤亡扩大。造成伤亡扩大的原因有很多,常见的因素有:

(1)有限空间作业单位和作业人员由于安全意识差、安全知识不足;

(2)没有制定有限空间安全作业制度或制度不完善、不严格,执行安全措施和监护措施不到位、不落实;

(3)实施有限空间作业前未做危害辨识,未制订有针对性的应急处置预案,缺少必要的安全设施和应急救援器材、装备,或是虽然制订了应急救援预案但未进行培训和演练,作业和监护人员缺乏基本的应急常识和自救互救能力,导致事故状态下不能实施科学有效救援,使伤亡进一步扩大。

10.5.3　有限空间作业常见安全事故

1.中毒、窒息事故

受限空间内产生或积聚的一定浓度的有毒气体被作业人员吸入后会引起人体中毒事故，常见的有毒气体有氯气、光气、硫化氢、氨气、氮氧化物、氟化氢、氰化氢、二氧化硫、煤气（主要有毒成分为一氧化碳）、甲醛气体等。

人体组织处于缺氧状态，会引起窒息。有限空间可导致窒息的气体包括氮气、二氧化碳、甲烷、乙烷、水蒸气等。

2.爆炸、火灾事故

有限空间发生爆炸、火灾，往往瞬间或很快耗尽受限空间的氧气，并产生大量的有毒有害气体，造成严重后果。

3.淹溺事故

有限空间内有积水、积液，或因作业位置附近的暗流、其他液体渗透、突然涌入，导致作业空间内液体水平面升高，使正在受限空间内作业的人员淹溺。

4.坍塌掩埋事故

有限空间作业位置附近建筑物的坍塌或其他流动性固体（如泥沙等）的流动，容易引起作业人员被掩埋。

10.5.3　有限空间作业安全的一般要求

针对有限空间作业的危险特性，为了减少事故的发生次数和预防事故伤亡的扩大，进行有限空间作业时应遵守下列要求：

1.作业前

(1)对有限空间作业应做到"先检测后监护再进入"的原则。

在作业环境条件可能发生变化时，应对作业场所中危害因素进行持续或定时检测；作业人员工作面发生变化时，视为进入新的有限空间，应重新检测后再进入。

实施检测时，检测人员应处于安全环境，检测时要做好检测记录，包括检测时间、地点、气体种类和检测浓度等。

(2)对有限空间作业应确认无许可和许可性识别。

(3)先检测确认有限空间内有害物质浓度，未经许可的人员不得进入有限空间。

(4)分析合格后编制施工方案，再办理"进入有限空间危险作业审批表"（见表10-2），施工作业中涉及其他危险作业时应办理相关审批手续。

表 10-2 进入有限空间危险作业审批表

编号		作业单位			
所属单位		设施名称			
主要危险因素					
作业内容				填报人员	
作业人员				监护人员	
采样分析数据	检测项目	氧含量	可燃气体浓度	有毒有害气体或粉尘浓毒	检测人员	·
	检测结果				检测时间	
作业开工时间		年 月 日 时 分			

序号	主要安全措施	确认安全措施符合要求（签名）		
		作业监护人员	施工负责人	作业单位安全员
1	作业人员作业安全教育			
2	连续测定的仪器和人员			
3	测定用仪器准确可靠性			
4	呼吸器、梯子、绳缆等抢救器具			
5	通风排气情况			
6	氧气浓度,有害气体检测结果			
7	照明设施			
8	个人防护用品及防护用具			
9	通风设备			
10	其他补充措施:			

施工负责人意见: 签名: 时间:	安全部门负责人意见: 签名: 时间:
作业完工确认人和完工时间	现场完工负责人签名: 年 月 日 时 分

注:1.本表一式四份,监护人员、施工负责人、申请单位、安全管理部门各执一份,及时消除警戒。

2.该审批表是进入有限空间作业的依据,不得涂改且要求安全管理部门存档时间至少一年。

(5)作业前 30min,应再次对有限空间有害物质浓度采样,分析合格后方可进入有限空间作业。

(6)应选用合格、有效的气体和测爆仪等检测设备。

(7)对由于防爆、防氧化不能采用通风换气措施或受作业环境限制不易充分通风换气的场所,作业人员必须配备并使用空气呼吸器或软管面具等隔离式呼吸保护器具。严禁使用过滤式面具。

(8)检测人员应装备准确可靠的分析仪器,按照规定的检测程序,针对作业危害因素制定检测方案和检测应急措施。

(9)建立健全通讯系统,保证作业人员能与监护人进行有效的安全、报警、撤离等双向信息交流。

(10)配备齐全的应急救援装备。如全面罩正压式空气呼吸器或长管面具等隔离式呼吸保护器具、应急通讯报警器材、安全绳、救生索和安全梯等。

2.作业中

(1)所有有关人员均应遵守有限空间作业的职责和安全操作规程,正确使用有限空间作业安全设施与个人防护用品。

(2)加强通风。尽量利用所有人孔、手孔、料孔、风门、烟门进行自然通风为主,必要时应采取机械强制通风。机械通风可设置岗位局部排风,辅以全面排风。当操作岗位不固定时,则可采用移动式局部排风或全面排风。

(3)存在可燃性气体的作业场所,所有的电气设备设施及照明应符合规范中的有关规定。不允许使用明火照明和非防爆设备。

(4)机械设备的运动、活动部件都应采用封闭式屏蔽,各种传动装置应设置防护装置,且机械设备上的局部照明均应使用安全电压。

(5)有限空间的坑、井、洼、沟或人孔、通道出入门口应设置防护栏、盖和警告标志,夜间应设警示红灯。

(6)当作业人员在与输送管道连接的封闭、半封闭设备(如油罐、反应塔、储罐、锅炉等)内部作业时,应严密关闭阀门,装好盲板,设置"禁止启动"等警告信息。

(7)当工作面的作业人员意识到身体出现异常症状时,应及时向监护者报告或自行撤离有限空间,不得强行作业。

(8)一旦发生事故,应查明原因,立即采取有效、正确的措施进行急救,并应防止因施救不当造成事故扩大。

3.作业后

(1)清理现场。

(2)事故报告。有限空间发生事故后,应按关规定向所在区县政府、安全生产监督管理部门和相关行业监管部门报告。此外,在有限空间内作业时,还应该进行作业配合。作业配合是指确保作业活动中的危害不会影响到邻近的从事其他作业人员的安全与健康。

在实际安排作业活动时,应提前进行规划,以避免作业过程中的交叉作业所造成的危害。在工作过程中,对工作区域进行警戒,如树立警戒栏、限制作业时间、确保人员及邻近作业人员之间的随时沟通可以帮助预防一些常见的意外。

10.5.5 有限空间作业个人防护用品

在地下污水渠、化粪池、沼气池、废置井等密闭空间作业或进行应急救援的人员,除了要进行呼吸器官的防护,防范有毒、有害气体外,也应该穿戴覆盖全身的防护服;为防范淹溺,必须穿着救生衣;应佩戴必要的安全鞋、工作服、手套,以保护作业人员的躯体、手、足部的安全;下井、罐作业前,应配戴安全带、安全绳。

10.5.6 有限空间作业安全事故伤员急救

1.中毒急救

(1)由呼吸道中毒时,应迅速离开现场,到新鲜空气流通的地方。

(2)经口服中毒者,立即洗胃,并用催吐剂促其将毒物排出。

(3)经皮肤中毒者,必须用大量清洁自来水洗涤。

(4)眼、耳、鼻、咽喉黏膜损害,引起各种刺激症状者,须分别轻重,先用清水冲洗,然后由专科医生处理。

2.缺氧窒息急救

(1)迅速撤离现场,将窒息者移到有新鲜空气的通风处。

(2)视情况对窒息者输氧,或进行人工呼吸等,必要时严重者速交医生处理(打120电话)。

(3)佩戴呼吸器者,一旦感到呼吸不适时,迅速撤离现场,呼吸新鲜空气,同时检查呼吸器,发现问题及时更换合格呼吸器。

复习思考题

1.如何预防电气设备触电?

2.简述机械设备的基本安全要求。

3.简述防火防爆的原理。

参考文献

[1]全国建筑企业项目经理培训教材编写委员会.施工项目质量与安全管理[M].北京:中国建筑工业出版社,2002.

[2]钟汉华.施工项目质量与安全管理[M].北京:北京大学出版社,2012.

[3]赵志刚.建筑安全管理与文明施工图解[M].北京:中国建筑工业出版社,2016.

[4]姜敏.现代建筑安全管理[M].北京:中国建筑工业出版社,2009.

[5]高向阳.建筑施工安全管理与技术[M].北京:化学工业出版社,2016.

[6]钱正海.建筑工程安全管理(建筑工程施工专业)[M].北京:中国建筑工业出版社,2015.

[7]刘屹立,刘翌杰,刘庆山.建筑安装工程施工安全管理手册[M].北京:中国电力出版社,2013.

[8]李云峰.建筑工程质量与安全管理[M].2版.北京:化学工业出版社,2015.

[9]蒋臻蔚,李寻昌.建筑工程安全管理[M].北京:冶金工业出版社,2015.

[10]史美东.建筑工程质量检验与安全管理[M].2版.郑州:黄河水利出版社,2013.

图书在版编目(CIP)数据

建筑工程安全技术管理/王欣海,曹林同,郝会娟
主编.—西安:西安交通大学出版社,2017.6(2021.1重印)
ISBN 978 - 7 - 5605 - 9771 - 3

Ⅰ.①建… Ⅱ.①王… ②曹… ③郝… Ⅲ.①建筑工
程—安全管理 Ⅳ.①TU714

中国版本图书馆 CIP 数据核字(2017)第 144464 号

书　　名	建筑工程安全技术管理
主　　编	王欣海　曹林同　郝会娟
责任编辑	王建洪

出版发行	西安交通大学出版社
	(西安市兴庆南路1号　邮政编码710048)
网　　址	http://www.xjtupress.com
电　　话	(029)82668357　82667874(发行中心)
	(029)82668315(总编办)
传　　真	(029)82668280
印　　刷	西安日报社印务中心

开　　本	787mm×1092mm　1/16　印张 17.25　字数 418 千字
版次印次	2017 年 8 月第 1 版　2021 年 1 月第 3 次印刷
书　　号	ISBN 978 - 7 - 5605 - 9771 - 3
定　　价	39.80 元

读者购书、书店添货,如发现印装质量问题,请与本社发行中心联系、调换。
订购热线:(029)82665248　(029)82665249
投稿热线:(029)82668133
读者信箱:xj_rwjg@126.com